T0132963

CORRESPONDANCE
AVEC LES AMIS GENEVOIS

DU MÊME AUTEUR

Lettres à Madame du Pierry et au juge Honoré Flaugergues, Lalandiana *I*, Paris, Vrin, 2007.

Mission à Berlin. Lettres à Jean III Bernoulli et à Elert Bode, Lalandiana *II*, Paris, Vrin, 2014.

Lettres à Franz Xavier von Zach (1792-1815), Lalandiana *III*, Paris, Vrin, 2016.

Journal du voyage en Hollande, Lalandiana *IV*, Paris, Vrin, 2019.

Jérôme LALANDE

CORRESPONDANCE AVEC LES AMIS GENEVOIS

Lalandiana V

Texte déchiffré, édité,
commenté, complété et indexé
par
Marco CICCHINI,
Simone DUMONT et Jean-Claude PECKER

OBSERVATOIRE DE PARIS
LIBRAIRIE PHILOSOPHIQUE J. VRIN

2020

© *Librairie Philosophique J. VRIN* et *Observatoire de Paris*, 2020
Imprimé en France

ISSN 0768-4916
ISBN Observatoire de Paris 978-2-9010-57-7-34
ISBN Vrin 978-2-7116-2859-9

www.vrin.fr

INTRODUCTION

Jérôme Lalande, citoyen de Bourg-en-Bresse, était très attaché à cette ville, où il revenait régulièrement pendant l'été. Mais Bourg est alors une petite ville (moins de 7000 habitants en 1800); il fallait donc en sortir pour avoir quelques contacts intellectuels plus riches. Or, Genève, après Lyon, était la ville universitaire la plus proche. Notre astronome se rendait donc souvent dans la cité-État aux portes de la France et bien entendu il avait lié des amitiés très solides avec plusieurs savants genevois, biologistes et géologues notamment. L'un de ses amis, Mallet, fut même recruté par Lalande pour aller observer en Russie le passage de Vénus devant le Soleil avec son compatriote Pictet. Ces amitiés multiples ont engendré une longue correspondance qui couvre une partie importante de l'histoire de Genève au XVIIIe siècle, une histoire complexe, évoquée dans le premier chapitre du présent ouvrage (p. 9-21). Cette correspondance concerne très peu l'astronomie, mais reste très variée, et l'on y remarque notamment les idées très originales de Bonnet, défenseur du christianisme convaincu, sur la nature, sur la vie des insectes, etc.

Le présent ouvrage se termine par un index détaillé qui donne une idée précise des différents personnages, genevois ou non, évoqués dans la correspondance. Un chapitre particulier est consacré aux quatre correspondants principaux de Jérôme Lalande à Genève : le biologiste Bonnet tout d'abord, l'astronome Mallet, et les savants Le Sage et Prevost.

Nous tenons à remercier de leur aide précieuse Mme Barbara Roth, conservatrice, et Mme Paule Hochuli Dubuis, responsable du Département des manuscrits, qui nous a guidés dans notre recherche des lettres de Lalande et de ses correspondants genevois conservées à la Bibliothèque de Genève, M. Grégoire Bron, pour ses judicieux conseils et Mme Laurence-Isaline Stahl Gretsch, qui nous a autorisés à reprendre ses belles notices de présentation de l'exposition « Rousseau et les savants genevois » (2012).

Simone DUMONT et Jean-Claude PECKER

Au moment de finaliser l'édition de ce volume, nous apprenions avec une profonde tristesse le décès de Jean-Claude Pecker. Né en 1923 à Reims, il a été une figure majeure de l'astrophysique en France, au gré d'un parcours humain et scientifique exceptionnel, honoré des distinctions et des prix parmi les plus prestigieux.96

Ses travaux sur l'atmosphère des étoiles, son engagement au sein de l'Union astronomique internationale, notamment, lui ont valu d'être titulaire de la chaire d'astrophysique théorique au Collège de France de 1964 à 1988. Passeur de savoir auprès des spécialistes comme du grand public, il appréciait l'histoire des sciences et en encourageait l'enseignement. Depuis 2007, avec Simone Dumont, il se consacrait à l'édition de la correspondance de Jérôme Lalande, homme des Lumières qui institua l'autonomie de l'astronomie au Collège de France. Ce cinquième et dernier volume de la collection des Lalandiana parachève une aventure éditoriale à laquelle Jean-Claude Pecker attachait beaucoup d'importance.

Nicolas Chalmandrier, Plan de la ville de Genève, 1773
© BnF

DES ABEILLES ET DES ÉTOILES :
GENÈVE AU TEMPS DE JÉRÔME LALANDE

En novembre 1757, alors que Jérôme Lalande a 25 ans, paraît le septième tome de l'*Encyclopédie* de Diderot et d'Alembert consacré aux mots situés entre «Foang» et «Gythium». Le hasard des grands et petits événements du monde croise l'ordre alphabétique de l'illustre aventure éditoriale. Dix mois après l'attentat de Damiens contre Louis XV, quelques jours après la défaite française contre les troupes prussiennes de Frédéric II à Rossbach (Guerre de Sept ans), le septième volume encyclopédique met sous les yeux de l'opinion publique européenne l'article «Genève». En quatre pages sur deux colonnes, le mathématicien et philosophe Jean le Rond d'Alembert (1717-1783) fournit un texte sulfureux dans un contexte continental qui ne manque pourtant pas de sujets polémiques. S'il est élogieux sur cette petite république urbaine érigée en modèle politique (telle une «république des abeilles»), il déplore l'absence de théâtre et s'interroge sur la nature de la foi qui y est professée. L'article «Genève» de l'*Encyclopédie* indispose de nombreux Genevois, pousse Rousseau à rédiger sa *Lettre à d'Alembert sur les spectacles* et alimente les méprises de part et d'autre du Jura[1].

Dès 1758, comme une réplique aux premières secousses provoquées par l'article «Genève», la correspondance entre Jérôme Lalande (1732-1807) et Charles Bonnet (1720-1793) prolonge poliment les discussions sur cette affaire, sans pour autant qu'une certaine distance ne soit totalement résorbée. Lalande entretient avec de nombreux Genevois une relation épistolaire suivie et parfois dense. Mais entre l'astronome français et les savants de Genève, ni la fidélité, ni l'estime, ni même la proximité géographique de Bourg-en-Bresse (ville natale de Lalande) ne parviennent à effacer entièrement les différences politiques, confessionnelles et

---

1. Sur cette affaire retentissante largement commentée, nous renvoyons seulement ici à O. Mostefai, *Le Citoyen de Genève et la république des lettres. Étude sur la controverse autour de la Lettre à d'Alembert de Jean-Jacques Rousseau*, New York, Peter Lang, 2003.

culturelles, alors que le langage universaliste de la science et de la recherche les réunit. Au-delà des affinités scientifiques, c'est peut-être au prisme d'un doux contraste, d'un subtil décalage, que la correspondance entre Lalande et les nombreux savants de la petite cité-État protestante peut être envisagée.

UNE CITÉ-ÉTAT RÉPUBLICAINE
AU TEMPS DES MONARCHIES ABSOLUES

Ville de foire, cité épiscopale incorporée au Saint-Empire romain germanique et placée dès le XVe siècle sous la domination de la Maison de Savoie, Genève accède à la souveraineté étatique à la faveur de l'adoption de la Réforme en mai 1536 [1]. La rupture confessionnelle coïncide en effet avec la rupture politique qui émancipe la commune urbaine de l'autorité du prince-évêque. Le passage à la Réforme reconfigure durablement la destinée de la cité qui devient État souverain jusqu'en 1798.

À l'embouchure du lac Léman, aux confins de la France, de la Savoie et du canton suisse de Berne, le petit État occupe un territoire morcelé sur une surface de 9'000 hectares. Resserrée autour d'une ville fortifiée qui compte à son maximum un peu moins de 30'000 habitants (vers 1790), la république de Genève est dotée d'un arrière-pays limité, parsemé de quelques villages. La campagne est peuplée de paysans et de quelques artisans, mais y séjournent également temporairement les citadins les plus fortunés, propriétaires de domaines agricoles.

Au moment de s'émanciper de la tutelle de la Maison de Savoie, la commune médiévale adapte et développe ses institutions de manière à assumer son statut d'État souverain. L'armature institutionnelle qui se met en place dès le milieu du XVIe siècle demeure pratiquement inchangée jusqu'à la fin de l'Ancien Régime. Trois principaux conseils de taille inégale, les plus petits étant emboîtés dans les plus grands, forment l'essentiel de l'organisation politique à laquelle s'ajoutent plusieurs magistratures essentielles au fonctionnement de la machine gouvernementale. Le Petit Conseil, constitué de 28 membres dont les quatre syndics qui sont les magistrats suprêmes, dirige l'État et se réunit quasiment quotidiennement.

---

1. Pour une vue synthétique de l'histoire de Genève dont les lignes qui suivent s'inspirent largement : A. Dufour, *Histoire de Genève*, «Que sais-je?», Paris, P.U.F., 1997; L. Binz, *Brève histoire de Genève*, Genève, Chancellerie d'État, 2000; M. Caesar, *Histoire de Genève. I. La cité des évêques (IVe-XVIIIe siècle)* et C. Walker, *Histoire de Genève. II. De la cité de Calvin à la ville française (1530-1813)*, Neuchâtel, Alphil, 2014.

Le Conseil des Deux-Cents, ou Grand Conseil, comprend deux cents à deux cent cinquante membres qui siègent une fois par mois pour ratifier ou débattre des décisions les plus importantes. Enfin, le Conseil général comprend l'ensemble des citoyens et bourgeois (soit environ 1200 à 1500 hommes majeurs au XVIIIᵉ siècle) qui se réunit au temple de Saint-Pierre deux fois par an pour élire les principaux magistrats, notamment les syndics.

Comme ailleurs en Europe, la population de la ville est divisée en catégories juridiques formées à partir du noyau que constitue la bourgeoisie statutaire. Au sommet de la hiérarchie socio-juridique, les citoyens et bourgeois jouissent des droits politiques, civiques et économiques. La bourgeoisie s'obtient par l'achat de «lettres de bourgeoisie» et les descendants directs nés en ville sont qualifiés de citoyens. Le prix d'entrée dans la bourgeoisie atteint des sommes prohibitives au cours du XVIIIᵉ siècle. Alors que les citoyens et bourgeois constituent le 28% de la population masculine au début du siècle, ils ne forment plus que le 19% vers 1770. Depuis le milieu du XVIᵉ siècle, l'habitation est une notion de droit : on ne naît pas habitant, mais on le devient. Le statut d'habitant est octroyé par le Petit Conseil aux étrangers (protestants) faisant preuve de leur intégration dans la cité (travail, ressources) et qui obtiennent de résider en permanence en ville, d'y acquérir des biens et de s'y marier. Leurs descendants directs, nés en ville, sont qualifiés de natifs : habitants et natifs n'ont aucun droit politique et certaines professions ou statuts professionnels leurs sont fermés. En 1770, les natifs représentent plus du tiers de la population masculine genevoise. Enfin, au bas de l'échelle juridique se trouvent les étrangers, qui n'ont qu'un permis de résidence temporaire en ville, alors que les paysans des territoires sous souveraineté genevoise ont le statut de sujets.

Aux yeux des juristes genevois du XVIIIᵉ siècle, la république urbaine est considérée comme une aristo-démocratie : si l'ensemble des citoyens et bourgeois légalement assemblé en Conseil général détient la souveraineté, celle-ci est exercée par les Conseils restreints (Petit Conseil et Conseil des Deux-Cents) dont les membres se cooptent parmi un cercle étroit de familles dirigeantes. À l'instar d'autres villes de l'espace helvétique, Genève connaît dans la seconde moitié du XVIIᵉ siècle un processus d'oligarchisation qui, de fait, exclut des affaires publiques une grande partie des citoyens et bourgeois, sans compter tous ceux qui, de droit, n'ont pas voix au chapitre. Dans la première moitié du XVIIIᵉ siècle, les tensions émergent au grand jour sur la scène politique entre l'oligarchie et l'opposition dite «bourgeoise» qui réclame le droit d'être consultée sur les affaires importantes de l'État, notamment en matière d'impôts. Le différend débouche sur des crises politiques violentes en 1707 d'abord, puis dans les années 1734-1738, au cours desquelles interviennent les puissances garantes de la souveraineté genevoise, les cantons suisses de Berne et de Zurich, puis de la France. Ces tensions, on le verra, sont une constante du XVIIIe siècle genevois qui impliqueront progressivement toutes les couches de la société.

Depuis l'accession à la souveraineté étatique, face à la menace et aux tentatives de la Savoie de reprendre la main sur la cité, les magistrats genevois n'ont cessé de chercher des alliés sur la scène internationale ou de trouver des solutions diplomatiques pour rattacher la république à l'ordre européen en voie de constitution. Les traités de combourgeoisie signés avec Berne et Zurich (1534 et 1584), le traité de Saint-Julien signé avec la Savoie (1603), l'inclusion de Genève dans les traités de Ryswick (1697) et d'Utrecht (1713) confèrent progressivement au petit État une souveraineté pleinement reconnue. Dans ce processus de consolidation juridique et diplomatique, la France joue un rôle de premier plan dès le XVIe siècle en lui accordant son soutien et sa protection, parfois pesante. Le rôle d'exception qu'entend jouer la monarchie française auprès de la république protestante se manifeste avec éclat lorsque Louis XIV impose aux Genevois une représentation diplomatique permanente en 1679. L'installation d'un résident de France à Genève, qui s'accompagne de l'exclusivité diplomatique dans la cité durant plus d'un siècle, a longtemps été considérée comme l'expression d'un protectorat. Mais la recherche récente a montré que si l'asymétrie de la relation bilatérale entre la monarchie et la république est indéniable, elle se déploie dans un espace de la relation diplomatique fondée sur l'égalité juridique entre États souverains, dont découle la réciprocité des obligations et des droits[1].

Au temps de Louis XIV, le contraste est remarquable entre la puissante monarchie absolue, fille aînée de l'Église catholique, tentée par l'ambition hégémonique en Europe, d'une part, et la petite république protestante dont la population totale se compare à celle d'un quartier parisien, d'autre part. Ces deux États que tout semble opposer partagent pourtant la même langue : le français devient la langue de l'administration au détriment du dialecte franco-provençal dès les années 1530 à Genève, s'implantant plus fermement encore dans la seconde moitié du XVIe siècle avec le premier Refuge qui a fait affluer imprimeurs, prédicants et plusieurs milliers de

1. F. Brandli, *Le nain et le géant. La République de Genève et la France au XVIIIe siècle. Cultures politiques et diplomatie*, Rennes, Presses Universitaires de Rennes, 2012.

français persécutés. Au siècle suivant, les liens avec la France se resserrent au gré des relations non seulement diplomatiques, mais aussi économiques, financières et militaires (*via* le service étranger). Le rayonnement culturel de la France absolutiste qui touche toute l'Europe n'épargne pas les Genevois qui adoptent les mœurs et les modes pourtant incubées sous les ors de la société curiale à Versailles. Même les pasteurs, dérogeant à la rigueur de l'austérité calviniste, se coiffent de perruques poudrées, «enfarinées», comme le dénoncent de pieux citoyens scandalisés dès la fin du XVIIᵉ siècle[1]. La teinture française de Genève s'accentue dans le contexte de la révocation de l'édit de Nantes (1685) qui fait transiter par la cité lémanique près de 100'000 huguenots persécutés, dont environ 4000 à 5000 qui s'établissent en ville.

DE LA « ROME PROTESTANTE »
À LA « RÉPUBLIQUE ÉCLAIRÉE »

D'un mythe à l'autre, l'entrée dans le XVIIIᵉ siècle coïncide dans les grandes lignes avec la transformation de l'image de Genève. Autrefois considérée comme la Rome protestante, une citadelle de la foi réformée tenant tête aux assauts des monarchies catholiques, la cité-État projette au siècle des Lumières l'image d'une «république éclairée», d'un foyer scientifique et intellectuel[2].

Depuis sa fondation en 1559, comme établissement d'enseignement supérieur, l'Académie a largement contribué à la diffusion en Europe de l'orthodoxie calvinienne par le truchement des pasteurs venus se former à Genève. Après avoir été le bastion de la théologie dogmatique, l'Académie s'ouvre pourtant progressivement à la formation des professions libérales (juristes) et connaît surtout une mue importante dans la seconde moitié du XVIIᵉ siècle[3]. La nomination en 1669 du cartésien Jean-Robert Chouet (1642-1731) est généralement considérée comme le signal de l'essor scientifique à Genève et de la sécularisation de son Académie[4]. Professeur

---

1. Les dénonciations de François Delachenaz, auteur de sonnets et de pamphlets virulents, sont les plus connues: J. Starobinski, «Un ennemi des perruques», *La Nouvelle revue française*, 12, 1964, p. 169-172.
2. A. Dufour, *Histoire de Genève, op. cit.*
3. M.-C. Pitassi, *De l'orthodoxie aux Lumières. Genève, 1670-1737*, Genève, Labor et Fides, 1992.
4. R. Sigrist, *La Nature à l'épreuve. Les débuts de l'expérimentation à Genève (1670-1790)*, Paris, Classiques Garnier, 2011.

de philosophie de 1669 à 1686, il introduit la démonstration expérimentale dans son enseignement que suivent notamment l'astronome Nicolas Fatio de Duillier (1665-1753) ou Pierre Bayle (1647-1706). Alors que l'Académie adopte dès 1700 l'enseignement en français – et non plus en latin –, une chaire de mathématique est créée en 1704. Jean-Alphonse Turrettini (1671-1737), pasteur, professeur d'histoire ecclésiastique durant quarante ans (de 1697 à sa mort) puis de théologie (dès 1705), opère le tournant en direction d'une théologie naturelle ouverte au cartésianisme et à la méthode expérimentale, alors qu'il tisse un dense réseau de correspondants au sein de la République des lettres en Europe.

À Genève, le premier frémissement scientifique reste mesuré si l'on songe que Fatio de Duillier poursuit sa carrière à Londres et que le physicien huguenot Georges-Louis Le Sage (1676-1759), qui contribue à la diffusion du newtonisme, doit se contenter d'offrir des cours privés. Les années 1720 marquent véritablement le début d'un âge d'or de la science genevoise pour près d'un siècle[1]. En 1724, la nomination à la chaire de mathématique des jeunes Gabriel Cramer (1704-1752), disciple de l'école Bernoulli de Bâle, et de Jean-Louis Calandrini (1703-1758), auteur d'une thèse sur les couleurs, consacre la primauté à l'Académie du modèle physico-mathématique de Newton. Autour de ce duo qui professe en alternance s'agrège une pléiade de savants dont nombreux seront des connaissances ou des correspondants de Jérôme Lalande, tels que Théodore Tronchin (1709-1781), Abraham Trembley (1710-1784), Jean Jallabert (1712-1768), Charles Bonnet, Georges-Louis II Le Sage (1724-1803), Jean-André Deluc (1727-1817) ou Louis Necker (1730-1804). La carrière et la biographie de Jérôme Lalande sont à l'exacte jonction entre la première génération du mouvement scientifique genevois et la seconde génération qui le porte à son apogée avec Horace-Bénédict de Saussure (1740-1799), Jacques-André Mallet (1740-1790), Jean Senebier (1742-1809), Jean Trembley (1749-1811), Ami Argand (1750-1803), Pierre Prevost (1751-1839) ou Marc-Auguste Pictet (1752-1825)[2], tous amis ou épistoliers de l'astronome français.

    1. J.-D. Candaux, « Savants genevois : la tête dans les étoiles, les pieds sur terre », in *Tous les chemins mènent à Rousseau. Promenades guidées dans la Genève des Lumières*, Genève, Slatkine, 2012, p. 10.
    2. Avec Marc-Auguste Pictet, Jérôme Lalande entretient une correspondance irrégulière. La dizaine de lettres échangées entre les deux astronomes entre 1785 et 1805 (non reprises dans le présent volume) est publiée dans M.-A. Pictet, *Correspondance*. T. II : *Les correspondants français*, éd. R. Sigrist, Genève, Slatkine, 1998, p. 496-503.

Autour de l'Académie, mais aussi en dehors de celle-ci, le bouillon-
nement scientifique se fortifie à Genève au cours du XVIIIe siècle où savants
et amateurs se tiennent régulièrement au courant des nouvelles scientifiques et littéraires par le biais de conférences ou de sociétés de lecture :
en 1670 déjà, Jean-Robert Chouet organisait des expériences en dehors des
contraintes académiques. Cette émulation se traduit non seulement par la
fécondité de la correspondance entretenue avec les savants européens,
mais aussi par les nombreuses affiliations académiques et l'abondance des
publications scientifiques. À la suite de Nicolas Fatio de Duillier, premier
genevois à être affilié à une académie royale (*Royal Society*, en 1687), entre
1700 et 1825, 36 Genevois intègrent l'une des six grandes académies repré-
sentatives de l'espace scientifique européen (Paris, Londres, Berlin, Saint-
Pétersbourg, Stockholm, Bologne). Sur cette même période, l'étude
complète du monde scientifique genevois dénombre 24 « grands savants »
(plusieurs affiliations académiques et mention dans le *Dictionary of
Scientific Biography*), 51 savants de second plan (ayant une affiliation académique ou ayant produit une publication de référence) et quelques
120 chercheurs amateurs qui publient, possèdent une collection ou un
cabinet de recherche, exercent une profession liée à la science, voire qui
collaborent avec un savant de renom[1].

Au regard de la taille de la ville, la densité du mouvement scientifique
genevois est exceptionnelle. Nombreux ont été les facteurs mis en évidence
parmi les observateurs et historiens des sciences pour expliquer ce foison-
nement intellectuel. La prospérité du petit État fournit un terreau fertile
pour tous ceux qui, dotés d'une fortune personnelle ou familiale suffisante,
peuvent se consacrer à des activités scientifiques en soi peu rémuné-
ratrices, voire dispendieuses (locaux, instruments, etc.). La situation de
Genève, au carrefour de l'Europe, garantit la communication avec des aires
culturelles limitrophes que renforce sa position d'épicentre de « l'internationale huguenote »[2]. Comme le remarquent la plupart des voyageurs de
passage, le degré d'instruction et de scolarisation y est remarquable.
Au-delà de l'aisance matérielle, de l'éducation et des relations avec
l'étranger, la montée en puissance de la philosophie naturelle dès la fin du
XVIIe siècle s'est déployée à Genève dans un cadre officiel (Académie)
comme une grille de lecture de l'origine divine du monde. Les sciences de
la nature sont appelées à contribuer au progrès de la théologie naturelle en

1. R. Sigrist, *La Nature à l'épreuve...*, *op. cit.*, annexes p. 655-664.
2. H. Lüthy, *La banque protestante en France de la révocation de l'édit de Nantes à la
Révolution* [1961], 2 vol., Paris, EHESS, 1999.

revêtant un caractère apologétique au service des vérités de la foi révélée[1].

Par ailleurs, l'investissement de l'élite dirigeante dans le développement des sciences peut se lire, au moins dans un premier temps, comme l'expression d'un monopole social sur le système d'éducation et sur l'activité scientifique désormais prestigieuse, d'autant plus que l'ordre de la nature semble conforter l'ordre social établi[2].

Mais d'autres facteurs ont joué sur l'essor de la pratique scientifique à Genève, car la prédominance des membres de l'oligarchie parmi les savants, indéniable jusqu'aux années 1760, recule ensuite pour laisser place à des chercheurs issus de milieux moins privilégiés. La seconde moitié du XVIIIe siècle genevois est ainsi marquée, comme ailleurs en Europe, par le goût et le souci de l'utilité publique. La fondation de la *Société pour l'encouragement des arts* (1776) est l'expression de ce mouvement auquel adhèrent des Genevois de tous bords, au-delà de la classe dirigeante. L'évolution du savoir doit contribuer au perfectionnement de l'artisanat, de l'industrie naissante et de l'agriculture, alors que la prolifération des concours suscitent « l'émulation des inventeurs et la reconnaissance de leurs mérites »[3]. Alors que le travail scientifique fondé sur l'assiduité, la recherche de la vérité et la rigueur conforte une morale protestante diffuse parmi les diverses couches de la société genevoise, il est aussi porteur d'une exigence d'universalité qui promet la renommée et la notoriété personnelle au-delà de l'étroite communauté urbaine[4].

Sa réputation de « république éclairée », Genève la doit non seulement à son système éducatif ou à la pléthore de savants qui en sont issus, mais aussi à la place qu'elle occupe dans le monde de l'édition et des lettres. Dès la Réforme, la ville est un centre d'édition important qui diversifie sa production à destination d'un public autant local qu'européen dans les domaines de la théologie réformée, du droit, de la médecine ou des sciences (mais aussi, clandestinement, de la théologie catholique). Les œuvres de Newton, Leibnitz ou Bernoulli sont éditées ou rééditées à Genève dans la première moitié du XVIIIe siècle. Alors que l'*Esprit des lois* de Montesquieu sort des presses genevoises en 1748, l'installation de Voltaire

---

1. R. Sigrist, *La Nature à l'épreuve...*, op. cit., p. 629-632. La *Contemplation de la nature* (1764) de Charles Bonnet, qu'il évoque dans sa correspondance avec Lalande, est exemplaire de ce type d'approche scientifique compatible avec une lecture même littérale des Écritures.

2. C. Montandon, « Sciences et société à Genève au XVIIIe et XIXe siècle », *Gesnerus. Swiss journal of the history of medicine and science*, 1975, p. 16-34.

3. R. Sigrist, *La Nature à l'épreuve...*, op. cit., p. 642-643.

4. J. Starobinski, *Table d'orientation : l'auteur et son autorité*, Lausanne, L'Âge d'Homme, 1989, p. 31.

aux portes de la ville dès 1755 (aux Délices) associe étroitement et durablement la cité au mouvement des Lumières. Après quelques années sur territoire genevois, l'auteur des *Lettres philosophiques* s'installe définitivement à Ferney en 1760, dans le Pays de Gex français, à quelques lieues de Genève. Outre les œuvres de Voltaire publiées par les frères Cramer (*Candide* en 1759), les imprimeurs-libraires genevois inondent le marché européen de livres clandestins (Lalande utilise ses réseaux genevois pour s'approvisionner en ouvrages «scandaleux»), de contrefaçons ou de rééditions, tels que l'*Encyclopédie* de Diderot et d'Alembert ou les œuvres complètes de Rousseau.

Ville des sciences et des lettres qui ne manque ni de mélomanes ni d'amateurs d'art (le collectionneur de tableaux François Tronchin (1704-1798) vend sa collection à Catherine II de Russie), Genève est pourtant dépourvue de salle de spectacle, comme le déplore d'Alembert, à l'instigation de Voltaire, dans son article de l'*Encyclopédie* consacré à cette «république des abeilles» en 1757. Au milieu du XVIIIᵉ siècle, de nombreux Genevois se rendent à Carouge ou à Châtelaine, aux frontières de la cité-État, pour assister aux représentations de troupes professionnelles françaises (quand ce n'est pas chez Voltaire aux Délices). Dans les appartements privés de l'élite urbaine, se pratique par ailleurs un théâtre amateur dit «de société». Sans être l'objet d'un opprobre généralisé, le théâtre est cependant considéré comme un produit culturel aristocratique et mondain qui fragilise l'identité genevoise républicaine et égalitaire. C'est du moins l'argumentaire de Rousseau dans sa *Lettre à d'Alembert sur les spectacles* (1758). Contre le théâtre, ce dernier oppose la sociabilité des cercles, des petites sociétés d'hommes réunis dans un local à frais partagés pour jouer, fumer, manger, boire, parler des nouvelles ou de politique. Selon Rousseau, alors que les cercles fournissent un espace de parole sincère et virile, le théâtre encourage l'artifice et la galanterie découlant de la mixité des sexes, il ramollit le corps et l'esprit des citoyens.

L'opposition entre deux modèles de sociabilité, l'un endogène et égalitaire, l'autre exogène et mondain, peut paraître caricatural. Toujours est-il que si le théâtre est introduit à Genève par trois fois au cours du XVIIIᵉ siècle, en 1738, en 1766-1767 puis dès 1782, il s'est agi à chaque fois d'offrir un lieu de spectacle et de distraction aux troupes étrangères intervenues dans la cité pour y pacifier les troubles politiques. La querelle du théâtre s'imbrique dans la querelle politique.

DU TEMPS DES RÉVOLUTIONS
AU RATTACHEMENT À LA SUISSE

Dans les dernières décennies du XVIIIe siècle, malgré l'image d'une ville brillante et prospère, la vie intellectuelle, scientifique et littéraire de Genève occupe moins les gazettes européennes que les troubles politiques qui l'agitent. Diversement scruté et apprécié par les opinions publiques éclairées et par les autorités établies, le petit État est le laboratoire des révolutions politiques et des crises de l'autorité traditionnelle qui surgissent en Europe. L'«Affaire Rousseau» inaugure une nouvelle période de divisions politiques après les premiers épisodes tumultueux du début du siècle. En juin 1762, le gouvernement genevois condamne l'*Émile*, le *Contrat social* et décrète leur auteur de prise de corps, les deux ouvrages étant déclarés «téméraires, scandaleux, impies, tendant à détruire la religion chrétienne et tous les gouvernements». L'oligarchie genevoise fait de la religion un prétexte pour contrer les idées politiques de Rousseau dont elle se méfie, à l'instar de Charles Bonnet qui voit en ce dernier un partisan de «l'égalité extrême»[1]. Cette condamnation attise dans la cité la «manie brochurière»: près de 1500 libelles et pamphlets sont imprimés jusqu'en 1792 en dépit du contrôle gouvernemental et de la censure qui se trouvent débordés par le flot des écrits politiques[2]. Dès 1765, les citoyens et bourgeois, faisant valoir leurs revendications par des «représentations» (et qualifiés de ce fait de «Représentants»), bloquent les procédures électives prévues pour renouveler les magistratures principales de l'État. L'impasse politique et institutionnelle génère l'intervention des Puissances garantes (Berne, Zurich et France). Après d'âpres négociations, un *Édit de conciliation* adopté en mars 1768 prévoit l'intégration d'une partie des citoyens et bourgeois aux affaires publiques grâce à de nouvelles règles électorales.

Pourtant, au lieu de se refermer, le front des tensions politiques s'étend dans les années 1770 avec la mobilisation croissante des natifs. Alors que leur poids démographique est désormais plus important que celui des citoyens et bourgeois, les natifs demeurent privés de droits politiques et soumis à des dispositions économiques discriminatoires. Le jeu des alliances entre les divers partis est mouvant et régulièrement remis en

---

1. R. Trousson, *Rousseau*, «Folio biographies», Paris, Folio, 2011.
2. M. Porret, *Sur la scène du crime. Pratique pénale, enquête et expertise judiciaire à Genève (XVIIIe-XIXe siècle)*, Montréal, Presses Universitaires de Montréal, 2008, en particulier la deuxième partie «Edition et combustion».

question. Mais en se greffant aux revendications des natifs, les aspirations des «Représentants» débouchent sur le renversement des autorités politiques constituées en avril 1782. Les journaux d'Europe ont à peine le temps d'annoncer la nouvelle de cette prise d'arme qu'ils doivent rendre compte d'un nouveau renversement de situation. Inquiets de l'exemple que fournissent les mouvements démocratiques genevois, les Puissances médiatrices interviennent une nouvelle fois militairement. Environ 11.000 hommes des armées françaises, sardes et bernoises assiègent la ville qui abdique *in extremis* le 2 juillet 1782.

La remise en selle du gouvernement oligarchique conservateur s'accompagne de l'occupation de la ville par les soldats étrangers, d'une vaste opération répressive contre les chefs représentants – dont plusieurs exilés à perpétuité qui contribuent ensuite à l' «atelier de Mirabeau», tels Etienne Clavière (1735-1793) et Jacques-Antoine Du Roveray (1747-1814) – et de l'adoption d'un nouvel Édit qui restreint les libertés publiques (en interdisant par exemple les cercles). Cet *Édit de pacification* du 21 novembre 1782, adopté par un Conseil général des citoyens et bourgeois épuré, est qualifié par ses adversaires de *Code noir*, en référence aux textes normatifs de la monarchie française qui règlent alors la condition des esclaves dans les colonies. Afin d'assurer l'ordre dans les rues autant que l'autorité des Conseils restreints, la république se dote d'un appareil militaro-policier d'une dimension inconnue jusque-là[1]. Par ailleurs, les autorités décident la construction d'une salle de théâtre dotée d'une capacité de 1000 à 1200 spectateurs.

Dès le mois de janvier 1789, une émeute frumentaire provoquée par la hausse du prix du pain provoque la révision du régime politique conservateur. Le climat de réconciliation générale est toutefois de courte durée. L'écho des événements révolutionnaires qui parviennent de France et les revendications à l'égalité politique des natifs et des paysans occasionnent à nouveau des conflits en février 1791. Alors que des édits progressistes étendent les droits des natifs et des sujets de la campagne, l'occupation de la Savoie par les armées révolutionnaires françaises dès septembre 1792 suscite l'inquiétude dans la petite république sous la menace d'une annexion. Sous pression, le Conseil général proclame l'égalité politique entre tous les Genevois le 12 décembre 1792 et met fin ainsi à l'Ancien Régime. Les organes issus de la Révolution genevoise parachèvent la transformation

1. M. Cicchini, *La police de la République. L'ordre public à Genève au XVIIIᵉ siècle*, Rennes, PUR, 2012.

politique avec l'adoption en février 1794 d'une Constitution qui instaure la séparation des pouvoirs, la souveraineté populaire et la démocratie directe[1].

Si la Révolution genevoise a ses spécificités, qu'elle s'appuie par exemple sur l'expérience ancienne de la sociabilité des cercles (qualifiés désormais de *clubs*) ou qu'elle lie le statut de citoyens à l'identité confessionnelle protestante, elle emprunte à la Révolution française ses symboles (arbres de la liberté et bonnets phrygiens), son langage révolutionné, ses institutions politiques et connaît même un épisode de Terreur en juillet-août 1794 : le Tribunal révolutionnaire genevois prononce près de 40 condamnations à mort dont 11 sont mises à exécution. Nourrie des anciennes rancœurs et de la vengeance politique, la violence révolutionnaire atteint alors son paroxysme avant de céder la place au régime constitutionnel adopté quelques mois plus tôt. Mais une autre menace pèse désormais sur l'indépendance de la petite République : alors que la Savoie est annexée dès 1792, la France du Directoire envahit la Suisse en janvier 1798 et s'apprête à « réunir » Genève à la Grande Nation.

Du 15 avril 1798 à la défaite de Napoléon en 1813, Genève est une ville française et ses anciens territoires forment une partie du Département du Léman. Dès lors, jusqu'au décès de Jérôme Lalande, ses amis genevois partagent avec lui le fait d'être citoyens français. La période française de Genève coïncide avec une situation de marasme économique qui prolonge les années précédentes de conjoncture défavorable. Les anciennes élites oligarchiques sont globalement en retrait, trouvant dans leurs domaines en campagne un environnement propice au repli, mais aussi un terrain favorable aux expérimentations agronomiques, à l'instar de Charles Pictet de Rochemont (1755-1824) qui introduit dans ses domaines un élevage de moutons mérinos. Par ailleurs, la *Bibliothèque britannique*, fondée en 1796 par ce dernier, son frère astronome Marc-Auguste et Frédéric-Guillaume Maurice (1750-1826), fournit un relais audacieux, sur le continent, de la pensée économique anglaise et écossaise. Face à la nouvelle donne politique qu'imposent les institutions du Directoire puis de l'Empire, les Genevois privilégient dans l'ensemble une attitude d'accommodement et tous, loin s'en faut, ne renoncent pas aux possibilités de carrière au sein de l'administration ou de l'armée napoléoniennes.

1. É. Golay, *Quand le uand le poléoi en Mouvement populaire, politique et révolution à Genève de 1789 à 1794*, Genève, Slatkine, 2001.

Avec l'arrivée des troupes autrichiennes en décembre 1813, puis des troupes suisses en juin 1814, l'ancienne république ne recouvre toutefois pas la souveraineté et l'indépendance dont elle jouissait de 1535 à 1798. À la faveur d'une rationalisation de ses frontières qui remédie à l'émiettement territorial du petit État d'Ancien Régime, Genève devient, en 1815, un canton suisse.

Marco CICCHINI
(Université de Genève)

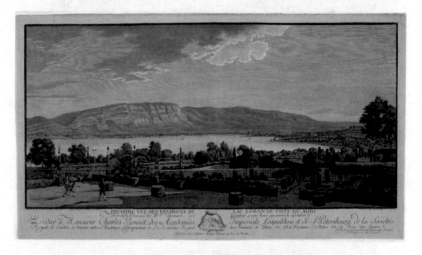

Genève, vue prise de Genthod, 1780
01M 01, Bibliothèque de Genève

Johann Friderich Clemens, Portrait de Charles Bonnet (d'après Jens Juel),
gravure, 1779

LES CORRESPONDANTS GENEVOIS
DE JÉRÔME LALANDE

Nous rassemblons dans les quatre notices extensives ci après les biographies des quatre destinataires de la correspondance de Lalande incluse dans le présent volume. Dans l'index figurent des notices biographiques très résumées concernant notamment toutes les autres relations de Jérôme Lalande à Genève, à savoir Deluc, Pictet, Jalabert, Trembley, etc.

CHARLES BONNET
(Genève, 13 mars 1720-Genève, 20 mai 1793)

Charles Bonnet, membre correspondant de l'Académie des sciences, naturaliste fécond et admiré, est de 12 ans l'aîné de Jérôme Lalande. Sans doute se sont-ils rencontrés pour la première fois lors d'une visite à Genève de notre astronome, vers 1758. La proximité entre Genève et Bourg-en-Bresse facilite en effet les prises de contact. Dans sa correspondance, Lalande manifeste toujours un grand respect et une grande admiration pour Bonnet. Il s'enquiert toujours de la santé de Madame Bonnet (une santé en permanence assez déficiente). Mais Lalande et Bonnet n'étaient pas toujours d'accord. Lalande, grand admirateur de Buffon, est ulcéré des attaques que son ami multiplie contre le naturaliste parisien. C'est tout juste si Bonnet n'accuse pas Buffon d'avoir volé à Réaumur de nombreux documents disparus; après cette petite dispute entre les deux savants, la correspondance devient moins régulière; astronome et naturaliste, ils vieillissent tous les deux…

Reçue à la bourgeoisie de Genève en 1599, la famille de Charles Bonnet intègre progressivement, par suite de stratégies d'alliances et de mariages, le cercle restreint des familles dirigeantes. Son père souhaite pour lui une carrière politique, de magistrat, dans les plus hautes fonctions de la République. Il étudie donc le droit et la philosophie. Mais peu attiré par ces domaines, Il suit notamment les cours de mathématiques de Cramer et de Calandrini, qui l'introduisent à l'œuvre de Newton et à celle de Leibniz. Ayant obtenu un brevet d'avocat, il découvre en même temps l'importance du travail de Réaumur, avec lequel il établit une importante correspondance. Il se lance dans l'étude des sciences naturelles. Son œuvre est reconnue par les académies européennes ; dès 1743 il devient *fellow* de la Royal Society. Il poursuit ses travaux malgré une série d'infirmités (notamment la surdité dès l'enfance, et une cécité dès sa vie de jeune homme) ; il souffrait de plus de problèmes respiratoires. Il évoque ses difficultés dans ses *Mémoires autobiographiques*. Il ne peut donc plus utiliser ni un microscope, ce qui le contraint à des recherches théoriques, ni voyager. Il s'installe donc en 1757 à Genthod, proche de Genève, dans la propriété de la famille De la Rive, celle de son épouse, elle-même de santé fragile. Ils n'auront pas d'enfant. En 1793, il s'éteint d'une longue mais paisible maladie.

Bonnet est considéré comme l'une des figures intellectuelles de Genève les plus importantes de son siècle. Esprit éclairé, il sait faire appel à des collaborateurs pour entretenir une correspondance avec d'autres savants et pour produire des travaux de philosophie ou de psychologie très marqués par son attachement aux valeurs chrétiennes protestantes. Cette position en matière de religion l'opposera à l'athéisme français et à la position, plus nuancée peut-être, de Lalande. Il n'a aucun lien avec une institution universitaire quelconque, à l'exception des Académies dont il est membre (Académie des sciences de Paris en 1783 – après en avoir été le plus jeune membre correspondant en 1740 –, Académies de Berlin, de Bologne, de Haarlem et de Saint-Pétersbourg). À Genève, membre du Conseil des Deux Cents, de 1752 à 1768, il en démissionne avant d'y retourner en 1782, tout en refusant d'entrer au Petit Conseil, véritable organe de gouvernement qui exige une activité plus intense. En dehors de ses travaux très minutieux (nous y revenons ci-dessous) dont on peut voir d'importants aspects dans sa correspondance avec Jérôme Lalande, il a naturellement une grande influence politique. Pendant la crise des années 60, il sert d'intermédiaire officieux entre Genève et les Puissances garantes de la République, la France, les cantons de Berne et de Zurich. Il propose un modèle de gouvernement représentatif, et reste très attaché à l'ancien conservatisme social de Genève, basé sur un ordre patricien.

C'est en biologie que les travaux de Bonnet font réellement date. Sa carrière commence avec des études entomologiques, notamment sur les chenilles processionnaires dont il va jusqu'à étudier les processus de respiration. Jérôme Lalande ironise d'ailleurs légèrement sur ce travail après la lecture duquel il peut… respirer. Le «naturaliste en chambre» qu'est Bonnet se penche aussi sur des questions aussi fondamentales que la reproduction. Ses travaux mettent notamment en évidence la parthénogénèse des pucerons, la régénération animale (notamment des vers d'eau douce, des escargots, ou encore des salamandres) ainsi que la reproduction végétale, tout en abordant le rôle des feuilles dans la photosynthèse chez les végétaux. Dès 1745, il abandonne l'étude des insectes pour se pencher sur le monde végétal plus facile à étudier pour cet homme malade.

Philosophe de la nature, il publie encore en 1745 les deux volumes d'un *Traité d'insectologie*, puis en 1762, ses *Considérations sur les corps organisés* qu'il fait lire à Lalande. Savant paisible, bien que très perturbé par les questions théologiques, il publie en 1754 un *Essai de psychologie*. Ses controverses avec Jean-Jacques Rousseau (concernant l'origine de l'inégalité parmi les hommes) l'ont beaucoup préoccupé, peu sensible qu'il était au lyrisme de Rousseau et préférant l'observation aux émotions. En 1769, il publie un *Essai analytique sur les facultés de l'âme* ou, encore en 1769, la *Palingénésie philosophique*. L'œuvre de Charles Bonnet a marqué profondément l'histoire des sciences et de la philosophie.

Sources : nous avons repris le beau texte de Laurence-Isaline Stahl Gretsch, qui fait partie du Catalogue de présentation de l'exposition «Rousseau et les savants genevois», au Musée d'histoire des sciences, dans le Parc de la Perle du Lac, à Genève, (juin-septembre 2012), pages 36-40 ; également Gisela Luginbühl-Weber, «Charles Bonnet», *Dictionnaire historique de la Suisse*.

Correspondance active avec Jérôme Lalande : lettres 2, 4, 7, 8, 10, 11, 13, 14, 16, 19, 21, 23, 24, 25, 27, 31, 33, 38, 40, 43, 45, 47, 50, 52, 67, 70, 75, 81, 83, 85, 87

Correspondance passive : lettres 1, 3, 5, 9, 12, 15, 17, 18, 20, 22, 26, 28, 29, 30, 32, 34, 39, 44, 51, 69, 74, 82, 84, 86

GEORGES-LOUIS LE SAGE
(Genève, 13 juin 1724 – Genève, 9 novembre 1803)

La correspondance de Lalande avec Le Sage reste anecdotique, mais Le Sage est souvent mentionné par Charles Bonnet dans sa correspondance avec Jérôme Lalande. George-Louis Le Sage est issu d'une famille originaire de Bourgogne; il naît à Genève où son père (Georges-Louis Le Sage I) était arrivé jeune pour échapper aux persécutions religieuses. Ce père est un disciple convaincu de Descartes; il enseignait la physique et les mathématiques. Georges-Louis Le Sage commence ses études à l'Académie de Genève; il s'y forme en mathématiques et en philosophie. Sur les conseils de son père, il entreprend ensuite des études de médecine à Bâle, puis à Paris. N'étant pas un «bourgeois» de Genève, faute de moyens pour acquérir ce précieux statut, il ne peut exercer comme médecin et devient donc maître de mathématiques. Parmi ses élèves, on compte notamment H.-B. de Saussure[1], ou Pierre Prevost[2]. Il renonce cependant à briguer la chaire de mathématiques libérée par Gabriel Cramer[3]. Le Sage était porté à l'introspection, proche de la misanthropie, et de plus d'une santé fragile (sujet à des insomnies, dont il fait même un sujet d'étude). Il perd accidentellement une grande partie de la vue en 1762.

Le Sage souffrait d'une très mauvaise mémoire. Aussi avait-il pris l'habitude de noter ses pensées et ses réflexions sur des cartes à jouer. Plus de 35 000 d'entre elles sont conservées à la Bibliothèque de Genève[4]. Son élève Pierre Prevost utilisa certaines de ces cartes, et les publia notamment dans son *Histoire de la gravitation* ou encore dans son traité *Sur les causes finales*.

Mais l'œuvre importante de Le Sage ne se limite pas à ces notes. Physicien comme mathématicien, il a tenté de donner une explication mécanique aux lois de la gravitation universelle. Il a introduit une théorie corpusculaire de la gravitation, présentée dans son mémoire: *Essai de chimie mécanique* qui lui vaut le prix de l'académie de Rouen en 1758. Le Sage étudie également la nature des gaz et propose une théorie cinétique. Ce qui le conduit à expliquer les affinités chimiques. Il poursuit sa réflexion dans son ouvrage: *Lucrèce newtonien*, publié à Berlin en 1782.

---

1. Voir *infra*, «Index des noms».
2. Voir *notice suivante*.
3. Voir *supra*, p. 14.
4. À ce propos, J. F. Bert, *Comment pense un savant?*, Paris, Anamosa, 2018.

George L^s Le Sage né 1724. ◦ 1803

Portrait de Georges-Louis Le Sage, 1815
RIG 0191, Bibliothèque de Genève

Portrait de Jacques André Mallet, Professeur, 1815
RIG 0205, Bibliothèque de Genève

Portrait de Pierre Prevost, 1939
RIG 1056, Bibliothèque de Genève

Pour les raisons que nous avons dites – mauvaise santé, mauvaise mémoire, faible vue –, Le Sage a très peu publié. En revanche, il entretient une très abondante correspondance avec les plus célèbres mathématiciens et physiciens de son temps, tels que d'Alembert, Euler, Laplace, Bernoulli, tant en France qu'en Italie et en Allemagne, et bien sûr en Suisse. Il correspond aussi avec des philosophes, notamment avec son compatriote Jean-Jacques Rousseau. Le Sage contribue par ailleurs à la rédaction de deux articles de la grande *Encyclopédie* de Diderot et d'Alembert : les articles «Gravité» et «Inverse». Et, par ailleurs, c'est un remarquable bricoleur : il installe entre deux pièces de sa maison un télégraphe électrique qu'il décrit d'ailleurs dans le *Journal des savants* de septembre 1782. De nombreuses pistes non publiées, seulement ébauchées, ont été données par Le Sage dans ses fiches et l'on doit notamment mentionner son travail sur un thermomètre équidifférentiel, prélude aux travaux de J. A. De Luc[1]. En somme, Le Sage, plus qu'il n'a eu une œuvre personnelle, a considérablement influencé les travaux et les idées de ses contemporains, à commencer par Bonnet, qui le cite souvent.

Source : nous avons repris le beau texte de Laurence-Isaline Stahl Gretsch, qui fait partie du Catalogue de présentation de l'exposition «Rousseau et les savants genevois», au Musée d'histoire des sciences, dans le Parc de la Perle du Lac, à Genève, (juin-septembre 2012), p. 41-43.

Correspondance active avec Jérôme Lalande : lettre 36
Correspondance passive : lettres 35, 37, 41, 42, 46, 48, 49, 53, 54, 57, 61, 65, 66, 68, 71, 91, 93

JACQUES-ANDRÉ MALLET
(Genève, 23 septembre 1740-Genève, 31 janvier 1790)

La correspondance de Jérôme Lalande avec Mallet est essentiellement liée à leur entreprise (que l'on peut qualifier de commune) pour l'observation du passage de Vénus devant le Soleil le 3 juin 1769, qui devait permettre de déterminer avec précision, une précision bien meilleure que celle des déterminations antérieures, de la parallaxe du Soleil, c'est-à-dire indirectement de sa distance.

---

1. Voir «Index des noms».

Jacques-André Mallet a fait ses études à l'Académie de Genève avec Horace Bénédict de Saussure. Il est l'élève de Louis Necker. Il a travaillé ensuite avec Daniel Bernoulli à Bâle. Il publie quelques mémoires ; il voyage en France et en Angleterre en 1765, où il rencontre Lalande et Maskelyne, et, revenu à Genève, déjà auréolé d'une belle réputation, il se fait connaître comme astronome. À la suggestion de Jérôme Lalande, l'Académie de Saint-Pétersbourg invite Mallet (qui avait alors 28 ans) à venir observer en 1769 le passage de Vénus en Laponie russe. Mallet se fait accompagner par son futur beau-frère, le jeune naturaliste Jean-Louis Pictet (futur syndic de Genève). Les deux savants genevois sont envoyés en Laponie russe, Mallet à Ponoï, près d'Arkangelsk, et Pictet dans la' presqu'île de Kola. Après l'observation du transit de Vénus, le 3 juin, Mallet reste un certain temps à Saint-Pétersbourg. Les deux astronomes ont tenu pendant les 18 mois de leur séjour en Russie un journal de voyage qui constitue un témoignage remarquable, non seulement sur leurs instruments et sur leurs observations, mais aussi sur la vie à Saint-Pétersbourg au temps de la grande Catherine.

Fondateur en 1772 du premier observatoire astronomique de Genève, qu'il fait construire sur les remparts, Mallet commande ses instruments en Angleterre. Il fait tracer une méridienne du temps moyen, destinée à donner à la ville le midi moyen, afin de régler les montres. Mallet fait de nombreuses observations portant sur les éclipses de Soleil et de Lune ainsi que sur le suivi des satellites de Jupiter, sur les occultations d'étoiles, sur les planètes de façon générale, sur les comètes et sur les taches solaires. Ses observations sont régulièrement publiées dans la *Connaissance des temps* par l'intermédiaire de Lalande, dont il est le correspondant à l'Académie des sciences depuis 1772. Il publie aussi à Londres, Berlin, ou Genève. De 1771 à 1790, il est professeur honoraire (bénévole) à l'Académie de Genève pour la nouvelle chaire d'astronomie.

En 1786, Mallet se retire à Avully, dans la campagne genevoise. Il mène dans cette résidence la vie d'un campagnard plus que celle d'un astronome, et publie divers articles sur les problèmes de l'agriculture. Il meurt à l'âge de 50 ans.

Source : Lalande, *Bibliographie astronomique avec Histoire de l'astronomie à partir de 1781 jusqu'à 1800*, Paris, 1803, p. 698 à 700 ; Éric Golay, « Jacques-André Mallet », *Dictionnaire historique de la Suisse*.

Correspondance active avec Jérôme Lalande : lettre 63
Correspondance passive : lettres 55, 56, 58, 59, 60, 62, 64, 72, 73, 76, 77, 78, 79, 88, 89, 90

PIERRE PREVOST
(Genève, 3 mars 1751-Genève, 8 avril 1839)

La correspondance entre Jérôme Lalande et le jeune philosophe Pierre Prevost, d'une vingtaine d'années plus jeune, est naturellement très limitée. Mais Prevost était le dépositaire de la correspondance très abondante de Le Sage avec de nombreux personnages de l'Europe de son temps. Le père de Pierre Prevost était pasteur et régent au Collège. Né le 3 mars 1751 à Genève, le jeune homme fait de brillantes études. Il est docteur en droit et en théologie de l'Académie de Genève. Il est devenu avocat en 1773. Il se rend alors aux Pays-Bas, où il exerce une charge de précepteur, puis à Paris où il devient précepteur dans la famille Delessert de 1774 à 1780. C'est alors qu'il traduit les œuvres d'Euripide, et qu'il rencontre Jean-Jacques Rousseau, qui aura une forte influence sur ses vues philosophiques. Ces débuts l'incitent à envisager une carrière consacrée aux études littéraires.

En 1780, Pierre Prevost est nommé, par Frédéric II de Prusse, professeur de philosophie à l'Académie des gentilshommes de Berlin. Il se tourne alors progressivement, en plus de l'économie politique, vers la physique. Ses travaux de mécanique corpusculaire sont inspirés par son ami et mentor Le Sage. Il fait alors la connaissance de Joseph-Louis Lagrange, ce qui l'amène à étudier de plus en plus la physique. En 1784, Pierre Prevost devient professeur de lettres à l'Académie de Genève. En 1793, il est professeur de philosophie rationnelle. Il devient en 1809 titulaire d'une chaire de physique théorique, qu'il conservera jusqu'en 1823. Son ami Le Sage avait mis sur pied de très profondes études sur le magnétisme. Inspiré par ces études, Prevost développe en 1788 ces idées dans un important ouvrage, *De l'origine des forces magnétiques*. Il publie également des travaux sur la chaleur et sur la lumière. Mais ce littéraire ne limite pas son activité à la physique : il publie d'un côté des textes philosophiques et de l'autre des travaux sur les probabilités. Il conçoit la chaleur comme un fluide de corpuscules, et esquisse (1792) une théorie de l'équilibre mobile de la température théorique, qu'il développe dans un ouvrage important, *Du calorique rayonnant*, publié en 1809. Il faut noter que Joseph Fourier (1768-1830) s'en inspirera pour donner la forme d'une loi mathématique aux échanges thermiques dans son ouvrage sur la *Théorie analytique de la chaleur*, Paris, 1822.

Plus encore philosophe que physicien, adepte de la philosophie pragmatique anglo-écossaise du sens commun (*common sense*), Prevost effectue pour la *Bibliothèque britannique* des frères Pictet[1] (ses amis genevois, liés aussi d'amitié avec Jérôme Lalande) des traductions d'ouvrages philosophiques importants, tels que les *Essais philosophiques* d'Adam Smith, en 1797, les *Eléments de la philosophie de l'esprit humain*, de D. Stewart, en 1808, et enfin l'*Essai sur le principe de population*, de T. Malthus (1809), dont l'influence est encore actuellement très notable. Prevost est aussi l'auteur d'*Essais de philosophie*, publiés en 1804.

Toujours encore physicien, Prevost s'intéresse au phénomène de polarisation de la lumière, découvert dans les années 1808-1815. Il est partisan d'une théorie corpusculaire de la lumière (analogue à sa théorie corpusculaire de la chaleur). Il précise les fondements de ses idées dans *Deux traités de physique mécanique*, publiés en 1818. Par ailleurs, le développement par d'autres chercheurs de la théorie ondulatoire de la chaleur, l'amène à publier une *Exposition élémentaire des principes qui servent de base à la théorie de la chaleur rayonnante* (1832). Ces théories sont malheureusement dénuées d'une articulation mathématique, mais les conceptions qui les inspirent auront encore une influence sur les théoriciens de la théorie cinétique des gaz (tels que Kalvin et Maxwell).

Pierre Prevost devint correspondant de l'Académie de Berlin en 1784, de la *Royal Society* d'Édimbourg en 1796, de la *Royal Society* de Londres en 1806 et de l'Institut de Bologne en 1830. Un nomme aussi ouvert à tout ce qui est humain comme le fut Pierre Prevost, ne pouvait se détourner de la vie politique. Conservateur, il entre au Conseil des Deux-Cents de Genève en 1786 et siège à l'Assemblée nationale genevoise en 1793; suspect cependant, il fut un temps incarcéré en 1794. Mais quatre années plus tard, il fut appelé à co-signer (en tant que recteur de l'Académie de Genève) le Traité de réunion à la France (1798).

Pierre Prevost est mort à Genève le 8 avril 1839.

Sources: Burghard Weiss, *Zwischen Physikotheologie und Positivismus. Pierre Prevost (1751-1839) und die korpuskularkinetische Physik der Genfer Schule*, Frankfurt am M., Peter Lang, 1988; René Sigrist, «Pierre Prevost», *Dictionnaire historique de la Suisse*.

Correspondance passive avec Jérôme Lalande: lettres 94, 95, 96

---

1. Les frères Pictet (mais toute cette famille, ascendants et descendants, joue à Genève un grand rôle) qui nous intéressent ici sont: Marc-Auguste Pictet et Charles Pictet de Rochemont. Marc-Auguste fut notamment adjoint à l'astronome Mallet (voir *supra*), pour observer le passage de Vénus devant le Soleil en 1769.

CORRESPONDANCE
ENTRE LALANDE
ET DIFFÉRENTS SAVANTS DE GENÈVE

AVANT-PROPOS

Les lettres échangées entre Jérôme Lalande et ses correspondants genevois proviennent ici exclusivement de la Bibliothèque de Genève (BGE). Elles forment une masse documentaire en grande partie transcrite ci-après. Les mots abrégés, ou les passages illisibles, les mots incompréhensibles ou douteux, sont indiqués en italique entre parenthèses, avec, éventuellement, nos suggestions. Nous avons (chaque fois que c'était possible) préféré utiliser l'orthographe moderne; mais, dans le cas des noms propres, l'orthographe moderne figure entre parenthèses. Nous avons également (chaque fois que c'était possible) établi une ponctuation conforme au sens. La plupart des lettres sont précédées de l'adresse; nous n'en avons pas conservé la disposition originale, souvent abrégée. Il en est de même pour les formules de politesse, notamment celles de Lalande, qu'il aimait parfois abréger au maximum.

On notera certaines incertitudes du fait que certaines lettres ne possèdent ni le nom du destinataire, ni la date de la lettre. Il faut également noter que la plupart des lettres rédigées par Bonnet ne sont pas des originaux, mais des copies faites pour ses archives; cela explique les nombreuses abréviations utilisées dans ces lettres, et l'absence de signature.

Par ailleurs, nous avons éliminé de notre sélection la totalité des lettres adressées par les uns ou par les autres à des correspondants non genevois. Nous avons éliminé un important corpus de lettres de Deluc, depuis Windsor, à Lalande. Les dernières lignes des lettres substantielles de Deluc à Lalande se lisent comme suit : « *Je prends donc enfin congé de ce sujet, qui m'a occupé tant d'années, mais je demeure invariablement, et depuis bien des années aussi, votre etc* ». Deluc était alors en Angleterre, car il avait choisi d'émigrer et de quitter Genève. C'est pour cette raison que nous avons décidé de ne pas transcrire les lettres et les articles qu'il adresse à Lalande jusqu'en 1793.

À noter que la correspondance entre Jérôme Lalande et le savant genevois Marc-Auguste Pictet a été publiée dans Marc-Auguste Pictet, *Correspondance. Sciences et techniques, tome II : Les correspondants français*, texte établi, annoté et introduit par R. Sigrist, Genève, Slatkine, 1998, p. 496-503. Il s'agit de 13 lettres échangées entre 1785 et 1805.

La correspondance suivante de Lalande avec différents savants est indexée de la façon suivante : le *numéro de la lettre* en chiffres arabes – de 1 à 96 –, *les initiales* de Lalande et de son interlocuteur dans l'ordre expéditeur à destinataire L→M ; B→L, etc., et enfin *la date de la lettre* si elle est explicitée par son auteur.

Les abréviations des noms propres sont comme suit :

L	Lalande
B	Bonnet
M	Mallet
LS	Le Sage
P	Prevost

CORRESPONDANCE

1
L → B
LETTRE DU 30 DÉCEMBRE 1758 [1]

Monsieur

Les marques d'amitié dont vous m'avez honoré m'ont laissé un trop précieux souvenir [2] pour que je puisse me dispenser de vous en remercier par écrit. La nouvelle année m'impose encore un devoir de plus, enfin la parole que vous m'aviez donnée et que je dois vous rappeler au nom de l'Académie, voilà bien de quoi justifier la liberté que je prends.

Depuis le jour où je vous ai quitté, Monsieur, j'ai très peu séjourné en province. Je revolais à Paris comme je vous l'annonçais, afin de solliciter la place d'associé qui était vacante, la commission pour le calcul de la Connaissance des temps et les instruments de M. Bouguer. J'ai obtenu tout cela, mais ce n'a pas été sans peine, car j'avais les rivaux les plus formidables.

J'ai entretenu, avec la plus aimable satisfaction, tous mes confrères des complaisances que vous avez eues pour moi, et surtout ceux pour qui vous m'aviez chargé de compliments. Ils sont tous aussi charmés de votre caractère que de votre esprit et de votre savoir ; j'ai vu que je n'étais pour votre réputation qu'un organe faible et inutile.

J'ai eu, depuis mon arrivée à Paris, le plaisir de voir M. Rousseau [3], j'ai passé quelques heures avec lui, j'en ai été ravi. Il souhaite passionnément

---

1. BGE, Ms. Bonnet 24, fol. 252-253. Toutes les lettres suivantes provenant de la BGE, nous n'en ferons plus mention par la suite.
2. N'oublions pas que Bonnet est l'aîné de 10 ans de l'encore jeune Lalande, qui lui manifestera toujours un très grand respect.
3. Il s'agit évidemment de Jean-Jacques Rousseau qui quitte sa ville natale en 1728 et n'y fait ensuite que deux brefs séjours en 1737 et 1754.

de retourner dans sa patrie pour n'en sortir jamais; mais c'est toujours la campagne qu'il y choisira. Ainsi vous n'en serez pas plus riches, et vos cercles n'auront pas pour cela un Bourdon de plus [1].

Souffrez, Monsieur, que j'ose encore m'intéresser au sort de Madame votre épouse [2] et vous en demander des nouvelles, sans avoir eu l'honneur de la connaître; votre choix et votre attachement pour elle me la peignent avec les plus belles couleurs; je souhaite passionnément que mon premier voyage dans la province puisse me procurer l'avantage dont j'ai été privé cette fois et le plaisir de célébrer avec vous son rétablissement.

Nous n'avons point ici de nouvelle plus récente que l'exil du cardinal de Bernis, qu'on attribue au bonheur qu'il a eu d'être cardinal, sans la participation du roi.

Dans le genre des nouvelles littéraires, il n'y a rien de plus intéressant qu'un Mémoire de M. de Guignes lu à l'Académie des Belles Lettres où il a prouvé que les caractères primitifs des Chinois sont composés de lettres égyptiennes, que les premières dynasties de la Chine nous offrent des noms qui en les décomposant reviennent à ceux des premiers Rois de Thèbes, ensuite que la Chine doit être une colonie égyptienne. Son antiquité si célèbre ne devient plus qu'une fable, et son histoire une partie de celle d'Égypte, travestie sous des hiéroglyphes.

M. le duc de Lauraguais propose deux prix de 2400* chacun pour la mercurification ou extraction du mercure des métaux, et pour la solution directe du problème des trois corps sans approximation.

M. de la Condamine a lu un grand Mémoire où il donne l'histoire de l'inoculation depuis quelques années, et où il répond à toutes les objections qu'on a faites contre elle dans quelques Thèses et dans quelques brochures.

M. Maquer a fait quelques expériences sur la platine, ce nouveau métal si singulier par sa pesanteur égale à celle de l'or. On avait prononcé qu'il était infusible sans addition, mais avec un miroir ardent il est parvenu à le fondre parfaitement et à le rendre assez malléable.

Il va paraître deux nouveaux volumes de la traduction des *Transactions philosophiques* qui seront bientôt suivis de deux autres, par M. Demours. Ils commencent en 1737 où finissent les 3 autres déjà publiés.

Le 8 [e] volume de l'*Encyclopédie* va commencer à s'imprimer. Il pourra paraître dans six mois.

---

1. Les cercles se développent rapidement à Genève à partir du début du XVIII [e] siècle suscitant d'abord la méfiance du Consistoire, gardien de la morale protestante dans la République, qui les associe à des tripots. À partir du milieu du siècle, les cercles sont dans la ligne de mire d'une partie de l'élite dirigeante qui les considère comme des conciliabules politiques, mais ils ont la faveur de Rousseau, comme on va le voir plus loin.

2. Il sera question dans tous les échanges entre Bonnet et Lalande de Madame Bonnet et de sa santé fragile.

Je ne puis me résoudre à finir, mon illustre confrère, sans insister encore sur le Mémoire que vous m'avez promis pour l'Académie en insectologie. Supposé de qu'il soit un peu volumineux, je vous prie de le mettre à la poste[1] avec trois enveloppes, la première à moi, la seconde à Monsieur de Belidor, colonel d'infanterie et inspecteurs de l'arsenal à Paris, la 3e à Mgr (*Monseigneur*) le maréchal duc de Belle-Isle, prince du S. Empire, en Cour. Par ce moyen il nous parviendra franc, dût-il peser vingt livres.

Oserais-je vous charger encore de m'acquitter auprès de ceux de vos amis qui partagent la reconnaissance et l'empressement que j'ai de revoir Genève, savoir, M. Jallabert, M. Necker, M. Trembley ?

Je suis avec un profond respect
Monsieur et illustre confrère

Votre très humble et très
obéissant serviteur
<u>Delalande</u>

à Paris place de la Croix rouge
Le 30 décembre 1758

2
B → L
LETTRE DU 10 JANVIER 1759[2]

A Genève
Paris Monsieur de Lalande de l'Acad. Roy. des Sciences

Genève le 10 janvier 1759,

Je vous sais, Monsieur, un gré infini de vous être souvenu si obligeamment de moi. J'ose dire que je le méritais un peu par le cas que je fais de votre mérite et de vos lumières. Non, Monsieur, je n'oublierai point les moments agréables que vous m'avez fait passer, et je regrette qu'ils aient été si courts. Votre future apparition ici, dont vous voulez me flatter, est bien quelque chose pour satisfaire au désir vif que j'ai de vous revoir. Mais

---

1. Nous voyons ici la difficulté des relations postales qui seront bien pires encore pendant les périodes révolutionnaires, que ce soit à Genève ou en France. Sur l'organisation des postes à Genève, C. D. Barambon, « *Ce paquet n'a pas été porté par les hirondelles* », *Les postes dans la République de Genève (1669-1790)*, Genève, Société d'histoire et d'archéologie de Genève, 2019.

2. Ms. Bonnet 70, fol. 87-88.

vous êtes un homme que l'on voudrait posséder dès qu'on l'a connu. Pourquoi faut-il que vous ne paraissiez sur notre horizon que comme un météore, ou une comète, tandis que vous pourriez y paraître comme un Astre qui nous éclairerait! Venez donc séjourner un peu plus longtemps parmi nous. Nous n'avons pas, vous le savez, des spectacles à vous offrir. Mais nous avons mieux que des spectacles, une République bien ordonnée et des gens de lettre qui ne se déchirent point[1]. Messieurs Jallabert, Trembley et Necker s'empresseront à se joindre à moi pour vous rendre le séjour de notre ville aussi agréable que vous le méritez. Ils ont été sensibles à ce que je leur ai dit de vôtre part, et me prient de vous faire leurs sincères compliments.

Mon épouse, qui n'a pas été moins sensible à l'article de votre lettre qui la concerne, aurait bien du plaisir à vous voir. Si vous jugez d'elle par le choix que j'en ai fait, elle juge de vous par les sentiments que vous m'avez inspirés. La satisfaction que j'aurais à vous posséder s'accroîtrait beaucoup si je pouvais vous la présenter à votre retour. Mais, le croirez-vous, elle n'a pas quitté le lit depuis votre départ. Peut-être que le grand Tronchin parviendra enfin à rétablir une santé si précieuse à ma tendresse et si nécessaire à mon bonheur. Ce n'est pas d'une épouse, d'une amie dont je vous parle, c'est du meilleur de mes amis, et j'en ai d'excellents.

Recevez, mon cher et aimable confrère, mes plus sincères félicitations sur vos derniers succès dans l'Académie. Quand vous m'apprendrez que vous avez été fait Pensionnaire, comptez que vous me ferez encore un plus grand plaisir. J'aime bien mieux les machines de Monsieur Bouguer[2] entre vos mains qu'entre les siennes. C'est que je vous connais, et que je vous regarde un peu comme mon ami. Je ne vous en dis pas davantage, parce qu'il y a trop peu de temps que nous nous connaissons et que je meurs de peur de vous faire un compliment. Je veux mériter le titre de votre ami; avant que de vous regarder comme le mien. Mais laissez faire, il ne tiendra pas à moi que cette amitié naissante ne croisse et ne s'enracine.

---

1. Bonnet fait ici allusion à l'article «Genève» du septième volume de l'*Encyclopédie* (1757) dans lequel d'Alembert déplore l'absence de théâtre en ville.

2. Il s'agit sans doute de l'héliomètre, inventé par Bouguer en 1748. C'est une lunette à double objectif (pour mesurer le diamètre du Soleil, afin de savoir s'il est aplati aux pôles). Indépendant du temps, utilisant la coïncidence de deux images par leurs bords opposés, cet instrument permet de mesurer tous les diamètres (D. Fauque, *Revue d'histoire des sciences*, 63, 2010/1, p. 318). Ce principe de duplication d'image va être très fécond. Repris en Angleterre par John Dollond sous le nom de «micromètre objectif», il équipe les lunettes et télescopes, notamment lors de l'observation du passage de Vénus.

À propos d'amitié naissante, savez-vous bien, mon cher confrère, que vous l'avez fort outragée, lorsque vous avez terminé votre lettre, en me disant Je suis avec un profond respect. Jusque là, tout allait bien ; cette malheureuse formule a pensé tout gâter. Croyez-moi, gardez-là pour ces gens qui sont malheureusement si élevés en dignités qu'ils ne peuvent jouir de cette douce égalité que l'amitié engendre.

Vous m'avez servi comme j'aime à l'être en m'apprenant des Nouvelles littéraires ; vous m'obligerez sensiblement en me rappelant quelquefois de la même manière. Par malheur, vous me donnerez beaucoup et je vous donnerai peu. Vous êtes au centre des nouveautés et moi à la circonférence. Voyez combien les rayons sont divergents quand ils me parviennent. Prêtez-moi donc le secours de votre lentille.

Un cardinal exilé s'enveloppe de la pourpre ; s'il a un grand mérite, il jouit des honneurs de l'ostracisme.

Je suis charmé de revoir ici mon compatriote Rousseau. Je l'estime plus encore par ses vertus que par ses talents. Mais quand on a fait un gros livre pour prouver que l'homme sauvage est plus heureux que l'homme civil, il faut n'habiter que les campagnes et jamais les villes. Son imagination embellit tout ce qu'elle goûte, elle le séduit et séduit ses lecteurs. Nos cercles sont un mal politique qu'il ne pourrait voir de cent lieues [1]. Ce grand peintre, excellent dans le coloris, mais il n'excelle point dans le dessin.

Voilà donc ces Chinois, si vénérables par leur antiquité, dégradés par les soins de Monsieur de Guignes. M. de Voltaire qui aime tant à détruire, surtout en matière de chronologie sacrée, prendra sans doute leur défense contre Moïse. M. de Guignes met les découvertes de celui-ci au rang des plus belles découvertes historiques. Son Mémoire pique infiniment ma curiosité et j'aurais bien souhaité que vous m'eussiez dit un mot de la route qu'il a fait tenir à ces premiers colons de la Chine. Les navigations des Phéniciens nous étonnent déjà. Le voyage des premiers colons de la Chine, nous paraît le voyage de la Lune. Ils auront navigué terre à terre et enfin ils seront arrivés. Si la Chine s'est peuplée par la mer, les habitants des côtes ont dû conserver plus de vestiges de leur première origine que les habitants des contrées septentrionales de ce vaste empire. Je vous le répète, cette découverte m'a fait un extrême plaisir. Les Chinois nous paraissent une des grandes singularités de notre globe. Nous admirons, et peut être trop, leurs sciences et leurs arts. Ils ne sont plus à eux, ce sont des plantes portées dans un climat étranger, qui n'a pu que les conserver sans leur faire pousser de nouvelles productions. Car toutes ces choses sont à la Chine comme elles y

---

1. Bonnet, sans toutefois adhérer à l'introduction du théâtre à Genève, se distancie de la position qu'adopte Rousseau dans *La lettre à d'Alembert sur les spectacles* (1758) : contre le théâtre et ses mondanités, ce dernier promeut sans réserves la sociabilité républicaine des cercles.

étaient il y a trois mille ans. Quand on se rappelle ce que l'histoire sacrée et profane rapporte de la sagesse des Égyptiens, de leurs inventions et de leurs arts, quand on considère ce que les monuments qui existent aujourd'hui de présent sur tout cela, le merveilleux de la Chine disparaît, et elle ne nous semble plus qu'une faible copie de l'ancienne Egypte, un tableau informe de l'ancienne Thèbes. Je veux, mon cher Monsieur, que vous causiez avec moi là-dessus dans votre première lettre ; voyez, si vous le pourrez, Monsieur de Guignes. Il n'y a pas d'apparence que je dispute les prix de Monsieur de Lauragais. Mais j'applaudirai à ceux qui les remporteront.

La chimie du miroir ardent est encore dans l'enfance. Monsieur Necker lui a fait faire un nouveau pas qui sera suivi de bien d'autres.

Les *Transactions philosophiques* sont comme la Nature, un assemblage de toutes sortes de productions, mais la Nature demande pour nos besoins à être arrangée. D'ailleurs tout n'y est pas d'un prix égal. Le traducteur de cet ouvrage doit être doué d'un génie propre à écarter, digérer, rassembler, ordonner.

Je compte l'*Encyclopédie* à la moitié de son croit [1] : ce sera un immense colosse. Mais il faut un immense colosse pour porter l'Univers. C'est un grand dommage que parmi les auteurs qui y travaillent, il y a tant de dissertateurs. Cet ouvrage devrait être non le dépôt des opinions de tous les siècles, mais le dépôt des vérités. J'y ai admiré la main savante de quelques ouvriers. Mais j'y ai remarqué bien des omissions essentielles, surtout en matière d'histoire naturelle. Par exemple à l'article Étoile de mer, on ne nous dit rien de la reproduction de bouture. À l'article Fourmillon de Chine au chef, on nous dit qu'il ne va jamais qu'à reculons et j'en ai découvert une espèce qui va en avant avec assez d'agilité, et dont M. de Réaumur a donné d'après moi la description dans son sixième volume. On ne parle point non plus du procédé industrieux de cet insecte pour retirer de sa fosse (?) des corps fort pesants. Je la vois aussi décrite. L'industrie des insectes est à mon avis ce qui frappe le plus dans leur histoire. J'aurais bien d'autres remarques de ce genre à vous communiquer et qui ne diminuent point le cas que je fais de cet important ouvrage. Demandez je vous prie de ma part à Monsieur Diderot en l'assurant de mes obéissances, si l'article Insecte est fini. S'il ne l'était pas, je vous enverrais un essai de division générale de ces animaux que je soumettrais avec plaisir à son jugement, pour insérer dans l'article, s'il lui paraît le mériter.

---

1. Croit : mot ancien, pour : croissance, évolution,

Nous venons de perdre une Encyclopédie vivante dans la personne de Mr le syndic Calandrini[1], mon illustre ami. C'était le plus grand ornement de notre République, et qui l'aurait peut-être été de la République des Lettres, si la modestie et ses occupations, lui avaient permis de déployer tous ses talents en faveur du Public.

L'inoculation[2] aura longtemps en France deux puissants ennemis, la Théologie et la Médecine. On triomphera plutôt de celle-ci que de celle-là. C'est bien assez que votre clergé domine sur vos consciences, ils ne devraient pas dominer encore sur vos jours. Mr. de la Condamine est un excellent apôtre de l'inoculation. Je fais mille vœux pour le succès de l'inapostolat. Dites lui de ma part que je ne fais pas moins de cas de son courage que de ses lumières. Il ne manque plus à sa gloire que d'essuyer une grande persécution, et je le lui souhaite presque car la persécution établit la vérité. Nous sommes heureux ici, nos Ecclésiastiques sont assez philosophes pour ne pas mêler la Religion avec ce qui n'est point elle. Mais ils ne sont pas aussi assez hérétiques pour être sociniens.

Vous êtes, mon cher confrère, bien présent sur le Mémoire dont nous avions parlé. Vous ne savez pas ce que vous me demandez. L'idée que vous avez de moi vous séduit sur mes productions. Cependant je ne veux pas commencer avec vous par un refus. Je reverrai ce Mémoire et je vous l'enverrai au moins pour vous, sous l'adresse que vous m'indiquez.

Il est temps que je mette fin à cette longue lettre. Vous mériteriez bien que pour vous punir, je le finisse en vous disant que je suis avec un profond respect : mais j'aime mieux vous dire en ami, la plus parfaite estime et le plus sincère attachement

Je ne vous écris pas de ma main, pour ménager des (*mot absent*) que je n'ai pas toujours assez ménagés

Où en est le 3e vol. des scas. (*séances ? de l'Académie des sciences*)(?)

---

1. Jean-Louis Calandrini.
2. Il s'agit de la variolisation, traitement préventif introduit contre la variole en Angleterre au début du XVIIIe siècle, avant que la vaccination ne soit découverte à la fin du siècle. En France son propagandiste le plus efficace au milieu du XVIIIe siècle fut La Condamine.

3
L → B
LETTRE DU 10 MARS 1759 [1]

J'ai été si flatté monsieur des marques de bonté dont votre lettre était remplie que je ne puis résister au plaisir de vous en remercier, dussé-je vous ennuyer ; elle me rend infiniment précieuse l'espérance que je nourris de vous revoir plus à mon aise, non pour admirer, j'en ai vu assez, mais pour m'instruire agréablement ; je n'ai jamais vu de caractère de société comme les vôtres, monsieur, parmi les gens illustres ; il est vrai qu'à Paris il y a trop de dissipation, et trop de perversités dans les cœurs, il n'y a que l'écorce de l'amitié, et quand on revoit quelques fois les villes où il y a de véritables mœurs, on apprend à haïr celles où chacun n'existe que pour lui.

Depuis que j'ai eu l'honneur de vous écrire, j'ai été enterré sous l'immensité du travail dont je venais de me charger, je veux dire la Connaissance des temps, ouvrage plus ennuyeux cent fois lorsqu'on ne l'a jamais fait que lorsqu'on est à la seconde fois, et que néanmoins je ne garderai pas longtemps ; je fais trop de cas de mon temps pour vouloir l'employer à pareille besogne ; lorsque j'en aurai tiré le parti que je me propose, savoir une plus grande habitude de calcul, et une plus grande perfection dans la forme de cet ouvrage, fort négligé et fort inutile jusqu'ici.

Est-il possible, Monsieur, que votre aimable ami soit toujours dans la même situation ? Puissent les vœux que je forme être exaucés, et l'impression douloureuse que j'en ressens faire place bientôt à de plus douces impressions.

Le mémoire de M. Deguignes [2] sur les chinois sera bientôt imprimé, votre curiosité bien naturelle à cet égard sera pour lors bien mieux remplie que par les notions imparfaites que pouvait vous en donner un ignorant.

À propos de voyages, on vient de publier en Espagne une histoire de la Californie 3 vol. 4°, où cette partie de l'Amérique est décrite dans le plus grand détail, on m'a dit qu'on paraissait persuadé dans cet ouvrage que l'Amérique avait pu se peupler par les Asiatiques qui passent sur la glace, parce que plus au nord il y a un très petit détroit [3] qui se place dans toute la largeur.

1. Ms. Bonnet 24, fol. 254-255.
2. de Guignes
3. Il s'agit du détroit de Behring, qui sépare le Kamtchatka de l'Alaska. La thèse sur le peuplement de l'Amérique défendue ici par Lalande est aujourd'hui largement acceptée.

Depuis l'arrêt qui a nommé 10 censeurs pour examiner les 7 premiers vol. de l'*Encyclopédie*[1], et où elle est fort maltraitée, comme un ouvrage d'athées, nous ne savons pas si les volumes suivants ne seront pas beaucoup retardés, mais M. D'Alembert et M. Diderot m'ont assuré qu'ils recevraient avec grand plaisir votre division méthodique pour le mot insecte et généralement tout ce que vous aurez la complaisance de leur envoyer. A-t-on vu à Genève l'examen d'un médecin de Paris contre la colique du Poitou de M. Tronchin, cette brochure est de M. Bouvard, mais il y a furieusement maltraité votre aimable auteur, c'est un homme dur et jaloux qui ne ménage personne, car il a traité dans le même goût le journaliste des Savants M. Delavirotte qui avait pris parti pour M. Tronchin. Ce M. Delavirotte, auteur estimé de plusieurs bonnes traductions, et qui avait beaucoup de mérite vient de mourir à l'âge de 35 ans[2].

M. de la Condamine à qui vous souhaitiez une persécution, en éprouve du moins une petite : l'Académie n'a point voulu consentir à l'impression (du moins dans nos Mémoires) de son nouvel écrit sur l'inoculation, dans l'état où il l'a lu parce que M. de Haen médecin de Vienne, M. Cantwell, médecin de Paris, et tous ceux qui ont écrit contre l'inoculation y sont trop malmenés, il a fait un factum pour défendre son Mémoire et il n'en veut pas ôter une syllabe.

Le 3^evolume des correspondants est fort avancé, il paraîtra le mois prochain avec l'année 1754 de nos Mémoires. La table générale depuis 1741 jusqu'en 1750 vient de paraître, avec les années 1737 – 38 – 39 – 40 des Trans(*actions*) Philosophiques.

Mille respects je vous prie à M^{rs}. Jalabert, Necker, Trembley. Est-il vrai, comme on le dit ici, que M. de V(*oltaire*) a ordre de chercher un autre asile[3] ? M. Helvetius, auteur du livre De l'esprit, qui a été si maltraité par le Parlement, vient d'être exilé dans sa terre avec ordre de vendre sa charge,

---

1. Suite à la permission donnée à l'ouvrage matérialiste *De l'Esprit*, « bévue » des censeurs de la Librairie dirigée par Malesherbes, le Parlement arrête le 6 février 1759 de faire brûler le livre d'Helvétius et de faire réexaminer les volumes déjà parus de l'*Encyclopédie* par des théologiens, juristes et philosophes, tous jansénistes. Le 8 mars, le privilège accordé aux éditeurs de l'*Encyclopédie* est révoqué, mais ceux-ci obtiennent l'autorisation (privilège) de publier les volumes de planches.

2. Louis Anne La Virotte décède le 3 mars 1759.

3. Depuis 1755, Voltaire réside aux Délices, lieu-dit aux portes de la ville de Genève, mais déjà sur le territoire de la République. Son soutien à la cause de l'introduction du théâtre à Genève est très mal vu par le Consistoire. En 1758, Voltaire achète une seigneurie dans le pays de Gex français, à Ferney, à quelques kilomètres de Genève, où il s'installe définitivement jusqu'en 1778.

on croit que c'est pour une lettre indiscrète écrite à M. de Volt(*aire*) où il parlait de la Reine et du Parlement d'une manière peu mesurée.

Je finis donc, puisque vous le voulez en gardant dans mon cœur le profond respect que je vous dois, et en vous assurant de la plus tendre reconnaissance et du vif attachement avec lesquels j'ai l'honneur d'être Mon illustre confrère

Votre très humble et très obéissant serviteur
Delalande

A Paris, place de la Croix-Rouge
Le 10 mars 1759

N'oubliez pas, je vous prie, le mémoire que vous m'avez promis.

4

B → L

LETTRE DU 4 AVRIL 1759 [1]

Si vous saviez, Monsieur mon cher et illustre confrère, tout le plaisir que me font vos lettres, vous vous garderiez bien de penser qu'elles peuvent m'ennuyer, et plus encore de me le dire. Ecrivez-moi donc le plus souvent que vous le pourrez; et croyez que mon plaisir sera toujours en raison composée du nombre et de la longueur de vos lettres. Je vais m'entretenir avec vous sur tous les articles de celle que vous avez pris la peine de m'écrire en dernier lieu. C'est ainsi que j'aime que l'on corresponde. Ce sera presque toujours vous qui donnerez, et moi qui recevrai, mais avec reconnaissance.

Vous avez raison, mon cher confrère, cette Connaissance des temps, est un ouvrage de manœuvre, et je n'aime pas à voir un habile architecte occupé à un tel travail. Laissez moi donc là cette misère, pour vous livrer à votre génie. Dites-moi si vous n'avez point médité quelque plan, où vos talents puissent se déployer à leur gré. Je me plairai à savoir vos occupations, si elles vous sont agréables, elles me le seront aussi. Vous recevrez bientôt le Mémoire sur la Respiration des insectes que vous me demandez avec un empressement si obligeant. Mais, je pourrais bien vous envoyer ensuite pour le faire imprimer sous vos yeux, un ouvrage de physique sur une matière bien plus intéressante que celle-ci. Je l'avais laissée depuis dix

---

1. Ms. Bonnet 70, fol. 95-96.

à onze ans dans la poussière de mon cabinet, lorsqu'un grand homme est venu me réchauffer en sa faveur, et m'exciter à le publier. Je l'ai relu comme un ouvrage qui ne serait point de moi ; car il avait eu le temps de s'effacer dans mon souvenir. Et j'ai eu l'impudence d'en être assez content. Il y a dans votre lettre, mon aimable confrère, un grand mot auquel j'ai fait grande attention : c'est celui qui exprime votre pensée sur la corruption des capitales. Je ne puis vous dire combien ce mot m'a plu. C'est qu'il vous a peint à mes yeux, comme j'imaginais que vous étiez. Venez donc dans notre petite République, goûter les plaisirs purs de cette amitié pour laquelle vous êtes fait. L'idée que vous avez de mon caractère me flatte beaucoup. Elle me répond du penchant que vous avez à vous lier avec moi. Et j'ose vous dire qu'elle est vraie, parce qu'il est d'un honnête homme de se rendre témoignage à lui-même par rapport au cœur. Je crois donc que le mien est fait pour le vôtre et qu'ils s'aimeront toujours.

Mon épouse a encore beaucoup souffert depuis ma dernière lettre. Vous avez la bonté de prendre un intérêt si vif à son état, qu'il serait bien difficile qu'elle n'en prit pas beaucoup à ce qui vous regarde. Pour moi qui tourne toujours les yeux vers les biens possibles, et qui ne vois pas l'Univers comme il est peint dans Candide, j'espère que j'aurai le plaisir de vous la présenter à votre retour.

Nous aurons donc le Mémoire du très profond M. de Guignes. Je vous assure que je lui donnerai toute l'attention qu'il mérite.

Le monde se débrouille de jour en jour ; la Chine devient une colonie égyptienne, et la Californie le lien qui unit les deux Mondes. Voilà une grande découverte, et elle paraît bien plus grande encore quand on songe que nous la devons à l'Espagne. On avait déjà de fort bonnes raisons de penser que l'Amérique s'était peuplée par la grande Asie. On avait retrouvé des racines tartares dans la langue mexicaine, et je crois aussi dans la langue péruvienne.

Ce n'est pas merveille que le tonnerre soit tombé sur l'Encyclopédie. Jupiter foudroya autrefois les Titans qui avaient entrepris de le détrôner. Des hommes qui entreprennent de mettre l'Univers à la place de Dieu, et qui prêchent à haute voix le spinozisme, pouvaient-ils se flatter qu'on leur laisserait tranquillement consommer leur Œuvre ? C'est grand dommage qu'ils aient embrassé des matières dogmatiques. Je leur demanderais volontiers s'ils voudraient que leurs valets de chambre professassent la même religion qu'eux. Attendez : comme ils sont tous fort pauvres, ils ne courraient pas le risque d'être volés. En bonne foi, que deviendrait la Société, si l'on anéantissait parmi les hommes l'idée d'un Dieu rémunérateur ! Je vous le dis franchement, mon cher ami, ces malheureux écarts de la raison, sont les tristes effets d'un amour-propre excessif. On mesure l'idée qu'on a de son propre mérite, par le nombre des principes reçus que l'on se glorifie de secouer. On voit du haut de l'Ordre Eternel le vulgaire qui croit en Dieu, ramper dans la fange des préjugés. Dites-moi, quand ces Messieurs sont malades, sont-ils de bien bonne humeur? Et si nous les voyons à l'article de la mort, trouverions-nous leurs Principes fort consolants? Je m'aperçus qu'ils vous avaient un peu gâté. Mais vous faisiez vos aveux de si bonne grâce, et si ingénument, que je ne vous jugeais point comme je jugerais un Encyclopédiste. Il faut, de toute nécessité que nous reprenions ensemble cette matière; et ne venez pas dire que vous n'êtes pas métaphysicien. Vous êtes, mon cher confrère, tout ce qu'il vous plaît d'être.

Que ferons-nous donc de ce Corps Mutilé[1]? Je veux parler des sept volumes de l'*Encyclopédie*: on devrait tout au moins nous en donner les Planches. J'ai toujours dans l'esprit que M[r]. Diderot, le plus fier des Titans, n'en demeurera pas là. Il fera passer son manuscrit en Hollande, ou à Berlin ou à Lucques, que sais-je moi: en un mot l'amour de la belle gloire, le désir d'être utile au genre humain en le défaisant de ses préjugés feront revivre l'*Encyclopédie*. Apprenez-moi s'il vous plaît, ce que ces Messieurs comptent de faire. Je leur sais bien du gré de la complaisance avec laquelle ils veulent bien recevoir de moi quelques articles. Je ne suis pas si ingrat que je ne sache apprécier cela; et si je ne les estime pas comme Chrétiens, je les estime beaucoup comme mathématiciens, physiciens, astronomes, etc.

À propos de M[r]. Diderot, quelqu'un voulait me persuader l'autre jour, qu'il était aujourd'hui aussi bon Déiste qu'il s'était montré bon Athée dans ses Pensées philosophiques. J'aimerais bien avoir une preuve de cette conversion[2]. Je ne sais comment il s'y prend; mais, soit qu'il fasse des

---

1. L'*Encyclopédie* de Diderot et d'Alembert est attaquée dès les débuts de sa publication. En février 1752, sous la pression des jésuites, le conseil d'État interdit la diffusion des deux premiers volumes parus. Grâce à Malesherbes, la publication des volumes 3 à 7 reprend en 1753 jusqu'en 1757. Après l'affaire De l'Esprit et la révocation du privilège en mars 1759, la publication est à nouveau interrompue. Bien que l'aventure éditoriale semble compromise, Diderot travaille aux volumes de planches qui commencent de paraître en 1762. Alors que le parti dévot faiblit (les jésuites sont expulsés de France en août 1762), les dix derniers volumes de texte sont publiés avec fausse adresse typographique en 1765. Les deux derniers volumes de planches paraissent en 1772.

2. En matière de religion, Bonnet et Lalande ne partagent pas les mêmes vues. Si le premier manifeste ouvertement sa foi religieuse et ne dédaigne pas les déistes (qui sans adhérer à aucune Eglise, croient en une religion naturelle), le second est un athée qui ne se dévoile pas volontiers dans sa correspondance avec Bonnet. L'astronome français est moins circonspect sur ce sujet avec Le Sage et Mallet.

Comédies, ou des Traités de philosophie, il a toujours le malheur d'être accusé de plagiat. Diriez-vous bien, mon cher ami, qu'un malin critique m'offrit un jour la preuve que les Pensées philosophiques étaient puisées toutes entières dans les œuvres de (Shaftesbury)? Je n'ai pas voulu approfondir ce fait. Monsieur Diderot habille si bien les pensées d'autrui qu'il les rend presque neuves, et toutes neuves pour ceux qui n'ont rien lu.

Mercure a bien fait trois fois sa révolution autour du Soleil, depuis que j'ai lu la brochure de Monsieur Bouvard contre mon compatriote Monsieur Tronchin. Cet écrit est un peu serré, mais je n'ai pas vérifié les plagiats qu'il reproche à l'auteur.

Il est fâcheux que des hommes du mérite de Mr. Lavirotte soient enlevés au monde à la fleur de leur âge.

Monsieur de la Condamine devait traiter de l'inoculation comme un théorème de géométrie. Il fallait éviter soigneusement les personnalités. On est gâté quand la passion s'en mêle. Son caractère un peu vif, ne lui a pas permis d'user de certains ménagements. L'Académie a raison de ne vouloir pas imprimer des personnalités. À la place de Mr. de la Condamine, je n'aurais pas répondu un mot.

Non, mon cher Monsieur, Voltaire n'a point reçu ordre de chercher un asile ailleurs. Mais s'il s'agissait encore de lui donner un asile sur notre territoire, je pense qu'il ne lui serait pas aussi facile de l'obtenir, qu'il lui a été à son arrivée. Cet homme est fait pour se tourmenter sans cesse. Le moindre barbouilleur de papier a droit sur son repos. Il vient de peindre l'Univers dans Candide sous la forme la plus hideuse. C'est un grotesque révoltant. Ce sont des traits qui perceraient de part en part un pédant d'Allemagne, et qui n'atteignent pas la hauteur de Leibniz, qu'il a cherché à ridiculiser. Et tout cela va se résoudre dans un impertinent Manichéisme. L'auteur a sans doute voulu laisser penser qu'il n'a vu de la Théodicée que la couverture. Quel abus des talents! Quel sort que celui d'un être qui ne sait ni d'où il vient, ni où il va, qui, jeté dans l'Univers, par une cause aveugle, ne sait ni pourquoi il y est, ni pourquoi il ne pouvait pas n'y pas être.

En vérité, le livre de l'Esprit[1] ne valait pas la peine qu'on risquât son repos et sa pension pour le publier. Le beau présent que l'auteur a fait à l'humanité, en lui apprenant qu'il n'y a ni vertus ni vices, ni juste, ni injuste; et que la Loi générale des êtres sentants et intelligents est l'intérêt grossier! La rare découverte que le Cheval ne diffère de l'Homme que par

---

1. Le livre d'Helvétius qu'évoque Lalande dans sa lettre précédente.

la botte ! Et puis, faut-il après cela s'étonner si les magistrats se mettent de mauvaise humeur et s'ils vous font griller tout vivant ces beaux écrits !

Recevez le renouvellement des assurances de la parfaite estime et du très sincère attachement avec lesquels je suis

Monsieur mon cher et illustre confrère &c.

5
L → B
LETTRE DU 16 JUILLET 1759 [1]

Paris le 16 juillet 1759

Vous avez répondu, mon illustre confrère, avec tant de complaisance à ma dernière lettre que je ne puis me dérober à l'envie de récidiver encore. Ce n'est pas que je puisse me persuader toutes les belles choses que vous suggère votre complaisance pour moi ; mais quand il s'agit de nos plaisirs nous ne sommes pas toujours les maîtres de raisonner ou d'agir conséquemment. Prêt à quitter Paris pour retourner pendant quelques mois dans ma province, je m'occupe quelquefois de l'idée que je serai plus près de vous, et qu'il y aura toujours pour moi quelque espérance de vous revoir cet automne ; du moins aurai-je celle de recevoir de vos nouvelles à Bourg vers le commencement du mois prochain.

La *Connaissance des temps* sur laquelle vous me plaigniez avec quelque raison est faite pour deux ans, j'y ai trouvé l'agrément de faire imprimer bien des Tables, des remarques, des résultats que j'avais eu l'occasion de préparer dans le cours de mes travaux astronomiques, et un tableau assez détaillé de toutes les nouvelles découvertes d'astronomie ; j'ai d'ailleurs l'agrément de vivre avec une femme d'esprit, qui en a fait une année presque toute seule, et avec le secours de qui je puis me consoler de la pesanteur de ce fardeau. La comète m'a occupé presque en entier depuis assez longtemps, il a fallu l'observer, ensuite calculer ces observations ; maintenant je reprendrai le travail que j'avais commencé sur les inégalités [2] que les 3 petites planètes Mars Vénus et Mercure reçoivent par l'attraction des autres planètes.

1. Ms. Bonnet 24, fol. 256-257.
2. Les principes du calcul des perturbations sont essentiellement dus à Alexis Clairaut (1713-1765).

Votre ouvrage sur la respiration des insectes, cet autre ouvrage de physique que vous vouliez bien me faire espérer sans m'en annoncer le sujet, j'espère que je les aurai au moins à Bourg, et que je pourrai les rapporter à Paris, n'oubliez pas de grâce que vous me l'avez bien promis et que j'ai reçu, au nom de l'Académie, vos plus solennels engagements.

Je ne pense pas du tout que les 7 vo(*lumes*) de l'*Encyclopédie* puissent rester sans suite, l'Italie et la Hollande s'en mêleront, et nos esprits forts ont trop envie de parler, pour se taire. Je vous avoue que je suis aussi indigné qu'un prêtre pourrait l'être quand je vois attaquer la religion, par ceux qui ont tant d'intérêt à la défendre ; je n'en suis pas dévot ; mais si vous entrepreniez de me convertir, je vous assure mon cher confrère que vous seriez enchanté de ma docilité.

Vous m'avez fait grand plaisir de m'indiquer la source des pensées philosophiques je croirais qu'elles sont quelque part ; quand même on ne me l'assurerait pas. Je connais Diderot, et je sais très bien qu'il est bel esprit, et nullement génie profond ou inventeur. Je vois qu'il a parlé très superficiellement de mille choses auxquelles il attachait la plus grande importance, qu'il n'est ni mathématicien ni physicien, quoiqu'il ait passé beaucoup de temps pour le devenir ; croirais-je, parce que je n'entends pas la métaphysique, que Diderot doit être grand métaphysicien ?

Je ne vois presque rien dans notre littérature depuis quelques mois qui puisse mériter votre attention. Tout au plus la découverte d'un médecin d'Aix qui a trouvé un nouveau canal thoracique partant du réservoir de Peket (*Pecquet*), et descendant sous le tissu cellulaire de la veine cave pour aller se rendre dans les viscères du bas ventre par une multitude de ramifications ; cela nous apprend une vérité de physiologie qui paraît fort naturelle, savoir que le chile entre dans la composition de bien des humeurs, sans passer dans le sang. Et si le canal qui s'ouvre dans la veine sous-clavière gauche fit tant d'honneur à Pecquet dans les premiers temps de l'Académie des sciences, il en reste beaucoup à M. Tornatori pour en avoir découvert un (*mot coupé*).

Je me lasse d'entendre parler ici de l'embarquement[1] par des personnes qui ne sont point en état de me dire si les Français peuvent ou ne peuvent pas le faire. S'il n'y en aura ou s'il n'y en aura pas ; or comme c'est notre seule nouvelle politique, vous voyez mon cher confrère que je ne puis encore rien vous dire à cet égard de curieux.

---

1. En 1759, en pleine Guerre de Sept ans, les rumeurs d'un projet français d'invasion des îles britanniques alimentent les conversations aussi bien en France qu'en Angleterre.

Je n'ose presque pas vous parler de l'article le plus intéressant pour vous et (je vous en assure) pour moi, cette précieuse santé sur laquelle vous avez été si longtemps réduit à des espérances, est-elle enfin assurée pour votre consolation et pour votre repos? J'ai senti vos peines jusque dans le plus profond de mon âme. J'ai déploré mille fois la disgrâce de votre situation, votre juste sensibilité et votre tendre attachement me semblait devoir faire votre plus grand malheur, car avec tant de mérite et de vertu, j'étais bien persuadé que votre cœur était déchiré, et que bien loin de regarder l'amitié comme un besoin importun ou un produit de votre faiblesse, vous la regardiez comme une des perfections de notre être, et une des routes de notre félicité.

Si cette dame, que je sais être si digne de votre tendresse, peut être encore sensible à l'intérêt qu'un inconnu prend à son sort, apprenez-lui de grâce que personne autre après vous ne souhaite si vivement de voir votre constance couronnée, et votre bonheur sans amertume.

Mille tendres compliments, je vous supplie, à M. Jalabert, et à M. Necker.

Je suis avec un profond respect

Mon cher et illustre confrère

Votre très humble et très
obéissant serviteur
Lalande

6
B → DE HALLER
LETTRE DU 24 JUILLET 1759 [1]

(*Nous avons gardé cette lettre dans notre sélection en raison des allusions à Lalande*)

Genève,
24 juillet 1759

Je me hâte, Monsieur, de vous annoncer une découverte qui vous intéresse. Je viens de l'apprendre par Mr. de Lalande de l'Académie royale des sciences. Voici l'extrait de sa lettre en date du 16 de ce mois :

Je ne vois presque rien dans notre littérature depuis quelques mois qui puisse mériter votre attention. Tout au plus la découverte d'un médecin d'Aix qui a trouvé un nouveau canal thoracique partant du réservoir de

---

1. Ms. Bonnet 70, fol. 107.

Pecquet, et descendant sous le tissu cellulaire de la veine cave pour aller se rendre dans les viscères du bas ventre par une multitude de ramifications. Cela nous apprend une vérité de physiologie qui paraît fort naturelle, savoir, que le chile entre dans la composition de bien des humeurs, sans passer dans le sang. Et si le canal qui s'ouvre dans la veine sousclavière gauche fit tant d'honneur à Pecquet dans les premiers temps de l'Académie des sciences, il en reste beaucoup à Mr. Tornatori pour en avoir découvert un nouveau.

J'ai cru, Monsieur, que cette découverte vous serait utile pour votre Physiologie. Il me semble que vous en êtes actuellement à la Nutrition, qui tient à la Chylification. Je demanderai des détails dans ma réponse à Mr Lalande, afin de vous les communiquer. La découverte de Mr Tornatori est pour les anatomistes ce qu'est une comète pour les astronomes : mais une comète nous intéresse bien moins qu'un nouveau canal thorachique. Ce sera désormais le canal de Tornatori.

N'est-il point à craindre cependant qu'il n'ait confondu des rameaux de vaisseaux lymphatiques avec des productions du canal de Pecquet ? Quand vous m'apprendrez que vous avez vu ce nouveau canal, je ne douterai non plus de son existence que de celle de l'ancien.

Je ne suis pas surpris que les Muses soient dérangées à Gottingue. Elles ne fleurissent que dans le séjour de la Paix, et quelle affreuse perspective nous offre actuellement l'Allemagne ! Je fais les vœux les plus ardents pour qu'il plaise à l'Eternel des armées de remettre son épée dans le fourreau. J'en fais aussi pour qu'il lui plaise de protéger cette Religion qu'il y a lui-même établie. Que deviendrait notre patrie commune, mon cher compatriote, si les Puissances protestantes succombaient sous les coups des Puissances catholiques ! C'est à l'ombre de ces grandes Puissances que nous goûtons les doux fruits de notre liberté spirituelle et temporelle. Qu'aurions-nous à attendre des efforts redoublés d'une Religion guerrière, et qui ose dominer sur les Rois et sur les consciences ! Elle eût fait descendre le feu du ciel sur Samarie, et elle n'eût point compris ces expressions du Sauveur du Monde, vous ne savez de quel Esprit vous êtes animés. Je sais gré à Mr de Voltaire d'avoir mis dans un aussi grand jour, et avec autant de courage, les entreprises odieuses de cette Religion ; mais je ne puis lui pardonner d'avoir voulu envelopper dans sa ruine cette religion sainte faite pour le bonheur des hommes ; une religion qui ne respire que charité, et dont les ministres n'ont jamais souillé leurs mains du sang des rois. Cet homme avait la faux à la main, il l'a portée sur ce qu'il devait le plus respecter.

Je suis, avec un respectueux dévouement.

J'ai eu l'honneur de vous écrire le 6e de ce mois

7
B → L
LETTRE DU 6 AOÛT 1759 [1]

Mr. de la Lande, Paris.

Genève, 6 août 1759

J'allais prendre la plume pour vous écrire, mon illustre confrère, lorsque je reçus votre lettre du 16 juillet dernier. Je ne savais que penser de votre long silence, et je n'aimais point à soupçonner que vous m'aviez oublié. Je préférais de penser ou que ma lettre ne vous était pas parvenue, ou que vos occupations ne vous avaient pas laissé le temps de me donner de vos nouvelles. Vous êtes donc sur le point de vous rapprocher de moi. Rapprochez-vous en assez, je vous prie, pour que je puisse vous embrasser. Quand vous serrez arrivé à Bourg, dites bien des choses pour moi à votre estimable ami Mr. Bernard.

Je vous assure, mon cher confrère, que si j'avais su qu'une femme d'esprit vous soulageait dans la *Connaissance des temps*, je ne vous aurais pas plaint de si bonne foi. Si le nom de cette nouvelle du Châtelet [2] n'est point un secret, vous m'obligerez beaucoup de me l'apprendre. Mais ne courrez-vous aucun risque de vous associer un tel compagnon ?

Ce que j'ai lu dans les journaux de votre Mémoire sur la comète [3] me rendait impatient de le lire. Vous ne m'en dites qu'un mot. J'ai admiré la prodigieuse justesse du calcul de Clairaut. Quoi ! à 32 jours près ! Quelle gloire pour l'astronomie, et pour l'astronome ! Que pensez-vous de la queue des comètes ? Est-ce une atmosphère ? Ou n'est-ce qu'un amas d'exhalaisons que le Soleil élève ? La plupart des astronomes me paraissent avoir embrassé le dernier sentiment. Savez-vous qu'un astronome allemand assure avoir observé ces exhalaisons, les avoir vues s'élever graduellement, les avoir suivies depuis le corps de la comète, jusqu'à l'extrémité de la queue ? Il a plus fait, il a rappelé tout cela au calcul.

---

1. Ms. Bonnet 70, fol. 107-108.

2. Il s'agit probablement de Madame Lepaute.

3. Il s'agit évidemment de la comète de Halley, dont la date du passage en 1758 (ainsi que celle du passage au périhélie en 1759) fut prédite par Jérôme Lalande et Nicole-Reine Lepaute par de très longs calculs. Ces calculs avaient été poursuivis à la demande de Clairaut (cité dans cette lettre) qui était d'ailleurs l'auteur de la théorie des perturbations qui a permis les calculs.

Vous tenez, mon cher confrère, un sujet bien intéressant dans les inégalités que Mars, Vénus et Mercure reçoivent de l'attraction des autres
planètes. On s'était beaucoup occupé du dérangement que Saturne et
Jupiter se causent l'un à l'autre. Mais je ne sache pas que l'on se soit autant
occupé des dérangements qui surviennent aux petites planètes.
Quand on aura bien étudié ces faits, on parviendra peut-être à la
connaissance de leurs causes. Car enfin l'attraction n'est pas une cause ;
elle n'est qu'un effet, et le grand Newton l'avait assez dit pour que ses
disciples ne dussent pas s'y méprendre. Les phénomènes célestes tiennent
sans doute à une impulsion secrète, mais très différente de celles que nous
connaissons, puisqu'elle pénètre les masses. M. Le Sage, mon ami, a là
dessus des idées qui vous plairaient peut-être, et qu'il vous communiquera,
je m'assure, si vous le souhaitez.

Je suis charmé que vous pensiez comme moi sur les Encyclopédistes,
et sur Diderot en particulier. Vous dites très bien, lorsque vous remarquez
qu'il donne de l'importance à des bagatelles. Il est tout plein de ses savantes
minuties, et il les débite avec un appareil qui en impose aux ignorants.
Je n'ai jamais compris la satisfaction que cet homme a pu goûter dans
le plagiat.

La découverte d'un nouveau canal thoracique nous intéresse bien plus
que celle d'une comète. Vous m'avez fait un grand plaisir en me
l'annonçant. M. Tornatori est-il arrivé là par l'anatomie comparée ?
Le chyle est une liqueur bien crue, et qui semble exiger bien des prépa-
rations avant d'être propre à s'unir à nous. M. Tornatori n'aurait-il point
pris de gros troncs de vaisseaux lymphatiques pour des vaisseaux
chylifères ? Tachez, si vous le pouvez, de dissiper mes doutes sur un point
que je regarde comme l'important. Si la découverte est réelle, le nom de
Tornatori sera aussi célèbre que celui de Pecquet.

J'ai lu avec un sentiment très vif de reconnaissance, l'article de votre
lettre qui concerne mon épouse. Votre cœur s'y peint, et que j'ai eu de
plaisir à contempler cette peinture ! La pauvre malade n'en a pas été moins
touchée que moi. Elle est un peu mieux ; mais ce mieux ne va point encore
à la tirer tout à fait de son lit. Si vous venez ici, j'espère que je pourrai vous
la présenter. Les qualités de son cœur et de son esprit sont pour moi une
grande compensation à ses maux, et ma tendresse en est pour elle un
adoucissement.

(*Cette lettre ne se termine évidemment pas ici ; la suite, sans doute une
formule de politesse, n'a pas été trouvée.*)

8
B → L
LETTRE DU 14 JANVIER 1760 [1]

M. de la Lande de l'Acad(*émie*) Roy(*ale*) d(*es*) Sci(*ences*),
Paris

Genève
14 janvier 1760

M'avez-vous oublié, Monsieur mon cher et illustre confrère? Mon amour-propre ne veut point se persuader cela, il en souffrirait trop. Votre dernière lettre était du 16 de juillet, je vous répondis le 6 [e] d'août et dès lors, je n'ai point eu de vos nouvelles. Vous m'aviez laissé espérer que je vous verrai ici pendant les vacances dernières. Il me semblait toujours que je devais vous voir entrer dans ma chambre, avec votre excellent ami M [r]. Bernard. Vous avez trompé mon espérance, vous avez plus fait encore : vous ne m'avez pas écrit un seul mot pendant tout ce long intervalle. Il est vrai que j'aurais dû me plaindre plus tôt. J'ai songé cent fois à prendre la plume pour vous aller relancer jusque dans votre cabinet, et cent fois j'en ai été détourné par je ne sais combien de choses, et puis encore, parce que je me flattais toujours de recevoir une de vos lettres. Elle n'est pourtant point venue cette lettre tant désirée, et je n'ai pu y tenir davantage. Je viens donc me plaindre de votre silence, et je prétends bien que vous me sachiez gré de me plaindre. Si je faisais moins de cas de votre commerce, je ne serais assurément pas si fâché de le voir ainsi interrompu. Mais aussi pourquoi m'avez-vous mis en goût de correspondance avec vous? Pourquoi m'avez-vous écrit de ces lettres que j'aime tant à lire? J'ai pensé quelquefois que ma lettre du 6 [e] d'août ne vous était pas parvenue, et dans cette supposition, vous deviez être très mécontent de moi.

Quoi qu'il en soit, ne manquez pas de répondre à celle-ci, car je me fâcherais tout de bon. Dites-moi comment vous vous portez? Comment se porte M [r]. Bernard que je n'ai certainement point oublié, et auquel je vous prie de faire parvenir mille compliments de ma part?

Dites-moi encore quelles ont été vos occupations. Êtes vous bien avancé dans vos recherches sur les petites planètes, sujet si intéressant et si neuf? Qui a-t-il (*sic*) de nouveau dans votre littérature? Vous m'aviez entretenu de la découverte d'un nouveau canal thoracique. Je m'en suis

1. Ms. Bonnet 70, fol. 136-138.

entretenu à mon tour avec quelques savants. Voici ce que m'en écrit un célèbre professeur de Leyde : « Je connaissais la découverte du nouveau canal thoracique. L'auteur qui est d'Aix-en-Provence, l'a communiquée à M. Albinus. Mais je soupçonne fort qu'il a pris pour un nouveau canal une branche de celui de Pecquet, au moins la description nous le fait croire. Ajoutez à cela que j'ai vu celui-ci injecté par Mr. Albinus, tiré hors du corps, et noué par les deux extrémités, conserver le lait dont on l'aurait rempli ; ce qui ne pourrait pas arriver s'il communiquait avec un autre qui aurait été coupé » !

J'ai plus fait que Mr. Albinus, m'écrit encore notre illustre confrère, Mr. de Haller, j'ai cent fois rempli le canal thoracique de cire et de mercure. J'ai eu tant que j'ai voulu, des seconds, des troisièmes canaux thoraciques ; mais tout cela ne fait que des variétés, qu'on ne doit pas ériger en découvertes.

Vous voyez, mon cher ami, que cette découverte si vantée à l'Académie est très suspecte de fausseté. Vous connaissez quelle est la profonde connaissance qu'a Mr. de Haller de la structure du corps humain. Il vient de m'envoyer le second volume de sa grande Physiologie.

Cet ouvrage serait plus excellent encore s'il y avait moins d'érudition anatomique. L'on ne voudrait que Mr. Haller, et l'on a à la fois tout ce qui s'est débité sur la matière. Vous autres Français, vous êtes bien plus élégants ; vous ne vous piquez pas de tant d'érudition, et vous avez plus de goût. On a très bien dit qu'il fallait donner les matériaux de l'Anglais et de l'Allemand aux Français pour les mettre en œuvre.

J'ai vu dans le Journal des savants l'annonce de l'ornithologie de Mr. Brisson. Pourriez-vous me dire si c'est celle que Mr. de Réaumur avait laissée en manuscrit, ou si elle appartient toute à Mr. Brisson ? Mr. de Réaumur m'avait souvent parlé de cet ouvrage et j'étais très impatient de le lire quand la mort est venue enlever à la France ce Pline moderne.

J'avais écrit à Mr. Duhamel pour le prier de me faire rendre, si cela se peut, toutes les lettres que j'ai écrites pendant 19 ans à Mr. de Réaumur. Elles sont en très grand nombre ; elles contiennent quantité d'observations sur les insectes que je n'ai point encore publiées, et que je ne voudrais pas qui (qu'elles) parussent sous cette forme négligée. On m'a renvoyé à Mr. Nollet, dépositaire de toutes les lettres du défunt. Voudriez-vous bien, mon cher confrère, lui en dire un petit mot de ma part, en lui renouvelant les assurances de mon estime.

Je ne saurais finir sans vous donner des nouvelles de mon épouse à la santé de laquelle votre cœur sensible vous porte à vous intéresser. J'aurais eu le plaisir de vous la présenter si vous fussiez venu ici les vacances dernières. Elle marchait lentement à la guérison, lorsqu'un accident imprévu est venu retarder sa marche.

J'espère que cet accident n'aura pas des suites fâcheuses, et que tout se remettra insensiblement. Il s'agit d'une opération sur des côtes qui étaient un peu déplacées et qu'un fameux Abbé, qui a passé ici l'été dernier, avait entrepris de replacer lorsque j'y eusse donné mon consentement[1]. Il croyait bien faire, et comme il n'entend pas la théorie des parties molles, il ne jugeait pas qu'il les offenserait, et qu'il fit accroire à mon épouse qu'il n'opérait point. Il a une façon d'opérer qui trompe. Mais quand il eut déjà assez avancé, il se déclara, il fallut bien le laisser achever, et quand j'arrivai, je ne fus plus à temps. Je lui fis les reproches qu'il méritait, et il convint franchement de son tort. Vous ne sauriez vous imaginer tout le dérangement que cela a causé. D'ailleurs le mal de mon épouse ne tenait point à ces côtes.

Recevez le renouvellement des assurances de la parfaite estime et du tendre attachement.

---

1. Le « fameux abbé », dépourvu de titres officiels, opère non seulement Mme Bonnet, mais aussi la fille du grand médecin Théodore Tronchin : P. Rieder, « Médecins et patients à Genève : Offre et consommations thérapeutiques à l'époque moderne », *RHMC*, 2005/1, p. 48.

9
L → B
LETTRE DU 11 FÉVRIER 1760 [1]

Monsieur Bonnet de la Rive [2],
Conseiller d'État [3]
A Genève

Que vos reproches sont flatteurs mon aimable confrère, surtout pour celui qui ne les ayant pas véritablement mérités, y trouve son agrément sans y trouver ses torts. Il est vrai qu'au mois d'août je reçus la lettre que vous m'aviez fait l'amitié de m'écrire, mais alors quoique près de vous j'en étais plus loin que jamais, une fièvre tierce qui n'est que trop ordinaire dans la Bresse m'y accueillit à mon arrivée ; elle ne m'a point quitté, j'ai été obligé de partir pour Paris, avec un accès terrible tous les deux jours. Je n'en ai point eu depuis 6 semaines que j'y suis, mais une extrême faiblesse, une paresse encore plus grande m'y a fait oublier tous mes devoirs.

Mais déjà le grand froid se dissipe, la douceur de l'air semble annoncer le printemps, et le printemps touche de bien près à l'été qui doit à Genève même réparer tous mes torts. J'y songe, direz-vous, bien longtemps d'avance ; mais n'est-ce pas ainsi que nous jouissons des plaisirs souvent par l'espérance, rarement par la réalité, du moins m'aperçois-je que pour deux jours d'agrément actuel, on peut fort bien avoir deux années d'agréable re-souvenir et de flatteuse espérance.

Vous me faites un extrême plaisir de m'apprendre ce que M. Albinus et M. de Haller pensent du nouveau canal thoracique. Ce n'est pas la première fois qu'on a vu annoncer de ces découvertes manquées, personne ici n'a examiné ni vérifié le fait.

La publication du second volume de physiologie m'intéresse aussi beaucoup ; je n'ai encore lu que prima linea phisiologica (ou phisiologicae ?) du même auteur, ouvrage qui a besoin pour moi d'un commentaire.

Les deux premiers volumes de l'Ornithologie de Brisson sont bien l'ouvrage simplement de Brisson, mais comme on lui a remis tous les papiers concernant cette partie que M. de Réaumur avait laissés, il ne faut

---

1. Ms. Bonnet 26, fol. 33-34.
2. Lalande adopte l'usage genevois qui consiste à accoler le patronyme de l'épouse – en l'occurrence Jeanne-Marie De la Rive– à celui de l'époux.
3. Comme le fera remarquer Bonnet à son correspondant mal informé le 17 mars 1762 (cf. lettre infra), le titre de Conseiller d'État est réservé aux membres du Petit Conseil, alors que Bonnet, depuis 1752, n'est que membre du Grand Conseil (Conseil des Deux-Cents).

pas douter que si M. de Réaumur avait quelque chose de bon et de beau à la fois, il ne soit dans le livre de Brisson ; au reste il y en a encore 4 volumes qui ne paraîtront probablement pas si tôt. Car à Paris, on annonce toujours celui même qui souvent ne donne que des misères, a toujours quelque prodige à promettre, témoin Adanson qui, sous le nom d'histoire naturelle du Sénégal, n'a encore donné en 5 ans de temps que quelques coquilles éparses dans un gros volume 4°.

M. Brisson, pour compléter son ouvrage, voulait aussi dessiner et décrire quelques oiseaux au Jardin du roi, mais M. de Buffon, qui se promet aussi de s'exercer là-dessus, n'a pas jugé à propos de le laisser continuer.

Le célèbre empailleur d'oiseaux, le P. Fourcault, minime, est actuellement dans vos Cantons, établi à la maison de Mâcon où les recommandations de l'Académie lui ont procuré des facilités et de la considération, car on n'estimait pas plus l'empailleur dans le couvent, que le couvent en histoire naturelle ; il excelle dans l'art de faire revivre les animaux, et il ne les vend pas fort cher.

Vous m'annoncez mon cher confrère le nouvel accident de cette aimable épouse d'une manière qui ne m'apprend point dans quel état elle est ; vous espérez un rétablissement. Je voudrais bien partager cette charmante espérance, savoir et le tort du charlatan et l'état de la malade. Puisse le ciel me procurer le plaisir de ne pas vous revoir seul, isolé, triste. Je souffrirai bien plus à la seconde fois, parce qu'ayant appris à vous connaître et à vous aimer, mon intérêt s'est trop accru. Les bontés que vous avez pour moi m'ont fait tourner la tête, ainsi vous excuserez ma manière de parler, si vous la trouvez trop familière.

La muse qui veut bien faire pour moi la Connaissance des temps, car pour celle qui se fait actuellement, je n'y ai que peu de part, est Mad(ame) Lepaute. Le nom de son mari est célèbre par un fort beau Traité d'horlogerie, dont on a admiré même le style, parce c'est elle qui avait présidé à cette partie. Et vous avez pu voir plus d'une fois ce nom dans les journaux par-dessus tous ceux du même art.

Il y a plusieurs jours que j'en suis resté à cet endroit de ma lettre parce que j'attendais l'occasion de voir l'abbé Nollet, pour vous rendre réponse au sujet de vos lettres à M. de Réaumur et que cet abbé courtisan est plus souvent à Versailles qu'à Paris. Il m'a donc dit qu'il aurait rassemblé avec plaisir toutes vos lettres sur l'Histoire nat(urelle) pour vous les rendre, mais qu'après avoir lu avec grand soin tout ce qui s'était trouvé de lettres, il a reconnu qu'on avait détourné toutes les collections de lettres de ses correspondants, il n'en reste qu'un petit nombre, anciennes et peu intéressantes. M. Brisson se plaint lui-même de ce vol dont cependant…… et il prétend qu'il y a des gens dans Paris qui proposent (en payant) des copies des lettres de Réaumur. Ainsi, mon aimable confrère, vous voyez que l'Académie n'a pas hérité de tout, elle n'oserait pas encore rechercher les auteurs de la spoliation de cette hoirie.

Mes respects, je vous prie, à Messieurs Jalabert, Necker et Trembley.

J'ai l'honneur d'être avec le plus tendre le plus respectueux attachement

Votre très humble et très ob(*éissant*) serv(*iteur*)

Lalande

11février 1760

10

B → L

LETTRE DU 5 MARS 1760 [1]

M. de la Lande, Paris

Genève le 5 mars 1760

Je vous assure, mon cher et aimable confrère, que votre maladie m'aurait tenu inquiet si j'en avais été informé, et je suis bien aise de ne l'avoir appris qu'en apprenant votre rétablissement. Je sais bien mauvais gré à la Bresse de vous avoir si mal accueilli. Ne l'oubliez point et ne faites que la traverser quand vous viendrez ici pour y faire provision de santé.

Vous ne lirez point ceci à M. Bernard et à son aimable sœur ; ils ne me le pardonneraient pas, et je ne veux point du tout me brouiller avec eux. Je ne vous dis pas tout le plaisir que votre voyage dans notre bonne ville me donnera, mais je vous prie très instamment d'exécuter un projet où j'aime à penser que j'entre pour quelque chose. Les fièvres n'oseraient vous attaquer chez nous : elles auraient à faire à notre Hippocrate qui, quoiqu'en dise Mr. Bouvard, vous guérirait très bien si le cas échoirait.

Vos reproches sur mon laconisme à l'égard de mon épouse sont pleins d'amitié. Vous voulez savoir le tort de cet homme que vous nommez un charlatan. Il consiste à avoir dérangé des côtes qu'il souhaitait de tout son cœur d'arranger. Ses intentions étaient droites, son ignorance profonde, son imprudence extrême et sa bêtise atroce. Avant l'opération, la malade se couchait par préférence sur le côté que l'abbé a manié : les côtes n'étaient

---

1. Ms. Bonnet 70, fol. 150-151.

donc pas fort dérangées. Aujourd'hui, elle ne peut plus se coucher sur ce côté sans douleur; et cependant elle est obligée de passer presque toute la journée sur son lit. Jugez donc de sa situation et de la mienne. Je n'oserais vous dire qu'elle pourrait être ma Muse, parce que les poètes soutiennent que les Muses ne sont jamais malades. Mais si elles l'étaient, elles le seraient, à ce que j'imagine, comme l'est mon épouse sans cesser d'être aimables.

Le vol des lettres écrites à M^r. de Réaumur me fait une véritable peine. Les miennes formaient un très ample recueil. Beaucoup contenaient des faits nouveaux que je n'ai point imprimés. Je m'y entretenais avec M^r. de Réaumur comme avec un intime ami, dans des détails dont le public ne devait point connaître. Si l'Académie ne poursuit point ce vol, comment osera-t-on désormais correspondre librement avec ses membres? Il faudra donc que vous brûliez mes lettres; car en vérité elles ne sont que pour vous. Brisson a bonne grâce de crier au voleur, mais a-t-il prouvé qu'on vend dans Paris des copies de ces lettres? Il y aurait sûrement peu de profit à vendre les miennes. On n'est pas si amoureux d'insectes. Apprenez-moi, je vous prie, tout ce qui parviendra à votre connaissance sur ce sujet; et s'il vous tombait en main une de ses lettres, faites-moi l'amitié de me l'envoyer afin que je puisse juger. Il est bien étrange que l'Académie n'est pas pris plus de précautions pour assurer le dépôt.

L'*Encyclopédie* est-elle morte, ou ne fait que dormir? Je n'en entends plus parler. Les auteurs auront sans doute fait passer le manuscrit en Hollande.

Je crains bien votre indisposition n'ait beaucoup interrompu vos travaux académiques. Vous aurez laissé les petites planètes se déranger tout à leur aise. Je voudrais bien pourtant savoir comment va leur petit ménage, et s'il y a que vous qui puissiez me le dire. Mais elles ne vous le permettront peut-être pas parce que je suis un profane. Dites-leur, pour me les rendre favorables, que je suis plein de respect pour elles, et que, quoique j'aie rampé longtemps avec les insectes, j'ai quelquefois élevé mes regards jusqu'à leurs trônes.

Vous avez mille sincères compliments de Mrs. Jalabert, Trembley et Necker.

11
B → L
LETTRE DU 26 MAI 1760[1]

M. de la Lande, de l'Acad(*émie*). Roy(*ale*) des Sciences <u>Paris</u>,

Genève,
ce 26e May 1760

Je vous écrivis, Monsieur mon cher confrère, le 5e mars dernier, et dès lors je n'ai point eu de nouvelles. Seriez-vous retombé malade, ou auriez vous été employé à quelque expédition astronomique? M^r. Duhamel m'écrivit le mois dernier que trois astronomes de l'Académie s'offraient d'aller en Sibérie à la réquisition de celle de Pétersbourg. Je pensais aussitôt à vous, mon digne ami, et je craignais que le zèle de l'Astronomie dont je vous sais rongé ne vous eût porté à vous joindre à cette caravane savante.

Je préfèrerais bien je vous assure, que vous voulusse prendre Genève pour votre Sibérie. Si notre ciel n'est pas aussi serein, nos âmes au moins sont très sereines. Apprenez-moi donc, je vous en conjure, la raison de votre long silence. Je ne vous crois pas homme à oublier vos amis.

Le Mémoire que vous m'avez demandé avec tant d'empressement est prêt; mais je ne puis le faire partir sans savoir si vous êtes encore à Paris et pour quel temps. Il est d'environ 60 pages. Ce sont diverses expériences relatives à la manière dont la respiration s'opère dans les chenilles et dans les papillons. Mon illustre ami feu M^r. de Réaumur avait pensé que l'air qui entrait par les <u>stigmates</u> n'était pas expiré par ces mêmes organes, mais par des pores dont l'épiderme était criblé. Persuadé par d'autres expériences qu'il pouvait y avoir ici de l'équivoque, et convaincu par la lecture des Mémoires du savant Académicien[2] qu'il avait négligé les précautions nécessaires pour s'assurer du fait, j'ai voulu revoir après lui, et d'une manière plus exacte. Mes expériences, très variées et très multipliées, m'ont démontré qu'il s'était trompé (*mots illisibles*) et m'ont découvert quelques particularités nouvelles. Voilà l'objet de mon Mémoire qui est sûrement trop long pour être lu tout entier à l'Académie. Il n'est que pour les amateurs de profession. Je puis pourtant répondre de la vérité des détails : j'ai vu et revu avec grand soin.

---

1. Ms. Bonnet 70, fol. 168-169.
2. Il est probable qu'il s'agisse de Monsieur de Buffon.

Ce Mémoire pourrait donc paraître dans le quatrième volume des Savants étrangers. Reste à savoir s'il pourrait y être inséré sans que l'Académie en eût fait la lecture d'un bout à l'autre. Cette condition m'y ferait presque renoncer; parce que je suis très sûr que j'ennuierais la Compagnie. Ne pensez pas, mon cher confrère, que je vous dise ceci par modestie; je suis très juge de cette production, et je sais très bien qu'il faut être possédé de l'amour des insectes pour en soutenir la lecture. Je vous l'enverrai cependant si vous le souhaitez encore; vous n'avez qu'à parler. Mandez-moi seulement par quel canal je dois vous le faire parvenir. J'écris à M[r]. Duhamel par celui de M[r]. de Malesherbes.

Il est donc bien vrai que les manuscrits de M[r]. de Réaumur ont été volés; mais ce que vous ne m'avez point dit, c'est que M[r]. de Buffon[1] a contribué à ce vol par l'ordre qu'il s'était fait donner de la Cour pour être chargé de ce dépôt. Qui eût dit à M[r]. de Réaumur qu'un de ses plus grands ennemis serait un jour en possession de ses dépouilles? Je vous avoue que cela m'a fait beaucoup de peine, et je suis étonné que l'Académie qui avait d'autres vues l'ait souffert. Si la liberté ne règne pas dans ce corps, où règnera-t-elle donc en France?

Ma femme est à peu près rétablie du mal que lui avait fait l'opérateur. Une fièvre catarrhe est survenue depuis, qui lui a laissé beaucoup de faiblesses et de douleurs dans les articulations.

Je vous demandais des nouvelles de votre travail sur les petites planètes. La théorie des dérangements que les satellites[2] se causent réciproquement pourrait beaucoup contribuer à la perfection des longitudes. Vous tenez donc un sujet très pratique.

Je suis et serais toute ma vie avec le plus tendre attachement etc.

---

1. L'hostilité de Bonnet vis-à-vis de Buffon est, semble-t-il, permanente, bien que (voir lettre suivante) il reconnaisse le caractère très positif des actions du naturaliste, qui organisait les collections du Muséum d'histoire naturelle.
2. Il s'agit évidemment des satellites de Jupiter, dont l'utilisation pour la détermination des longitudes avait été prônée par Pereisc dès le XVIIe siècle.

12
L → B
LETTRE DU 2 JUIN 1760 [1]

Monsieur Bonnet de la Rive
Conseiller d'État
Genève

Oh, cette fois, mon cher et illustre confrère, ma réponse ne languira pas, vous réveillez mon appétit, et je ne saurais me presser assez de vous en marquer ma reconnaissance: envoyez-moi le plus tôt possible la Respiration des chenilles, je ne respirerai pas jusque-là. Ne croyez pas qu'il y ait des obstacles à l'impression, qu'il soit lu dans les assemblées ou non, il n'en sera pas moins imprimé dans le 4ᵉ volume, mais pour votre gloire je ferai lire les principales expériences, ou j'en ferai faire un très long extrait qui puisse en donner une idée suffisante, par un des commissaires qu'on nommera suivant l'usage, mais que je choisirai en ami. Envoyez, n'importe comment, à l'adresse ou de M. de Malesherbes, ou de M. le cardinal de Luynes, ou de M. de S. Florentin, ou de M. Trudaine, il me reviendra également; mettez seulement sur mon adresse affaires d'Académie pour apprendre à ces Seigneurs que je ne me sers de leur adresse que pour le bien public.

Je n'aurais pas tant différé à répondre à votre lettre du 5 mars, si elle eût contenu quelque article qui exigeât une réponse positive, mais elle contenait principalement des marques d'amitié dont j'attendais de jour en jour le moment de vous marquer ma reconnaissance; vous êtes bien bon de vous intéresser aux troubles de mes petites planètes. Depuis mon rétablissement, mes yeux ont été très faibles, j'ai fort peu calculé, j'ai fait une partie de mon livre pour 1762, que j'ai intitulé Connaissance des mouvements célestes au lieu de Connaissance des temps qui me paraissait trop astrologique. J'ai achevé le calcul des inégalités [2] que Mars, Vénus et Mercure éprouvent par les attractions de Jupiter, de la Terre et de Vénus. Ces calculs sont très longs, je regretterais le temps que j'y ai mis, si cela ne m'avait aguerri avec des méthodes sublimes de calcul différentiel et intégral, que j'emploierai avec succès à des choses encore plus importantes, ou du moins plus applicables, car mes nouvelles équations de (ne) vont pas au-delà de 66'' pour les plus grandes; en sorte que la chose

1. Ms. Bonnet 26, fol. 35-36.
2. Selon la méthode initiée par Clairaut.

quoique très utile, même pour la pratique, semble se confondre et se perdre par son extrême petitesse.

L'Académie de Pétersbourg a demandé un astronome français pour aller en Sibérie [1] et l'abbé Chappe s'est offert ; j'ai lu un Mémoire sur l'utilité qu'il y aurait à observer ce fameux passage de Vénus sur le Soleil en Afrique, et M. Pingré a demandé d'être choisi ; enfin M. Le Gentil est parti pour les Indes où il fera la même observation. Quoique plus ancien qu'eux tous, je n'ai pas songé à faire valoir mes droits, ma santé, ma mère, mes affaires domestiques, mon goût pour le calcul et la géométrie, m'éloignent des longs voyages où l'on perd beaucoup de temps, où l'on a beaucoup à souffrir et dont l'utilité n'est pas assez décidée pour mériter de si grands sacrifices.

Genève sera pour cette année un de mes plus longs voyages, après celui de Paris à Bourg, et monsieur Bonnet me tiendra lieu de Vénus et de Soleil [2], car c'est lui que je veux y rechercher, non pas comme un des termes mais comme le seul terme de mon voyage.

La femme de M. Malesherbes a été inoculée il y a 8 jours, mais il ne paraît encore rien, il s'est caché pour six semaines, suivant l'usage qui ne permet pas de voir qui que ce soit quand on fréquente une maison infectée.

Vous avez ouï M. Duhamel et vous êtes convaincu que M. de Buffon a tous les torts du monde. Si vous aviez ouï ce dernier vous regarderiez l'autre comme un tracassier ; de grâce que pouvait faire l'Académie de ce fameux cabinet de M. de Réaumur, elle n'a ni logement pour le placer, ni gens à gage qui puissent en avoir soin, ni argent pour en faire les frais. Ce cabinet serait encore dans des caisses, comme celui de M. D'Onsembrin qui se pourrit et se perd, si M. de Buffon n'eut pas, pour notre bien, obtenu un ordre du roi pour le transporter au jardin royal. Je frémis même en pensant combien étaient infâmes ceux qui voulaient per*dre* cette collection qui avait tant coûté. Oui, mon cher confrère, cette collection d'oiseaux, unique, était perdue dans moins de 6 mois, sans les soins infinis des 2 Daubenton, aidés de 4 domestiques qui ne font autre chose que veiller sur ces cabinets. Les fonds du Jardin du roi suffisent à cet entretien, et ceux de l'Académie, en prenant tout l'argent qui sert pour nos expériences, nos instruments, nos gratifications, ne pouvaient pas suffire pour l'entretien de ce Cabinet qu'on voulait élever pour faire nargue à celui du roi.

---

1. Afin d'y observer le passage de Vénus devant le Soleil.
2. Si Lalande fut le principal artisan du dépouillement des diverses observations faites dans le monde du passage de Vénus devant le Soleil, il n'a guère participé lui-même aux observations. Il s'en explique dans cette lettre.

Les hommes les plus sages, dès qu'ils sont passionnés, deviennent comme des enfants ou comme des insensés. Heureusement ils ont un régent, *stultitia colligata est in corde pueri virga fugabit eam*[1]. Le vol des papiers de M. de Réaumur a été fait avant la levée, peut-être avant l'apposition des scellés, dans un temps où assurément les commissaires de l'Académie avaient tous les moyens de le prévenir ; car l'ordre du roi n'est venu que lors de la levée des scellés, et l'Académie n'a point été dépossédée des manuscrits, M. de Buffon ne les a point eus en sa garde[2].

Les libraires de l'*Encyclopédie* font graver les planches des Arts, avec de courtes explications, et ils s'acquitteront ainsi envers leurs souscripteurs. Ainsi, pour le surplus de l'ouvrage, je tremble qu'il ne soit longues années dans l'état où il est actuellement.

Je vous félicite des espérances que vous concevez sur votre chère malade ; je m'en félicite moi-même. Je souffrais en songeant qu'une maison aussi aimable, aussi bien assortie, que des personnes faites pour la société, pour l'esprit, fussent désunies par les rigueurs d'un si long anéantissement. Puisse celui qui connaît le juste et l'injuste, nous le faire connaître, ma religion et ma philosophie, sont scandalisées et confondues, quand je vois tomber un pareil sort sur des personnes qui le méritent si peu.

Je suis avec un profond respect, mon très cher et très illustre confrère, vot(re) t(rès) h(onoré) et t(rès) ob(éissant serviteur)

De Lalande

Le 2 juin 1760

---

1. « La folie est liée au cœur des enfants et la verge l'en chassera », tiré du *Livre des proverbes* dits de Salomon..

2. Lalande répond ainsi aux accusations feutrées de Bonnet à l'égard du vol des lettres de Réaumur.

13
B → L
LETTRE DU 18 JUIN 1760 [1]

M. de la Lande de l'Acad(*émie*), Paris

Genève
le 18 juin 1760

Je n'ai, mon cher et illustre confrère, que le temps de vous informer que mon Mémoire sur la Respiration des chenilles a été mis à la poste le 16e de ce mois, sous le couvert de M. de S^t. Florentin. J'approuve avec reconnaissance tout ce que votre amitié vous suggèrera de faire à cet égard. Il est certain qu'un extrait bien fait de ce Mémoire serait plus agréable que le Mémoire même. Mais il faut quelque chose de plus pour les observateurs de profession, et c'est ce qui me fait souhaiter qu'il soit imprimé en entier.

J'avais envoyé à Mr. Duhamel, il y a plusieurs années, un petit supplément à mon livre sur les feuilles, pour l'insérer dans le troisième volume des Savants étrangers. J'ai lieu de croire qu'il l'a oublié ; au moins n'ai-je pas reçu ce volume, suivant l'usage. Je pourrais vous faire parvenir ce supplément, vous m'en rendrez meilleur compte.

Mr. de Buffon ne pouvait avoir auprès de moi un plus excellent apologiste, et je vous assure avec vérité que je suis fort aise de le savoir innocent. Personne n'a plus de plaisir que moi à la réparation des torts. Je voudrais qu'il fût aussi aisé de justifier Brisson.

S'il n'y avait point d'autre vie, ce monde serait une énigme indéchiffrable. Mais s'il y a un rétablissement futur, votre ami et sa digne femme seront aussi heureux que vous le désirez et votre scandale cessera.

Je vous embrasse tendrement, et je serai toute ma vie avec la plus parfaite estime et le plus sincère attachement, etc.

§ Il y a 17 ans que j'ai écrit ce Mémoire. Je serais bien autrement précis aujourd'hui. Heureusement qu'en matière d'expérience, une plus grande précision n'est pas nécessaire. Tout ce qui vous paraîtra demandé à l'être.

1. Ms. Bonnet 70, fol. 181-182.

14
B → L
LETTRE DU 23 JUIN 1760 [1]

au même, <u>Paris</u>

Genève 23 juin 1760

Je vous écrivis, monsieur mon très cher ami et confrère, le 18 de ce mois, pour vous donner avis de l'envoi de mon Mémoire sur la Respiration des chenilles, que j'ai adressé à M^r. de St Florentin. J'espère qu'il vous sera parvenu.

Toutes ces expériences et observations, ainsi que celles que l'Académie a publiées sous mon nom dans les deux premiers volumes des <u>Savants étrangers</u>, devraient faire partie de la suite du <u>Traité d'insectologie</u>, que je publiai en 1745. Mais différentes occupations d'un genre très opposé, ne m'ayant pas permis de retravailler assez tout cela, j'ai préféré de le publier par morceaux détachés dans les Mémoires des correspondants. Vous connaissez, mon cher ami, mon exactitude à observer, et vous pouvez compter sur la certitude des faits.

Voici le petit supplément à mon livre des <u>Feuilles</u> dont je vous parlais dans ma dernière lettre. Il est arrivé, je ne sais comment, que Mr. Duhamel, à qui je l'avais envoyé, il y a longtemps, n'en a fait aucun usage, ni pour sa <u>Physique des arbres</u>, ni pour les <u>Savants étrangers</u>. Je lui avais témoigné combien je désirais qu'il fut imprimé dans ces derniers.

Je m'en remets donc entièrement à ce que vous en ferez. Il contient des expériences qui ne doivent pas être négligées, et je souhaiterais fort qu'elles paraissent dans le 4e volume.

L'Académie a publié, dans le 1er, deux mémoires de moi <u>Sur la végétation des plantes dans d'autres matières que la terre</u>, et principalement <u>dans la mousse</u>. J'annonçais dans le second une suite des nouvelles expériences sur ce sujet. Je l'envoyais encore à Mr. Duhamel pour les <u>Savants étrangers</u>. Il me répondit que l'Académie souhaitait qu'il l'employa dans sa <u>Physique des arbres</u>. Il l'a fait effectivement, mais il a omis une grande partie des expériences. Il convenait d'ailleurs que ce 3e Mémoire sur la végétation put se trouver placé à la suite des deux premiers. Je vous l'adresse donc, mon cher confrère, dans cette vue. Je crois qu'il a déjà été lu à l'Académie, et il ne vaut assurément pas la peine qu'on l'y lise une seconde fois. Il suffira que les commissaires préposés aux <u>Savants</u>

1. Ms. Bonnet 70, fol. 182-183.

étrangers en fassent la lecture. Je me flatte qu'ils trouveront que ces expériences méritent d'être publiées à la suite des premières.

Je vous demandais, mon cher ami, si les suppléments en question n'auraient point été imprimés dans le 3ᵉ volume, sans que je le susse ; vous voudrez bien vous en assurer. Je n'ai pas reçu ce volume, mais l'Académie m'a envoyé les deux premiers. Il me faudra donc acheter le 3ᵉ. Si tous les correspondants étaient d'aussi bonne volonté que moi, ils auraient bien quelque droit à exiger ces volumes. Ce ne serait pas assurément une grande dépense pour la compagnie.

Je reviens à Mr. de Buffon, et je vous répète que je suis très satisfait de sa justification. Je lui sais beaucoup de gré d'avoir prévenu par ses soins la perte du Cabinet qui avait tant coûté et qui était presque l'abrégé de la Nature. Ce grand écrivain a un coloris admirable. C'est dommage que le dessein ne soit pas toujours correct ; je veux dire que parmi des faits intéressants, il se trouve des conjectures qui n'ont que le mérite de la hardiesse. L'Histoire naturelle devrait être plus naturelle.

Vous ne m'avez point appris, mon cher confrère, s'il est vrai que quelques-unes de mes lettres à Mʳ. de Réaumur ont passé dans le public, comme le dit Brisson ? Veuillez, je vous prie, y faire attention. Il y avait, de ces lettres, qui étaient presque des volumes et qui contenaient des faits que je n'ai jamais publiés, et que je proposais de publier. Quelqu'un pourrait bien se les approprier, sic vos non vobis mellificatis apes [1].

Un habitant de notre ville, habile horloger, vint me demander l'autre jour si l'Académie avait décerné une récompense à la découverte du mouvement perpétuel. Je lui dis que je l'ignorais, et il me pria de m'en informer. Il m'assura qu'après 25 ans de recherches, il était parvenu à inventer une montre qui se remonte elle-même. Il resta fort couvert et je ne lui fis aucune question pour m'assurer de la vérité de l'invention. Faites-moi le plaisir de m'apprendre s'il est une somme destinée à cet objet, et ce qu'il faut que notre horloger fasse vis-à-vis de l'Académie. Je sais qu'elle est fort accoutumée à ces magnifiques annonces qui tiennent rarement contre son examen.

Je suis et je serai toute ma vie avec la plus parfaite estime et un tendre attachement, etc.

1. « mais non pour vous, abeilles, vous faites le miel ».

15
L → B
LETTRE DU 21 JUILLET 1760 [1]

Monsieur Bonnet de la Rive
Au grand Conseil
A Genève

Mon cher et aimable confrère

Si je ne vous ai pas annoncé sur le champ la réception du Mémoire que vous m'avez fait l'amitié de m'envoyer, c'est que je comptais de vous apprendre le succès de la commission dont vous aviez bien voulu me charger à cette occasion. Ne voyant personne parmi nos jeunes naturalistes dont je fus aussi sûr que de moi, je pris le parti de faire moi-même un long extrait de votre Mémoire en 9 ou 10 pages, propre à donner une idée de l'auteur et de l'ouvrage. J'en parlais à M. de Mairan, directeur actuel, qui me proposa lui-même de se charger de la commission en mon nom, joint avec M. Daubenton. Il me fallut du temps pour faire cet extrait, il en fallut à mon collègue pour le contrôler, enfin hier il a été applaudi, et l'ouvrage destiné unanimement à l'impression.

C'était la dernière affaire de cœur que j'eusse à Paris ; je pars actuellement pour me rapprocher de vous et j'espère que la maladie ne m'ôtera pas l'agrément que je me propose bien d'aller goutter un ou deux jours à Genève. Puissé-je alors n'avoir plus de vœux à former pour celle à qui vous m'avez si fort attaché, mais seulement des actions de grâce à rendre à la divine providence.

Je suis avec un profond respect
Monsieur
Paris le 21 juillet 1760

Votre très humble et très
obéissant serviteur
Lalande

---

1. Ms. Bonnet 26, fol. 37-38.

16

B → L

LETTRE DU 18 AOÛT 1760 [1]

Mr. De la Lande,
Bourg-en-Bresse

Genève 18 e août 1760

Je vous compte déjà dans Bourg, mon cher et estimable confrère, et déjà il s'en faut peu que nous ne respirions le même air, je souhaiterais qu'il ne s'en fallût point du tout. Cependant malgré toute l'envie que j'ai de vous embrasser, mon plaisir ne serait pas complet, si ma femme ne le partageait point. Elle était beaucoup mieux, il y a quelque temps; mais une fluxion très douloureuse qui lui est survenue à la tête ne lui permet pas à présent de recevoir compagnie. Comme elle ne désire pas moins que moi de jouir de l'avantage de vous voir, elle a souhaité que je vous écrivisse l'état où elle est à présent, afin que si vous pouvez différer votre départ pour notre ville, nous ayons la satisfaction de tout concilier. C'est vers la mi-septembre qu'elle se trouve le mieux ordinairement; mais je crois que vers la fin de ce mois cette fluxion sera entièrement dissipée. Voyez donc mon très cher ami, quel est le temps qui vous est le plus convenable et veuillez me l'apprendre. Un petit voyage que Mr. de Haller me propose de faire à Lausanne et que je ferai peut-être me ferait craindre de vous manquer si vous me laissiez ignorer le temps que vous avez choisi. Je puis toujours arranger le voyage de Lausanne et le subordonner au vôtre.

Vous êtes sans doute avec l'estimable Mr. Bernard. Faites-lui agréer, je vous prie, mes sincères compliments. Son emploi ne lui permettra-t-il pas de vous accompagner? J'aurais un vrai plaisir à le revoir.

Vous m'avez servi en ami en faisant l'extrait de mon Mémoire et je n'ai pas à craindre d'avoir été mal rendu. Je vous sais le plus grand gré d'avoir bien voulu prendre cette peine. Cela a dû vous ennuyer, mais votre amitié pour moi vous a fait dévorer cet ennui.

Je vous embrasse de tout mon cœur, mon très cher confrère, mon attachement pour vous ne finira qu'avec la vie, etc.

1. Ms. Bonnet 70, fol. 198.

17
L → B
LETTRE DU 5 SEPTEMBRE 1760 [1]

Monsieur Bonnet, conseiller au grand Conseil
Membre des Acad(*émies*) de Berlin, Londres, Bologne
Correspondant de l'Académie des sciences,
Genève

Bourg, le 5 septembre 1760

Mon cher et aimable confrère

J'ai reçu en arrivant à Bourg les nouvelles invitations que vous avez bien voulu me faire. Je laissais passer quelques jours afin d'être à portée de répondre avec précision, mais un cahot de petites affaires, plus grand que je n'avais compté m'oblige de rester encore et de vous laisser dans une petite incertitude. Je ne pourrai pas m'éloigner de ma mère avant la fin du mois. Vous aurez sans doute déjà vu M. Haller, et je vous prie de témoigner à ce grand homme combien j'aurais eu de plaisir à lui être présenté par un ami tel que vous, et à lui rendre mes hommages. Peut-être une fois aurai-je encore cette satisfaction. Je suis enchanté que l'automne soit une des saisons les plus favorables à la santé de cette aimable épouse sur le sort de laquelle nous gémissons depuis longtemps. Cela me laisse l'espérance de vous voir dans la joie, et elle dans la paix qui est un état si doux pour ceux qui ont souffert.

Je suis bien flatté, et je vous fais bien des remerciements, mon aimable confrère, de l'empressement avec lequel vous voulez bien me souhaiter, je suis pénétré de reconnaissance, et en même temps je suis enchanté de voir de pareils sentiments dans un confrère dont je fais tant de cas que son amitié serait presque capable de corrompre les jugements que je dois porter de peu de valeur. M. Bernard vous fait les plus tendres remerciements des marques de souvenir que vous voulez bien lui donner, il vous assure de ses devoirs, et il sera fâché de ne pas profiter avec moi des agréments que vous voulez bien nous offrir.

J'ai l'honneur d'être avec un profond respect
Mon cher confrère

Votre très humble et très
obéissant serviteur
Lalande

1. Ms. Bonnet 26, fol. 39-40.

18
L → B
LETTRE DU 12 OCTOBRE 1760 [1]

Monsieur Bonnet de la Rive
Conseiller au grand conseil,
membre des Académies de Paris, de Londres et de Berlin

Genève, dimanche 12 oct(*obre*)

Me voici arrivé, mon cher et aimable confrère, dans le pays que vous embellissez, transporté de l'empressement que j'avais de vous voir. Mais, si quelque chose adoucit la peine que m'a fait votre absence, c'est surtout de voir que puisque votre chère moitié est avec vous à la campagne, elle doit être dans l'état d'une heureuse convalescence, et je m'en réjouis avec vous. Demain lundi M[r] l'intendant de Bourgogne à qui j'ai promis de faire compagnie, et avec qui je dois aller à Tournai, m'ôtera peut être la liberté; mais mardi si vos affaires ne vous appellent pas à Genève, les miennes seront toutes à Jantoux (*Genthod*) où mon cœur m'a déjà devancé, et vous m'y verrez de bon matin.

A Genève, aux Balances [2]

M. de Montigni, l'un de nos confrères à l'Académie des sciences, et M. de Beost de Dijon sont également à Genève. Tous les deux étaient fort curieux de vous rendre leurs devoirs, et je les en avais flatté. Mais hélas je m'aperçois qu'il ne faut jurer de rien.

Je croyais avoir fini avec mon aimable ami, mais je dois vous dire encore que j'ai apporté le mémoire que vous avez consacré à notre volume, pour le relire avec vous.

Je vous supplie de faire remettre cette lettre à M. de Soubeyran qui doit être votre voisin, et que M. de Beost lui écrit dans une circonstance pareille à celle où je me trouve.

On dit que Wesel est investie par le prince de Brunswick (*Charles, duc*).

(*La fin de cette lettre manque*)

---

1. Ms. Bonnet 26, fol. 43-44.
2. Auberge au centre de Genève.

19
B → L
LETTRE DU 12 JANVIER 1761 [1]

Mr De la Lande Paris

Genève, 12 janvier 1761

Je vous remercie, mon très cher ami et confrère, de vous être souvenu de moi dans votre lettre à M[r]. Deluc. Mais j'apprends que vous êtes malade ; je veux savoir cela plus en détail : n'était ce point votre estomac ? J'ai été malade aussi, à la suite de cette fièvre catarrhale qui trouble si mal à propos notre entrevue. J'ai eu de grands vomissements qui m'ont laissé faible. Je suis mieux à présent, bien que je ne sois pas encore dans mon état naturel. Vous vous êtes aussi souvenu de ma femme ; elle vous en sait le plus grand gré. Je vous assure, mon cher ami, qu'elle ne vous oublie point. Je suis charmé que vous l'ayez vue ; je le serais davantage si vous aviez eu le temps de juger de son caractère. Mais vous le pourrez peut-être un jour.

Il est certain que je vous écrivis une assez longue lettre le 23 juin de l'année dernière : elle accompagnait deux Mémoires que je vous envoyais sous le couvert de M[r]. de Malesherbes. L'un sur la végétation des plantes dans la mousse, l'autre sur de nouvelles recherches relatives à mon livre des Feuilles. Je tacherai à retrouver des copies de ces deux Mémoires.

Vous avez M[r]. Necker [2] que je plains véritablement. Mais, vous savez, mon digne ami, combien les Républiques doivent aux mœurs. Je souhaite de tout mon cœur qu'il puisse trouver dans l'étranger une place assortie à ses talents et à ses lumières. Sa déposition laisse une place vacante dans notre Académie. M[r]. Le Sage, que j'aime et que j'estime, serait fort tenté de se mettre sur les rangs. Il fait actuellement imprimer à part une dissertation sur les Affinités chimiques couronnée par l'Académie de Rouen. C'est une application très heureuse de ses Corpuscules à la chimie. Cet ouvrage, plein de vues et de génie pouvait lui valoir beaucoup. Je souhaiterais extrêmement qu'il pût mettre au titre par G. L. Le Sage, correspondant de l'Académie royale des sciences. Cette espèce d'adoption lui serait honorable,

1. Ms. Bonnet 70, fol. 214-215.
2. En automne 1760, les soupçons d'une relation adultère au sein de l'oligarchie genevoise, entre Louis Necker et Mme Vernes, doublés de la réaction violente du mari jaloux, provoquent un scandale retentissant. Necker est démis de ses fonctions et se réfugie à Paris. Sur cette affaire, voir E. Badinter, « Passions genevoises en 1760, ou l'envers de la médaille », *Antemnae*, Rome, 2001/3, p. 5-19.

et il y serait infiniment sensible. Souffrez que je vous le demande pour lui ; je ne le ferais pas si je ne l'en savais pas très digne, et si son mérite et ses talents ne m'étaient pas très connus. Vous les connaissez aussi, et vous pouvez vous rappeler que je vous demandais pour lui cette faveur au coin du feu à Genthod[1] et vous me le fîtes espérer. Veuillez donc, à ma prière, le proposer à l'Académie à qui il n'est pas inconnu puisqu'il a disputé un de ses prix. Tachez à diligenter l'expédition des Lettres et vous m'obligerez. J'exige de vous qu'elles me soient envoyées, parce que je veux avoir le plaisir de les lui remettre moi-même, car c'est moi qui en ai eu le premier l'idée ; et la modestie de cet honnête homme ne lui aurait pas permis de vous communiquer ses désirs.

Je suis obligé de finir. Je vous écrirai plus au long une autre fois. Recevez tous les vœux que mon amitié ne cessera de faire pour vous, et le renouvellement des assurances du tendre attachement avec lequel je serai toute ma vie, etc.

P. S. M[r]. Duhamel vous rend pleine justice sur l'affaire des manuscrits de M[r]. de Réaumur. Il ne vous impute quoi que ce soit. Je dirai cela plus en détail dans une autre lettre.

20

L → B

LETTRE NON DATÉE,

REÇUE LE 26 JANVIER 1761[2]

Monsieur Bonnet de la Rive
Conseiller au grand Conseil,
membre des Académies de Londres, Berlin
Genève

Mon cher confrère,

Je vous dois mille remerciements de m'avoir prévenu sur l'inquiétude où j'étais de votre santé, et de m'en avoir l'affaire ; malgré l'extrême répugnance que j'ai à faire comme quelques-appris des nouvelles, comme

---

1. À la faveur de son mariage, Charles Bonnet s'installe à Genthod dans une maison de campagne prestigieuse qui surplombe le lac Léman. Il y passe, avec son épouse, le plus clair de son temps. Au XVIIIe siècle, Genthod est une enclave genevoise environnée par la France, à quelques kilomètres de Genève.
2. Ms. Bonnet 26, fol. 41-42.

de celles de votre aimable épouse. Je suis enchanté du souvenir que vous voulez bien me promettre tous deux, lorsque vous goutterez le plaisir d'une conversation de cœur, daignez parler un peu de votre plus tendre ami.

Au moment où vous m'avez paru désirer fortement que M. Le Sage fut mis au nombre de nos confrères, je n'ai rien eu de plus pressé que d'engager uns de nos messieurs qui en proposent tous les jours de nouveaux et contre qui j'ai déclamé plus d'une fois. Vous avez assez de pouvoir sur mon cœur pour me faire changer de goût, et vous auriez assez de droits sur mon respect pour me faire agir même contre mes goûts. Je l'ai fait proposer par M. de La Condamine qui n'a point fait éclater comme moi ses oppositions à multiplier les correspondants, et j'ai fait demander sous main que M. D'Alembert et moi fussions chargés de l'information de l'Académie, prescrite suivant l'usage sur le mérite de ceux que l'on propose. Ainsi dans le mois, nous ferons notre rapport, et nous le ferons de manière à ne pas le laisser rejeter, comme cela est arrivé quelquefois. Il m'avait dit que nous aurions de lui des remarques sur le frottement des machines, et sur les thermomètres. Invitez-le à nous les envoyer dans le courant du mois que l'on laisse d'intervalle entre la proposition et l'élection d'un correspondant.

Je n'ai pas encore vu M. Necker, il n'est pas venu à l'Académie, et je suis si occupé que je n'ai pas eu un instant pour aller le chercher, mais je compte le voir au premier jour. Je n'aurais pas cru que l'austérité républicaine eut pu déshonorer un citoyen pour les mêmes raisons qui font chez vos voisins la fortune et la gloire des jeunes avantageux.

Je suis avec le plus tendre et le plus respectueux attachement, votre très humble et très obéissant serviteur

Lalande

Mes respects je vous prie à Mad(ame) et M. Delarive (De la Rive); mes plus sincères amitiés à notre futur confrère M. Le Sage.

21
B → L
LETTRE DU 16 FÉVRIER 1761 [1]

Paris, M. de la Lande, de l'Acadé(*mie*) roy(*ale*) des sci(*ences*),

Genève, 16 Fév(*rier*) 1761

À la lettre, mon très cher ami et confrère, je n'ai actuellement que le temps de vous donnez avis que j'ai mis aujourd'hui à la poste sous le couvert de M. de Malesherbes deux mémoires pour vous de M. Le Sage sur les Affinités chimiques et d'autres sujets. Je vous sais un gré infini de l'attention que vous avez faite à ma recommandation. Il se recommande mieux lui-même dans ces mémoires que je ne pourrais le faire ; mais je ne puis assez rendre de justice à la bonté de son cœur qui m'est bien connu. Je ne doute pas que ce témoignage que vous lui rendez auprès de l'Académie ne lui obtienne facilement un titre par rapport auquel on devrait devenir plus difficile. En l'accordant quelque fois à gens qui ne le méritent pas, on rend cette distinction moins flatteuse pour ceux qui la méritent. Il serait à désirer que l'on pût fixer le nombre de correspondants. Vous vous souviendrez, s'il vous plaît, mon cher ami, que je vous ai prié de m'adresser le diplôme de notre futur confrère. Je veux avoir le plaisir de lui remettre. Je dois encore vous dire que le cas singulier qu'il fait de votre caractère et de vos lumières le porte à désirer que vous vouliez bien que ce soit avec vous qu'il corresponde. Souffrez donc pour lui complaire, et à moi qui le souhaite aussi, souffrez dis-je, que vous soyez nommé à cet effet dans le diplôme.

Vous recevrez dans peu de temps quelque chose de moi que vous lirez avec plaisir par amitié pour l'auteur, et c'est précisément cette chose qui m'oblige à abréger ma lettre. Mais je ne saurais la finir sans vous présenter les sincères compliments de ma femme, toujours convalescente et point encore rétablie, et sans vous renouveler, mon digne ami, les assurances du tendre attachement avec lequel je serai toute ma vie etc.

1. Ms. Bonnet 70, fol. 220.

22
L → B
LETTRE DU 17 AVRIL 1761 [1]

Le 17 avril 1761

Mon cher et aimable confrère

La commission dont vous m'aviez chargé me parut être remplie lorsque l'élection de notre ami M. Le Sage eut été consommée ; M. de Fouchy me demanda ses qualités pour les insérer dans ses lettres ; je me proposais de vous les demander, mais je ne regardais plus tout cela que comme une cérémonie indifférente. C'était là le prétexte dont s'emparait ma négligence à écrire. Enfin, je prends sur moi de vous faire mes excuses, et de vous prier de lui faire les miennes, car je n'ai pas encore répondu à une lettre que j'ai reçue, il y a plus de 15 jours de ce nouveau confrère, et je lui en demande pardon.

J'étais fort intrigué de savoir comment M. Duhamel avait été informé des conversations que nous avions eues par lettre au sujet de Buffon. J'ai été surpris en apprenant de lui que c'était par vos lettres encore qu'il avait deviné tout cela. Cela m'a consolé car j'ai bien pensé que vous lui en auriez parlé de manière à ne pas me compromettre, aussi ne m'a-t-il témoigné aucun mécontentement. Je l'aime et je l'estime, je ne voudrais pas, malgré ma tendresse pour M. de Buffon, sacrifier M. Duhamel ni le désobliger.

Mr Duluc (*De Luc*) demande si le 4e vol. des *Savants étrangers* paraîtra bientôt. Il est, à la vérité, fort avancé. Mais ils peuvent aisément prendre encore deux mois. Car avec notre secrétaire toujours malade ou surchargé d'affaires les choses ne vont pas vite.

Dites-moi de grâce comment trouvez vous la *Nouvelle Héloïse* [2], ou quel est le jugement des personnes à qui vous vous en rapportez. Pour moi, j'ai été si satisfait, si enchanté, si touché, que cet ingénieux philosophe m'en est devenu encore plus cher. Il n'y a pas jusqu'aux rivages qu'il a décrits, et que je me fais un plaisir d'aller voir quand l'amitié m'aura conduit à Genève.

---

1. Ms. Bonnet 26, fol. 47-48.
2. Roman épistolaire de Jean-Jacques Rousseau, la *Nouvelle Héloïse* est un *best-seller* des Lumières. Imprimé à Amsterdam à la fin de 1760, le livre circule à Londres et à Paris dès janvier 1761 auprès du public qui attend impatiemment un ouvrage annoncé depuis plusieurs mois. Les premiers lecteurs parlent immédiatement d'un chef-d'œuvre.

Votre aimable compagne est-elle bien actuellement, goûte-t-elle le plaisir des beaux jours ? Où vos chagrins sont-ils passés, êtes-vous enfin tous les deux comme mon cœur vous désire ? Ah que j'aurai de plaisir de vous retrouver dans cette heureuse situation où les troubles de l'âme n'agiteront plus la tranquillité de l'esprit, ou l'essai analytique sur les facultés de l'âme ne sera plus mêlé de l'effroi des misères humaines. Car dans le triste état où vous l'avez vue, je vous plains de l'avoir vue si aimable.

(La fin de cette lettre manque)

23

B → L

LETTRE DU 6 MAI 1761 [1]

M. de la Lande,
Paris

Genève, 6 mai 1761

J'ai reçu, mon très cher ami et confrère, votre lettre et le diplôme, et j'ai eu le plaisir de le remettre à notre nouveau confrère qui en a été aussi réjoui que si ç'avait été un contrat de rentes perpétuelles [2]. Je vous promets qu'il ne sera pas un correspondant honoraire. Sa santé ne secondera pas toujours son zèle. Il a été surpris que vous ne m'ayez rien dit sur Démocrite et sur l'Essai chimique ; ne les avez-vous pas lus ? Il y a une erreur dans le diplôme, et je voudrais que ce n'en fut pas une : l'on a qualifié notre ami de Citoyen de Genève, il n'est rien que Natif, mais si mes désirs sont remplis, il en sera un jour Bourgeois [3].

Non, mon cher ami, je ne vous avais pas compromis dans mes lettres à M. Duhamel ; et je suis prêt à vous envoyer des copies des authentiques de toutes ces lettres. Je sais combien l'amitié est respectable, et je vous suis

1. Ms. Bonnet 70, fol. 229-230.
2. Il s'agit ici de George-Louis Le Sage, reçu membre correspondant de l'Académie des sciences de Paris.
3. Issu d'une famille de huguenots qui, fuyant les persécutions religieuses, obtient le droit d'habitation, Le Sage a le statut de natif, et non de citoyen ou bourgeois, ce qui le prive de droits politiques et le limite dans ses perspectives professionnelles (il ne peut exercer la médecine qu'il a étudiée à Bâle). En 1770, Le Sage est reçu « gratis » à la bourgeoisie, pour « bonne considération » de sa personne.

assez connu pour être tranquille sur ce sujet. D'ailleurs, vous me marquez que M. Duhamel n'avait que deviné. J'avais donc tu ce qu'il fallait taire et puis il ne vous a témoigné aucun mécontentement ; je crois bien, que pouvait-il vous reprocher ? Il est trop galant homme.

Ce quatrième volume des *Savants étrangers* qui avance si lentement, renfermera-t-il mon long et ennuyeux Mémoire sur la Respiration des chenilles ? J'admire par avance la patience de ceux qui le liront. Je n'ai point reçu le troisième vol(*ume*), parce que M. Duhamel n'y avait point inséré les Mémoires que je lui avais fait parvenir. L'Académie a décidé que l'on ne donnerait des exemplaires de chaque vol. qu'à ceux qui auraient fourni au volume. J'ai donc les deux premiers ea domo Academico : il faudra que j'achète le troisième pour avoir la suite complète. Mais dites moi, mon digne ami, si ce serait un mauvais règlement, que celui qui accorderait gratis un exemplaire de ce recueil à tout correspondant, qui aurait correspondu comme moi, très régulièrement pendant 21 ans ? Ce serait certes une récompense bien méritée. Le roi accorde l'ordre mérité à l'officier qui a servi 20 ans, et l'Académie n'imiterait-elle point son maître ?

Julie[1] vous enchante, elle ne m'enchante point, parce que je ne l'ai pas lue, et je ne sais si elle m'enchanterait en la lisant. Je suis devenu trop difficile sur les principes et sur la précision. Le coloris ne fait que m'effleurer, et j'ai le malheur de n'être frappé que du dessein (*serait-ce plutôt : dessin ?*). Nos meilleurs juges trouvent dans cet ouvrage si vanté et si mal critiqué, plus de mauvais que de bon. Mais ils conviennent des beautés de détails. L'auteur leur paraît se contredire, donner dans la caricature et surtout choquer la décence. Je pourrais citer là-dessus des autorités respectables et des noms illustres. Vous trouverez, mon cher ami, ces jugements bien sévères. Mais relisez l'ouvrage, si vous en avez le temps, et je m'assure que le charme se dissipera en bonne partie.

Ma femme, toujours sensible, comme elle le doit, à votre obligeant souvenir, est encore sur cette chaise longue où vous l'avez vue.

Je n'ai point encore reçu cette analyse dont vous voulez bien vous occuper. Vous en aurez des premiers en exemplaire comme une légère marque de la tendre amitié etc.

---

1. Julie, héroïne du roman de Rousseau, *La Nouvelle Héloïse*.

24
B → L
LETTRE DU 18 MAI 1761 [1]

M. de La Lande
Paris

Genève, 18 mai 1761

Je me hâte, mon très cher ami et confrère, de vous apprendre qu'à ma réquisition, M. Vignier a expédié à M. Lepaute les jetons dont vous sollicitiez la restitution par lettre que vous m'avez écrite à ce sujet. Ils furent remis vendredi dernier au bureau de la poste de France et consignés entre les mains des directeurs. La lettre que Madame Boucher adressa ici n'était pas conçue d'une manière convenable. Elle devait au moins des remerciements à l'orfèvre qui avait eu la prudence de retenir ces jetons, pour les remettre à qui ils appartiendraient. Nous avons là-dessus d'excellents règlements de police. Le témoignage que j'ai été appelé à rendre de vous, mon cher ami, auprès de nos magistrats, a levé tous les doutes et a opéré sur le champ la restitution que vous me demandiez. Il faudra que votre ami accuse ici la réception des jetons, le plus tôt qu'il sera possible. Je suis, etc.

25
B → L
LETTRE DU 30 JUIN 1761 [2]

Paris, M. De La Lande,

Genève, le 30 juin 1761

La voilà, mon estimable ami, cette Analyse que vous attendiez, et que je vous devais comme une marque de mes sentiments pour vous. La métaphysique n'est entrée essentiellement dans le plan de vos études. Mais je vous annonce que c'est ici une sorte de géométrie, et l'application d'une méthode assez rigoureuse à l'examen des opérations de l'Homme. Lisez avec attention la Préface. Elle vous inspirera peut-être le désir de lire l'ouvrage en entier. Si vous en venez là, ce que je n'espère pourtant pas,

1. Ms. Bonnet 70, fol. 230.
2. Ms. Bonnet 70, fol. 240.

vous me direz l'impression que cette lecture aura faite sur vous. J'ose bien vous assurer que vous ne trouverez nulle part plus de clarté et de précision, et cependant j'ai tâché d'approfondir des questions intéressantes qui ne l'avaient pas encore été. Apprenez-moi, je vous prie, les jugements divers que vous en entendrez porter. Veuillez surtout avoir l'œil sur les journaux et m'avertir en peu de mots de ce qui m'importera de savoir. Vous m'obligerez véritablement, mon digne ami. J'ai déjà obtenu ici et dans l'étranger des suffrages illustres et qui ont surpassé de beaucoup mon attente. Je ne laisse pas de penser que je serai souvent mal entendu et mal critiqué. La chaîne est trop longue pour être bien saisie par le gros des lecteurs, et si l'on ne tient pas fortement tous les chaînons, on ne sera point en état de juger de l'ensemble. J'en ai envoyé un exemplaire à M. le président de Malesherbes, pour en faire hommage de ma part à l'Académie, à laquelle j'ai l'honneur d'écrire pour accompagner cet envoi. Entre toutes les manières de charmer sa solitude et ses infortunes, celle-ci n'est pas la plus ingrate pour l'homme qui pense. C'est grand dommage que les Locke, les Malebranches, les Gravesandes n'aient pas été conduits à enfiler la même route que votre ami l'ami l'auteur de l'Analyse : il n'y eut pas pour lui à glaner. M. de Condillac m'avait prévenu à mon insu, je l'ai dit dans le chapitre trois ; mais nous n'avons de commun que le point don nous sommes partis : nos deux ouvrages ne se ressemblent non plus qu'un traité de physique et un traité de morale. Je devrais pourtant lui envoyer un exemplaire de mon essai ; mais je ne sais dans quel lieu du monde il vit. S'il est mécontent de moi, ce ne sera pas ma faute, voyez encore une fois le chap. III et la conclusion qui est la fin du chap. XXVI.

J'ai tant de lettres à écrire à l'occasion de ce livre que je ne puis, mon cher ami, m'entretenir plus longtemps avec vous. Mais je ne puis finir, sans vous féliciter de l'emploi de professeur de mathématique que le roi vous a conféré. Il ne pouvait faire un meilleur choix. Je vous ai écrit le 6 et le 18 de mai, et vous ne m'avez point répondu. Je vous le pardonne, parce que je sais que vous l'auriez fait si vous l'aviez pu etc.

26
L → B
LETTRE DU 5 JUILLET 1761 [1]

5 juillet 1761

Je vous devrais mon cher et illustre confrère, bien des excuses de mon retard et de mes longueurs, si je ne connaissais votre amitié et votre complaisance. J'ai reçu les jetons dans leur temps et je vous remercie de tout mon cœur des embarras qu'ils ont pu vous causer. Si mad(*ame*) Boucher a paru avoir écrit une lettre peu convenable, c'est qu'elle ignorait totalement qu'il y eu de la friponnerie de son laquais et elle croit encore bonnement que c'est une négligence, et que le laquais avait oublié où déposer les jetons.

J'ai fait faire des excuses à notre ami M. Le Sage sur les deux mémoires. Je lui en rendrai bon compte d'ici peu. J'ai été surchargé d'ouvrage et mal portant la plus grande partie de cette année.

Le titre de citoyen de G(*enève*) et celui d'habitant natif de Genève se confondent aisément parmi nous qui n'avons point de distinctions analogues à celle-là, mais c'est une erreur honorable, notre ami me la pardonnera.

Je n'ai jamais cru, mon prudent ami, que vous m'eussiez compromis dans vos lettres à M. Duhamel, et vous n'aviez pas besoin de justification à cet égard.

Le 4ᵉ volume renfermera votre Mémoire sur les chenilles. Je n'ai garde de vous manquer, et je l'ai remis il y a longtemps au secrétaire pour cet effet. Je trouve fort ridicule que l'on ne vous ait pas envoyé le 3ᵉ. Je m'en suis plaint, on m'a dit que dans les affaires des Corps, on devait craindre de faire des planches, lors même qu'il y avait lieu aux exceptions les mieux méritées. C'est reconnaître au moins ses torts.

Je suis désolé de voir toujours cette adorable épouse sur une chaise longue. Dites donc quelquefois à la providence que c'est trop prolonger le scandale des faibles, que de leur montrer si longtemps la vertu souffrante et le mérite abattu. Je vais bientôt me rapprocher de votre aimable ville. Puissé-je vous revoir plus content.

1. Ms. Bonnet 26, fol. 49.

27
B → L
LETTRE DU 17 AOÛT 1761 [1]

M. de la Lande de l'Acad(*émie*) roy(*ale*)
Paris

Genthod,
près de Genève, 17 août 1761

J'ai vu avec peine, mon très cher ami et confrère, dans votre dernier billet, que vous continuez à vous ressentir de vos précédentes incommodités. Je présume que c'est toujours votre estomac qui ne fait pas son devoir, parce que vous ne faites pas le vôtre à son égard. Songez, je vous prie, que chez les hommes de lettres, et surtout chez les mathématiciens l'estomac est dans le cerveau ou plutôt le cerveau dans l'estomac. Ménagez vous donc pour nous instruire longtemps.

Si vous venez nous voir cette année, votre amitié s'affligera du triste état où se trouve actuellement la maison de Monsieur le conseiller De la Rive, dans laquelle vous savez que je vis. (*Le passage suivant évoque l'état de santé de ses beaux-parents, Monsieur et Madame De la Rive, ainsi que de celui son épouse*).

Vous devez avoir reçu avec une de mes lettres cet Essai analytique que mon amitié vous destinait. Je n'exige pas que vous le lisiez d'un bout à l'autre, la tâche serait trop forte et trop ennuyeuse pour vous ; mais vous les parcourrez, et peut être vous trouverez ça et là des choses qui satisferont votre raison. J'ose me flatter que vous serez content de la netteté et de la précision qui y règnent. C'est une espèce de géométrie métaphysique comme je vous le disais dans la lettre qu'on a dû vous remettre avec cet ouvrage. Je vous priais de me faire part du jugement de vos savants. Je dois m'attendre et je m'y attends que je ne serai pas toujours bien entendu. Bien peu de lecteurs sont capables de saisir fortement une telle chaîne ; l'éducation, les préjugés et d'anciennes opinions qui ont vieilli avec le monde seront encore un obstacle puissant à l'intelligence de mon livre. Je profiterai des critiques judicieuses et je pardonnerai les critiques amères et les injures. Monsieur le chancelier, après avoir fait examiner ce livre à ma prière, lui a accordé gracieusement l'entrée du Royaume. Il ne s'y trouve rien en effet qui soit le moins du monde contraire à la Religion, aux mœurs, au gouvernement. Vous savez si je respecte par goût et par principe toutes

1. Ms. Bonnet 70, fol. 255.

ces choses. Mais il est des opinions indifférentes sur lesquelles j'ai été conduit à dire ma pensée avec candeur.

Je vous demandais dans ma dernière lettre où était M^r. de Condillac? S'il n'était pas content de moi, ce ne serait certes pas ma faute. J'ai dit et répété tout le cas que je fais de lui et de son livre. Il n'a pas eu le bonheur de suivre la meilleure route, mais celle qu'il a suivie lui a valu des observations fines et qui prouvent son génie.

Votre illustre ami, M^r. de Buffon, a peint l'homme avec le pinceau des Platon et des Bossuet. Je ne vous donne, moi, que des dissections qui ne sauraient plaire qu'aux amateurs de la vérité la plus nue. Je n'espère pas que M^r. de Buffon lise mon livre; il a trop d'occupations, et il travaille dans un tout autre genre. Mais, si cet habile homme goûtait ma méthode, j'en serais d'autant plus flatté, que je fais plus de cas de son génie et de ses talents.

Ce long Mémoire que vous me dites qui se trouvera dans le 4e volume des Savants étrangers est d'un style bien différent de celui de l'Analyse. J'étais fort jeune encore quand je le composai, je ne savais pas encore réduire mes idées à leurs plus petits termes, et j'étais trop occupé l'année dernière pour le refondre.

Notre cher confrère Le Sage doit vous avoir écrit. Il a des insomnies presque continuelles qui nous privent d'excellents Mémoires.

Je vous embrasse tendrement, mon cher ami, et je vous serai sincèrement attaché tant que je vivrai.

28

L → B

LETTRE DU 11 SEPTEMBRE 1761 [1]

Mon très cher et très aimable confrère

Vous devez me trouver bien singulier, bien paresseux, ou bien à plaindre, d'avoir été si longtemps sans vous écrire, sans vous remercier, et sans vous donner de mes nouvelles, agréez donc mes excuses en même temps que mes actions de grâce, et croyez aussi que beaucoup d'occupations et une santé fort chancelante m'ôtent souvent le moyen de remplir mes devoirs les plus chers. J'ai appris de Paris qu'on avait reçu pour moi le précieux livre de l'Analyse. Je vous assure qu'il fallait que ma tendresse fut

1. Ms. Bonnet 26, fol. 50-51.

de la partie pour faire plier mon esprit à la métaphysique, mais je vais m'y mettre à mon retour à Paris. Je vous promets que je l'étudierai, que je vous ferai mes objections si je ne comprends pas tout, et que je serai l'un de vos prosélytes, de vos admirateurs, de vos élèves, à moins que la tournure gauche de mon esprit ne produise une inaptitude radicale dans moi à ce genre d'études. Je vous félicite de ce nouveau fleuron que vous ajoutez à vos lauriers. Je ferai en sorte de vous apprendre ce qu'on aura dit à Paris, les métaphysiciens y sont rares; les bons ne s'y trouvent peut-être pas. M. l'abbé de Condillac est à Parme, précepteur des enfants de don Philipe. Je vois avec une vraie douleur les chagrins que vous cause la maladie de M. et Mad. De La Rive. Fallait-il que la providence mit encore à de nouvelles épreuves votre philosophie à mesure que vous la perfectionniez et que vous l'exerciez davantage, avait-elle besoin de vous avertir si souvent, vous qui l'adorer et qui la prêchez avec une candeur si persuasive. Si j'étais à plaindre (moi qui me trouve le plus heureux des hommes) cela ne n'étonnerait point, mais que vous le soyez, cela m'indignerait si je disais o attitudo. Mille tendres respects, je vous prie, à votre aimable compagne, je n'espère pas de lui rendre mes devoirs cet automne, mais je souhaite ardemment de la trouver enfin, à mon premier voyage, jouissante depuis longtemps de tout le bonheur qu'elle mérite.

Mille compliments à mon cher correspondant M. Le Sage; je suis avec un profond respect

V(*otre*) t(*rès*) h(*umble*) et t(*rès*) ob(*éissant*) s(*erviteur*)[1]

Delalande

À Bourg-en-Bresse, le 11 septembre 1761.

---

1. Lalande était coutumier de ces abréviations nombreuses.

29
L → B
LETTRE NON DATÉE [1]

(*Non signée et sans adresse, dans le recueil des lettres de Lalande à Bonnet; cette lettre a pu être écrite lors d'un séjour de Lalande à Genève*)

Que de malheur tout à la fois mon aimable confrère. Je me trouverais déconcerté, sans la fermeté à laquelle j'accoutume mon âme. Vos avez beau être malade, comme je suis forcé de partir mercredi matin, si ce n'est demain après dîner, j'aille, à pied ou autrement, jouir du plaisir de vous embrasser un moment, et je vous avoue que quand je serais sûr de ne pas vous y voir et que vous seriez hors d'état de me donner audience, j'irais encore voir le lieu où habite l'objet de mon respect, de ma tendresse et de ma vénération

30
L → B
LETTRE DU 22 JANVIER 1762 [2]

Monsieur Bonnet de la Rive,
conseiller au grand Conseil

Il y a bien longtemps, mon cher et aimable confrère, que je n'ai eu de vos chères nouvelles. Je n'ai appris que très indirectement une perte sur laquelle j'aurais dû vous marquer ma sensibilité, mais vous savez combien les gens de lettres négligent les bienséances. Recevez du moins l'hommage d'un livre où vous ne trouverez d'amusant que le nom de votre ami.

Je vous prie de dire à notre confère M. Le Sage que j'aurai soin de veiller à ses intérêts au Journal des savants. Je vais bientôt être de cette compagnie-la, d'ailleurs je connais presque tous ceux qui la composent. J'aurai soin aussi de rappeler à M. de Fouchy ce qui concerne l'erreur d'Euclide, pour l'Histoire de 1756. Et de faire quelque chose pour le Journal des savants du Démocrite newtonien. J'ai attendu pendant un mois M. Le Sage à Bourg, je me faisais un plaisir de l'y voir, il me l'avait proposé, je l'avais accepté. Je me suis affranchi de toute autre course ou promenade pendant tout le mois d'octobre, mais ça été en vain.

1. Ms. Bonnet 26, fol. 45.
2. Ms. Bonnet 26, fol. 52-53.

Comment se porte la chère malade? Retrouvez-vous enfin l'un et l'autre la félicité sans nuage que je vous désire si vivement. Daignez l'assurer de mes plus tendres respects.

31

B → L

LETTRE DU 23 JANVIER 1762 [1]

Mr. de la Lande
Paris,

Genève, le 23ᵉ janvier 1762

Je n'ai aucune nouvelle de vous, Monsieur mon cher confrère, depuis le mois de 7bre lors que vous m'écrivîtes de Bourg. Vous dûtes y recevoir une lettre de Mr. Le Sage qui vous demandait l'agrément de vous y aller joindre, et vous le laissâtes sans réponse. Il vous a écrit en dernier lieu à Paris, et il fut, ainsi que mon âme, en peine de votre faute, car il faut que vous soyez malade pour garder un silence si long et si profond. Ne nous écrivez donc que quatre mots, et nous serons contents. Nous le serons bien davantage, si vous nous apprenez que votre santé est devenue meilleure. Je n'ai pas oublié vos maux d'estomac, et vos occupations multipliées ne sont guère propres à favoriser un régime. Songez à cela sérieusement, mon cher confrère, et retranchez courageusement de votre travail le plus qu'il vous sera possible.

Vous me demandez des nouvelles de ma femme, je vous assure qu'elle m'en a demandé plus d'une fois des vôtres. Elle est toujours assez stationnaire mais non rétrograde. Le temps amènera insensiblement un mieux être. Madame De la Rive a cruellement souffert de maux d'estomac, et vous comprenez que la vue journalière de ces souffrances n'a pas dû améliorer l'état de la plus tendre des filles.

Au commencement d'octobre dernier, j'ai perdu le meilleur et le plus respectable des pères, et en même temps mon plus parfait et mon plus intime ami. Cette perte a déchiré mes entrailles. Cet excellent homme était la source de la plus pure des douceurs de ma vie, et toute la sienne, qui a été longue, avait été consacrée au bonheur de ses enfants. On ne conçoit guère ces tendres liens dans un monde corrompu.

1. Ms. Bonnet 71, fol. 12.

J'ignore si le 4ᵉ volume des *Savants étrangers* est imprimé. Vous y avez fait insérer mon Mémoire sur la respiration des chenilles. J'ai donc droit à ce volume. S'il n'était pas achevé d'imprimer, Mr. Le Sage pourrait placer sa nouvelle Théorie des fluides élastiques. Cela serait assez court et bientôt prêt.

Avez-vous eu le courage de parcourir cette longue chaîne que j'ai nommée <u>Essai analytique</u>? Ou plutôt, votre santé et vos occupations vous l'ont elles permis? Quelle impression ce livre a-t-il fait sur votre esprit? Que pensez-vous de ma méthode? Ne m'avez-vous pas trouvé plus précis et plus net que la plupart des auteurs de métaphysique n'ont coutume d'être? (*une phrase barrée*) Qu'en pensent vos savants? L'ouvrage ne doit pas être fort connu à Paris. Mon libraire n'a pu y envoyer que 26 exemplaires, mes présents compris. Il en avait tiré de Copenhague 80 qui ont d'abord été écoulés ici et dans les environs; et il en attend un autre envoi pour Paris, qui n'y arrivera pas sitôt. Mr. de Mairan m'écrivait en septembre que le *Journal des savants* en donnerait un extrait, et cet extrait ne paraît point encore. Je lui ai écrit pour savoir la raison d'un tel retard; j'attends sa réponse. Il ne sera pas aisé de m'extraire bien et j'ai lieu de craindre qu'on ne me rende pas toujours exactement. Les journalistes ont trop à faire, ils lisent trop vite, et pour l'ordinaire, ils ne se donnent pas la peine de faire l'ensemble. Or, pour faire ma chaîne, il faut en tenir fortement chaque chaînon.

On m'assure que Mr. Diderot vient d'achever presque seul, et dans le silence, le plus grand ouvrage de l'*Encyclopédie*. Fera-t-il imprimer cette suite en France? Un des plus grands services qu'on peut rendre aux lettres, serait d'abréger ce Dictionnaire.

Recevez, Monsieur mon cher confrère, avec mes vœux les plus sincères, le renouvellement des assurances du parfait attachement qu'aura toujours pour vous.

32
L → B
LETTRE DU 16 MARS 1762 [1]

Vous avez dû recevoir mon cher confrère peu de temps après le départ de votre lettre du 23 janv(*ier*) celle qui accompagnait le livre de la Connaissance des Temps. J'y prévenais, sans le savoir, plusieurs de vos questions, je m'y plaignais de n'avoir point vu M. Le Sage à Bourg quoique je l'eusse longtemps attendu.

Vous êtes bien bon de vous intéresser à mon estomac il est mieux que l'année dernière. Sans être absolument rétabli, je suis occupé à un grand ouvrage de mon genre qui m'ôte la prudence qui serait nécessaire pour me bien rétablir. La même cause m'empêche depuis longtemps de me faire métaphysicien comme je l'ai projeté, car je veux absolument être votre disciple. Je crois que ce ne sera guère que l'automne prochain où j'entrerai dans une nouvelle carrière [2].

J'ai connu par mon expérience propre toute l'horreur de la situation où a dû vous mettre la perte de M. votre père. Je m'en suis tendrement affligé pour vous, mais vous êtes plus sage que moi, et c'est là ma principale consolation.

Vous auriez dû nous envoyer vous-même un extrait de votre livre ; je l'aurais fait insérer dans le *Journal des savants*, ou dans le *Journal de Trévoux*, à votre choix.

Il est vrai que M. Diderot, aidé de M. de Jaucourt et d'un petit nombre d'encyclopédistes, a achevé le livre. On l'imprime à Bouillon suivant qu'on l'assure de tous côtés.

Le 4ᵉ volume des (*Savants*) étrangers ne paraît point encore et M. Le Sage aurait le temps d'y demander place. Cependant je ne prévois pas qu'une théorie des fluides élastiques, à moins qu'elle ne soit fort géométrique, fut du ressort de l'Académie.

---

1. Ms. Bonnet 26, fol. 54-55.
2. Lalande fait ici allusion, pensons-nous, à son installation chez les Lepaute, et à l'observatoire installé au collège Mazarin.

Tout mon quartier est ce matin dans la désolation pour un incendie affreux qui a consumé toute la foire S. Germain [1] et les maisons voisines.

Mille respects je vous prie à votre chère et aimable moitié, je lui souhaite la santé et le bonheur que vous méritez l'un et l'autre.

Je suis, avec le plus tendre respect

Votre sincère ami
et confrère
Lalande

33
B → L
LETTRE DU 17 MARS 1762 [2]

Mr de Lalande
<u>Paris</u>

Genève, le 17e mars 1762

Enfin, mon cher et aimable confrère, j'ai eu de vos nouvelles. Mr. Argand m'apporta le 11e de ce mois votre paquet daté du 22e de janvier. Ce n'était pas trop tôt, je vous avais écrit le 23e de janvier, et ma lettre vous est sans doute parvenue, quoique vous ne m'y ait point répondu. Mr. Argan, en me remettant votre paquet, ne pouvait assez me témoigner combien il était plein du souvenir de vos bontés, et il m'a fort prié de vous en faire parvenir les assurances de sa respectueuse gratitude. Il ne m'a pas donné de bonnes nouvelles de votre santé et je vois avec peine que votre estomac vous fait toujours la guerre. N'est-ce point que vous la lui faites vous-même par vos occupations trop multipliées ? Je vous l'ai écrit plus d'une fois que les gens de lettres et surtout les géomètres, ont leur cerveau dans l'estomac.

Je vous remercie, mon cher ami, de ce que vous voulez bien me dire sur la perte que j'ai faite : elle est immense, car j'ai perdu dans cet excellent père, mon plus parfait ami et mon meilleur conseil. Je lui devais, avec le jour, une éducation dont je recueille les fruits précieux.

---

1. Dans la nuit du 16 au 17 mars 1762, un incendie spectaculaire ravage la foire Saint-Germain (Saint-Germain des prés).
2. Ms. Bonnet 71, fol. 24.

Ma femme a été fort sensible à votre obligeant souvenir. Elle veut que je vous en assure en vous renouvelant les témoignages de son estime. Elle est tant soi peu mieux à présent.

Je vous sais bien du gré, mon cher confrère, du portrait que vous m'avez fait de vos éphémérides. Elles ne sont pas un abrégé[1] très bien fait d'astronomie pratique, et votre Uranie[2] vous a bien inspiré. La voilà couronnée en académicienne. Elle honore son sexe, sa patrie et son siècle.

Vous jugez aisément que je ne m'aviserai pas de critiquer vos calculs. Je veux pourtant vous faire une grosse critique. Dans la liste des correspondants, vous me donnez le titre de Conseiller d'État et à Mr. Jalabert celui de Membre du Petit conseil. C'est celui-ci qui est Conseiller d'État, et moi, je suis Conseiller au Grand conseil. Le Grand conseil est bien un conseil d'État et même souverain, puisqu'il juge en dernier ressort de la vie, des biens et de l'état des citoyens, de la religion, et des finances de la haute police. Mais l'usage a voulu qu'on ne donnât le titre de Conseiller d'État qu'aux membres du Petit conseil qui sont eux-mêmes membres nés[3] du Grand conseil. Vous me donnez encore le titre de l'Académie de Berlin, je n'ai point l'honneur d'en être, mais j'ai celui d'être des Académies de Suède et Gottingue. Mr. Jalabert est des Académies de Londres, de Montpellier, de Bologne. Mettez à Mr. Necker ci-devant Professeur; car vous savez que sa malheureuse aventure[4] nous a obligés de le démettre de son emploi, et il a été remplacé par Mr. Bertrand, de l'Académie de Prusse.

Mr. Le Sage qui vous assure de ses obéissances n'a pas été médiocrement surpris que vous l'ayez attendu un mois à Bourg. Il n'a jamais reçu votre réponse et il ne savait qu'en penser. Il a actuellement fort mal aux yeux.

Relisez, je vous prie, ma lettre du 23e de janvier, je vous l'avais gardée. Je vous demandais si le 4e volume des Savants étrangers paraissait. Ma Respiration des chenilles doit s'y trouver. J'aurai donc ce volume. J'écrivais à Mr. Duhamel de le faire remettre chez mes correspondants de Paris, Mrs. du Four (Dufour) Mallet et Compagnie, banquiers. Veuillez l'en faire souvenir. J'ai les deux premiers volumes qui m'ont été envoyés par l'Académie, mais je n'ai pas le troisième, parce qu'il ne s'y trouve rien de

---

1. Sans doute Bonnet veut-il dire que ces tables ne sont *pas seulement* un abrégé d'astronomie.
2. Nicole-Reine Lepaute, mais il ne faut pas oublier que Lalande a connu plusieurs « Uranie », notamment, quelques années plus tard, Madame du Piéry (Voir *Lalandiana I*)
3. « Membres nés », dans le sens où tous les membres du Petit Conseil sont nécessairement membres du Grand Conseil.
4. Affaire Vernes-Necker déjà évoquée.

moi. N'abuserai-je point de votre complaisance en vous priant de me l'acheter ou de le faire remettre à mon adresse chez mes banquiers qui vous en rembourseront la valeur ?

Je vous demandais encore si vous aviez eu le courage de parcourir mon Essai analytique ? Un des auteurs du Journal des savants a pris la peine d'en donner un premier extrait dans le mois de janvier dernier. J'ignore le nom de cet auteur, auquel vous voudrez bien témoigner ma reconnaissance. Je rends justice à ses intentions, mais j'ai été fâché de voir qu'il ne m'ait pas toujours bien saisi. Il me fait des objections qui le prouvent, et dont il avait la solution dans le livre même. Malheureusement ce livre demande à être médité, et les journalistes n'ont pas le temps de méditer. Il me pardonnera si je ne réponds pas à ses objections. J'ai toujours cru que les écrits polémiques satisfaisaient plus l'amour-propre que la raison. S'il m'avait démontré des erreurs, je me serais empressé à les reconnaître publiquement. Jamais je ne rougirais d'avouer mes torts. Je l'avais dit dans ma préface, et mon cœur me le dictait assurément. Je n'avais pas espéré que je trouverais beaucoup de bons lecteurs. Vous savez comme l'on lit et il paraît tant de livres qu'on peut lire avec le pouce, qu'on en perd l'habitude de lire avec la tête. Le *Journal des savants* annonçait un grand extrait qui n'a point paru encore ; je ne sais pourquoi. Je crains bien qu'il ne soit pas plus épais que le premier. L'Académie m'a fait remercier obligeamment par Mʳ. de Fouchy. Il m'apprend qu'elle a commis l'examen de ce livre à un de ses membres qui n'a pas encore fait son rapport. Pouvez-vous me dire en quelle main je suis tombé ? Apprenez-moi aussi ce qui vous parviendra pour ou contre ce livre. Mais je ne doute pas que vous êtes fort paresseux à écrire. Votre amitié me rassure ; et vous n'ignorez pas, mon cher confrère, que la mienne vous est acquise pour la vie de…

34
L → B
LETTRE NON DATÉE [1]

(*Référence à une lettre du 17 mars 1762, où il est question de l'expression « ci-devant » à accoler au nom de Monsieur Necker*)

Monsieur Bonnet De la Rive
Conseiller au grand Conseil, membre des Académies
de Paris, Londres, Berlin
Genève

La lettre dont vous m'avez honoré, mon illustre confrère, le 17 de (*coin déchiré*) ne m'imposait pas précisément la nécessité d'une prompte réponse. Ce qui a favorisé ma paresse naturelle. Recevez cependant mes excuses. J'ai ajouté le ci-devant à M. Necker.

Le 4e volume des Mémoires présentés n'est point encore achevé ! Il n'y en a que 500 pages d'imprimées et il y en aura 700 au moins. Mais nous avons tellement pressé l'imprimerie royale pour l'impression du volume 1757 que l'on a confié aux soins de MM. Le Roy, Tillet, Bezout et moi, que l'autre a été totalement suspendu. J'aurai soin que le 1er et le 4e vous parviennent en même temps comme vous le désirez.

C'est M. Dupuis de l'Acad(*émie*) des inscriptions et belles lettres qui a fait l'extrait de votre ouvrage. Je lui ai fait vos remerciements. Je ne suis point étonné qu'il ne vous ait pas saisi. Il faudrait méditer le sujet et étudier l'auteur, les journalistes n'y attachent pas une si grande importance ; il faudrait que l'auteur fit son extrait lui-même. Si vous aviez envie d'en faire mettre un de votre façon dans le Journal étranger ou encycloped(*ique*) ou de Trévoux ou de Verdun, ou dans le Censeur hebdomadaire, ou dans le Mercure, vous n'auriez qu'à me l'envoyer, j'en ferais mon affaire.

Pour ce qui est de l'Académie, les livres imprimés ne reçoivent point de rapport par écrit, un académicien se charge de dire verbalement de quoi il traite, et cela se fait sans cérémonie. Je ne sais pas qui est-ce qui a rempli ce devoir à votre égard, mais je le saurai et je vous le dirai à la première occasion, mais, à coup sûr, il n'a pas lu le livre. Si je m'y fus trouvé lorsqu'on le reçut, je m'en serais chargé avec joie. Nous avons reçu un excellent manuscrit de physique de M. De Luc, votre compatriote, qui

1. Ms. Bonnet 26, fol. 56.

contient des expériences admirables et de vraies découvertes sur le baromètre et sur la nature de l'air.

Mille respects à votre aimable compagne, je souhaite avec bien de
l'impatience d'apprendre qu'elle est enfin au niveau de toute l'humanité
pour les forces et la santé, comme elle est au-dessus par l'esprit, par les *(?)*
et par le cœur. J'irai pour lors prendre part à votre joie avec toute la satisfaction du plus sincère ami.

Lalande

Est-il vrai que votre admirable Rousseau n'a pas les entrées à Genève[1] ?

35

L → LS

LETTRE DU 24 JUILLET 1762[2]

Paris, rue Verdaine
Monsieur Le Sage,
correspondant de l'Académie royale des sciences
Geneve

Monsieur et cher confrère

J'ai vu avec le plus grand regret par votre lettre du 2 avril 1762 que vous
veniez de manquer une occasion bien agréable et bien commode de voir
Paris et de prendre part à nos exercices académiques. Je souhaite de tout
mon cœur qu'un nouveau voyage de M. de Sauvigny nous procure cet
agrément au printemps prochain. Nous avons bien à nous plaindre vous et
moi du dieu de la santé, mais je pense qu'il n'aime ni la curiosité ni la
vanité, voilà pourquoi il favorise si peu les études des philosophes qui se
dirigent presque toujours par un de ces deux motifs; puissiez-vous
cependant jouir bientôt pour votre satisfaction et pour la mienne de la santé
qui est si nécessaire à vos études et aux recherches que vous vous proposez
de continuer.

---

1. L'*Émile* de Rousseau est condamné par le Parlement de Paris à être lacéré et brûlé, et
son auteur décrété de prise de corps, le 9 juin 1762. Le 19 juin, c'est au tour du Petit Conseil de
Genève de condamner au bûcher non seulement l'*Émile*, mais aussi *Le Contrat social*. Quant à
Rousseau, le Petit Conseil ordonne de le saisir s'il foule le territoire genevois. Le philosophe
se réfugie dans la principauté de Neuchâtel.
2. Ms. Fr. 2063, fol. 163.

Je suis fâché de n'avoir pas été instruit à temps de la publication de votre pièce de physique[1]. Je me serais adressé aux journalistes pour leur faire savoir de qui ils avaient à parler, et vous n'auriez pas eu autant à vous en plaindre; ce sera pour la première occasion.

Je ne suis point ennemi de la recherche des causes physiques, vous avez suspendu mon jugement là-dessus dans les dernières conversations que nous avons eues ensemble; et je m'étais toujours proposé de donner un extrait de la pièce que vous me remisse et que j'ai encore entre les mains. Je voulais y ajouter quelques réflexions et quelques calculs que la paresse et le temps ne m'ont pas encore permis de faire. Mais je vais prendre le parti de parler de vos idées sans y mêler les miennes.

Le lin incombustible, dont vous me fîtes l'honneur de me parler, serait assurément utile dans bien des cas, s'il était possible de le manufacturer. Mais vous verrez, par les expériences faites sur de véritables plantes, et que j'ai rapportées dans mon Art du papier, combien il est peu vraisemblable qu'on puisse travailler ce minéral. J'aurais pris la liberté de vous présenter ce petit Art, si je n'avais été réduit à un seul exemplaire, comme les autres académiciens. C'est l'inconvénient des ouvrages de l'Académie. L'auteur n'a que le privilège de la peine, mais aussi il participe à l'ouvrage de tous les autres, parce qu'il reçoit un exemplaire de tous les Arts.

J'ai été enchanté de l'ouvrage de M. De Luc sur les baromètres, faites-lui en compliment et engagez-le à vous faire voir ma lettre de félicitation et le rapport que j'en ai fait à l'Académie pour juger du cas que nous avons fait de ce bel ouvrage. Je vais, dans la quinzaine, me rapprocher de vous et retourner à Bourg. Je souhaite que les affaires domestiques me permettent d'aller passer quelques jours avec vous, ou vous permettent de les passer à Bourg. Je suis avec le plus tendre respect

Mon cher confrère

Votre très humble et très
obéissant serviteur

Paris, le 24 juillet 1762

Delalande

---

1. Il s'agit très vraisemblablement de l'important travail de Le Sage : *Essai de chimie mécanique* (1758), couronné par l'Académie de Rouen, plutôt que de son *Essai sur les forces mortes*, de 1760, inédit, mais qu'il avait envoyé à l'Académie des sciences de Paris, et que par conséquent Lalande connaissait probablement déjà.

36
LS → L
LETTRE DU 1er SEPTEMBRE 1762 [1]

A Mr. De la Lande,

à Bourg en Bresse, 1er septembre 1762

Monsieur et très cher confrère,

Après vous avoir laissé le temps de séjourner un peu à Lyon, où Mr. de la Condamine nous a écrit que vous alliez en droiture, je vous suppose à présent arrivé dans votre patrie où d'agréables vers du Mercure nous ont confirmé qu'on vous attendait avec impatience.

Oh que je désirerais dans ce moment de posséder à un tel point le talent d'écrire, que la persuasion coulât de ma plume pour vous engager à venir errer avec nous dans nos belles campagnes, et profiter de quelques circonstances qui rendent actuellement notre séjour plus agréable que jamais!

Outre que Messieurs Bonnet et Deluc, à qui vous pouvez être sûr de faire le plus grand plaisir, vous êtes très désiré chez Mme la duchesse d'Enville, dont j'aurais tout le bien imaginable à vous dire, et qui rassemble ordinairement chez elle une compagnie peu nombreuse, mais bien choisie, dont voici la liste. MM. Tronchin et de Voltaire, qu'il suffit de nommer, le Conseiller Jalabert et le Professeur Mallet, connus avantageusement par leurs ouvrages, et d'une conversation très intéressante; nos professeurs en physique et en mathématique, tous deux de fort bonne compagnie et dont le dernier est élève de M. Euler; notre Procureur général [2], qui le cède en génie et en connaissances à aucun de ces Messieurs, qui me gronda vivement il y a deux ans de ne nous avoir pas menés dans sa maison dont tous les étrangers sont enchantés et possède une charmante femme du mérite le plus rare; l'estimable comte d'Harcourt et son aimable femme, un Languedocien et un Genevois qui ont tout l'esprit et le bon esprit qu'on peut avoir, une jeune muse helvétique, la plus belle personne qu'il y ait à cent lieues à la ronde, et qui joint l'imagination la plus brillante à une étude approfondie des langes mortes et des sciences, et le pauvre Sauvigny, toujours malade, et toujours me pressant de l'accompagner à Paris préférablement à Mme d'Enville qui voudrait m'y emmener et m'y loger aussi.

1. Ms. Fr. 2065, fol. 177-180.
2. Jean-Robert Tronchin, l'auteur du réquisitoire contre les ouvrages de Rousseau.

Je compte beaucoup sur vos instructions et sur vos conseils pour déterminer s'il convient mieux aux vues que je vous exposerai, que je passe l'hiver prochain à Paris, ou l'hiver suivant, ou que je n'y aille point du tout. Parmi les personnes que vous verrez sans doute très volontiers, je ne devais pas oublier le respectable M. Abauzit, ce puits du plus vrai savoir (touchant lequel, voyez une note de la *Nouvelle Héloïse*, vers le commencement du cinquième volume) qui m'a fait promettre expressément de lui faire voir ce jeune astronome dont il a lu avec tant de plaisir les Observations et les Mémoires. Vous ne serez pas non plus entièrement privé de spectacle. M. de Voltaire, devant représenter une nouvelle tragédie où il y a de beaux morceaux (Olympie, fille d'Alexandre et de Statira, recherchée par Antigone et Cassandre), en présence des ducs de Richelieu et de Villars, qui arriveront ici le 12ᵉ du courant. Mais vous devez au moins vous laissez gagner à un motif plus puissant que tous ceux-là, celui de votre santé. L'estomac de Mme d'Enville, ci-devant aussi délabré que le vôtre peut l'être, a cédé entièrement à la sagacité et aux soins de notre Esculape, toujours charmé de pouvoir être utile aux gens de mérite, s'étant fort occupé surtout des indispositions et du régime des gens de lettre, et les fatiguant très peu de remèdes pharmaceutiques.

Outre un vilain petit taudis au 3ᵉ étage où vous m'avez vu et où je couche, pour être voisin de ma mère qui n'a point d'autre appartement dégagé à me donner auprès d'elle, j'ai au premier étage deux pièces dégagées (pour recevoir mes disciples et pour loger un domestique avec mes livres et l'attirail d'un homme qui veut travailler aux thermomètres). Si vous vouliez bien l'occuper, plutôt que de loger à l'auberge, vous y seriez parfaitement libre, soit de me voir aussi rarement que vous voudriez, soit à tout autre égard ; et moi je m'estimerais le roi des rois.

Si je désire si fort de vous voir à Genève, plutôt que d'aller moi-même vous trouver à Bourg, c'est parce que ce voyage me dérangerait à présent plus que jamais. Soit à cause que je facilite actuellement diverses leçons publiques où l'on court la poste, à des esprits un peu lents, et qui seraient tout déroutés s'ils me perdaient de vue pendant quinze jours. Soit parce que je fais aussi un petit cours de physique générale, où M. le duc de la Rochefoucauld me fait l'honneur d'assister, et qu'il doit nous quitter dans peu pour aller épouser Mlle de Middelburg. De sorte que la moindre interruption me forcerait d'estropier tout à fait ce cours que je resserre déjà trop à mon grand regret.

Je viens de voir le 2e volume de la Société (à présent royale) de Turin, qui est deux fois aussi gros que le premier et tout plein de bonnes choses, entre autres d'un grand morceau de calcul de M. de Lagrange qui m'a paru admirable. Comme il y a apparence que vous n'avez pas encore vu ce volume, j'espère que l'envie de le voir de bonne heure sera encore un motif pour vous attirer ici. Surtout, Monsieur de Lagrange y ouvrant en passant une route nouvelle ce me semble, pour parvenir à la solution du problème des trois corps, dont j'ai ouï-dire que vous vous occupiez.

M. de Laplace a bien tort d'avoir tant tardé à nous faire part de votre très intéressant Mémoire sur Vénus, et d'en avoir tant négligé la correction. Il faudra donc nous en tenir à des limites bien plus écartées que nous ne l'avions espéré, à moins qu'on ne soit plus heureux en 1769.

Je lis actuellement votre exact et lumineux Mémoire sur le papier. Il ne se présente encore à mon esprit aucune remarque à y faire qui mérite le moins du monde votre attention. En voici deux bien minutieuses.

Parmi les divers moyens qu'on a employés pour découvrir si certains papiers de la Chine étaient composés de matières animales ou si ces matières étaient végétales, il ne paraît pas qu'on se soit avisé d'un dissolvant alcalin qui dissout la soie et laisse le chanvre intact. Ainsi qu'on l'éprouve quand on met de vieux galons dans un nouet de linge qui trempe dans une forte lessive bouillante, afin de séparer l'or et l'argent de la soie.

Ne pourrait-on pas tirer quelque parti, de l'eau qui sort de la toilette sur la fin du lavage ? En la remuant dans un baquet, d'où elle ne sortirait qu'après quelques séjours, et au travers d'une toilette plus serrée de la matière déliée, qu'on retirerait de ce baquet, lavée à la main dans deux ou plusieurs eaux, servirait à donner aux papiers de France le même duvet qu'on observer dans ceux d'Hollande, en leur conservant la même blancheur que n'ont pas ces derniers. Alors aussi on pourrait être moins délicat sur la finesse de la première toilette.

Je n'aurai pas osé espérer qu'on pourrait faire du papier d'amiante. Si je n'avais pas lu dans une dissertation de M. Élie Bertrand sur ce minéral, qu'on en avait fabriqué, entre autres, avec de l'amiante de Chypre au rapport de M. Ciampini, quoique cet amiante soit court et écailleux, et noirâtre. Ne pourrait-on pas faire éprouver à un autre composé d'amiante et de colle une sorte de foulage qui en entrelacerait les brins ?

Puisqu'on en fait si souvent des tissus (voyez par exemple le 6e volume des mémoires de l'Académie des inscriptions), ne pourrait-on pas parvenir à en faire d'assez fins pour y imprimer avec des planches de cuivre, comme on le fait sur le satin ?

Je crois avoir trouvé un moyen de travailler l'amiante aussi aisément que les matières les plus souples et les plus liantes; et je commence à le mettre en usage.

À propos de cette matière incombustible, je vais vous faire part du résultat des expériences infructueuses faites sur des matières qui passent pour être douées de cette qualité. Du bois mince et poreux, longtemps bouilli dans une forte impulsion d'alun de roche, s'est montré tout aussi combustible qu'auparavant, ce qui est arrivé aussi à du bois pénétré d'huile de vitriol. Et le larix ou mélèze des modernes, qu'on croit être le même que celui dont les Gaulois faisaient des tours incombustibles, n'a cependant point résisté au feu.

Faites-moi le plaisir de ne pas affranchir votre lettre et de vous bien assurer de la ponctualité du domestique qui la portera à la poste. C'est sans doute pour avoir manqué à l'une de ces précautions que je ne reçus pas en accusé nos porteurs de lettres, puisque j'envoyai à la poste où je fus moi-même, à l'arrivée de tous les courriers pendant deux ou trois semaines.

M. Bonnet a envoyé à M. De Mairan un exemplaire de mon Essai de chimie mécanique, avec une précis manuscrit pour aider la personne qui voudrait en faire l'extrait. Et M. de Mairan apportera ces deux pièces à l'assemblée du *Journal des Savants*. J'espère que cela ne changera rien au plaisir que vouliez bien me faire, de donner un extrait ou du même ouvrage, ou du Démocrite newtonien, ou de Redeker.

(*La fin de la lettre manque*)

37
L → LS
LETTRE DU 17 OCTOBRE 1762 [1]

J'ai reçu, mon très cher confrère, dans le commencement du mois passé, la lettre dont vous m'honorâtes alors. J'aurais voulu de moment à autre vous en porter la réponse, mais je n'en ai pas été le maître, j'ai eu plus d'occupations et de détails d'intérêts que je n'en avais ordinairement.

J'ai été consolé par l'article de votre livre sur lequel vous paraissez me consulter sur le voyage de Paris, je vous conseille très décidément d'y venir cet hiver, si vous le pouvez, et de ne point remettre à un autre temps. C'est un foyer d'émulation où l'on ne saurait venir trop tôt se réchauffer et

1. Ms. Fr. 2063, fol. 164-165.

s'embraser. J'éprouve à Bourg combien Paris est nécessaire à un homme d'étude.

Les occupations dont vous me parlez étaient trop respectables pour que je proposasse de les sacrifier à un voyage à Bourg. J'aimais mieux vous soulager de cette corvée en allant à Genève, mais par l'événement, je prévois que notre entrevue se fera plutôt à Paris. Il y a déjà 8 jours que je suis sur la brêche pour savoir si je volerai vers Paris à l'occasion d'une place intéressante qui se présente et que l'on m'offre. J'attends aujourd'hui une réponse déterminante.

La société brillante [1] de madame la duchesse d'Enville était un objet bien séduisant pour moi ; la multitude des gens illustres qu'elle rassemble à sa cour formait pour moi une école digne d'envie. Il a fallu tout le train où je me suis trouvé pour arrêter le projet que j'avais d'y aller recevoir des leçons et embrasser un ami aussi cher que vous. La muse helvétique dont vous me faites une peinture si délicieuse défendait à ma raison de courir de si gros risques. Mais M. Abauzit, M. Tronchin, M. le procureur général, M. Sauvigny, M. Jalabert, M. Mallet m'auraient sauvé par leurs bons conseils des dangers de l'incendie. J'ai eu occasion de voir à Lyon où j'ai passé deux jours la semaine dernière, une jeune genevoise qui est venue à Lyon avec sa mère, languissante, et fuyant, ce me semble, des chagrins. Je ne sais pas son nom, mais je lui ai trouvé un esprit étonnant [2] Elle m'a parlé de vous, cela a augmenté son mérite auprès de moi. Je fus forcé de refuser un dîner dont elle devait être, mais j'en fus au désespoir. Je vous prie de lui bien rappeler, si vous étiez dans le cas de lui écrire, ce que je souhaite très fort.

Vous avez bien raison de trouver admirables [3] les Mémoires de M. Lagrange, je les ai vus et j'en juge de même.

Je vous remercie de vos observations sur mon Art du papier, j'en ferai usage, je vous aurai une véritable obligation de continuer à l'examiner, et de critiquer sévèrement la forme et le fond, c'est le plus grand service d'un ami.

1. La duchesse d'Enville, grâce à qui fut perpétuée la lignée des princes de La Rochefoucauld, entretenait autour d'elle un salon prestigieux que ce soit à Paris, à Genève et surtout à la Roche-Guyon (dans ce qui est actuellement le Val-d'Oise). Il s'agissait certes d'une société mondaine, mais aussi empreinte de la philosophie des Lumières.
2. Il s'agit probablement de Dorothée Goy, ex-femme de Pierre Vernes impliquée dans l'affaire Vernes-Necker, qui a valu à ce dernier (Louis Necker) d'être démis de ses fonctions de professeur. « Madame Vernes », après le scandale, s'exile à Lyon.
3. Il s'agit peut-être du mémoire alors tout récent de Lagrange (sur La libration de la Lune), récompensé par l'Académie des sciences de Paris.

Je vous fais un million de remerciements de l'offre obligeante que vous voulez bien me faire d'un appartement chez vous ; il n'y aurait rien de plus agréable pour moi que cet aimable voisinage, en supposant que vous me permissiez de manger à l'hôtel les jours où nous ne serions pas engagés chez nos amis ; ma demande est de droit.

Je vous prie de dire à M. DeLuc que je lui ai renvoyé son excellent manuscrit par M. Lavergne ; je l'ai été voir à Lyon. Je connaissais de réputation cette maison, comme une maison de goût et de talents ; mais le plus grand nombre de la famille était en campagne. Engagez bien M. DeLuc à publier incessamment son ouvrage.

Mon cher confrère, M. Bonnet, se porte-t-il bien ? et sa chère compagne aussi ? Je ne manquerai pas de lui envoyer le 4ᵉ vol. des Étrangers quand il paraîtra, de même que le 1ᵉʳ qui lui manque. J'ai ouï dire que son ouvrage lui avait attiré quelques tracasseries. Les magistrats de Genève ont-ils le temps de lire une aussi sublime métaphysique, et le peuple d'y apercevoir des dangers ?

Je suis, avec le plus tendre respect

Mon cher confrère

Votre très humble et très obéissant

à Bourg-en-Bresse le 19 oct(*obre*) 1762   serviteur

Delalande

38

B → L

LETTRE DU 11 DÉCEMBRE 1762 [1]

M. de la Lande
Paris

Genève, le 11ᵉ Xᵇʳᵉ 1762

N'avez vous pas reçu, Mʳ. mon cher et célèbre confrère, un exemplaire de mes <u>Considérations sur les corps organisés</u> ; je vous le devais, comme une marque de ma sincère amitié. Avez-vous lu cela et qu'en pensez-vous ? J'ai été, je vous assure, bien fâché d'avoir à relever votre illustre ami, Mʳ. de Buffon. Je l'ai fait avec la modération et les égards dus à sa célébrité. J'admire son génie et ses talents, et il n'y avait que mon amour pour le vrai qui peut me forcer à surmonter l'extrême répugnance que j'ai toujours eu pour la critique. Personne n'est plus rempli que moi des beautés de ses

---

1. Ms. Bonnet 71, fol. 74.

ouvrages. Je me flatte d'avoir rendu son système aussi clairement qu'il était possible, vu les bornes que je m'étais prescrites. Quand vous le verrez, vous pouvez avec vérité l'assurer des sentiments que je vous exprime.

Vous avez donc publié des Eléments d'astronomie. Ils ne sont point encore parvenus ici. Je vous félicite de cette production, et je m'intéresse à l'honneur qu'elle vous fera.

Notre ami, M^r. Le Sage[1] me communiqua, il y a déjà du temps, une lettre que vous lui écriviez de Lyon. Je suis bien surpris d'y lire que mon Essai analytique sur l'âme m'avait attiré des affaires avec notre Magistrat. Rien au monde n'est plus faux, et je n'ai reçu ici de tous les côtés que les compliments les plus flatteurs. On a voulu apparemment me mettre de moitié avec mon compatriote Rousseau. Mais je n'ai pas, comme lui, l'amour du paradoxe, comme je n'ai pas son éloquence. Cet homme a trop la manie de vouloir être chef de file. Il nous a forcé à sévir, et ça a été à regret[2].

Ma femme, qui ne vous oublie point, est accablée du triste état où se trouve continuellement sa respectable mère. Et je ne puis vous dire, mon cher ami, quels tristes jours nous passons.

C'est le 3e volume des Savants étrangers et non le second que je vous avais prié de m'acheter, pour que j'aie ma suite complète. Mrs. Dufour et Mallet, mes correspondants de Paris, vous en rembourseront la valeur.

Donnez-moi des nouvelles de votre santé, et assurez vous, mon aimable ami et confrère, qu'on ne peut vous être plus sincèrement attaché que l'est…

---

1. La correspondance entretenue par Le Sage avec la plupart des savants de l'époque, à commencer par Leonhard Euler, est en vérité considérable : des milliers de lettres !
2. Allusion à la condamnation de l'*Emile* et du *Contrat social*.

39

L → B

LETTRE DU 1 er JANVIER 1763 [1]

Monsieur Bonnet de la Rive conseiller
Au grand conseil, des académies de Paris, de Suède et de Bologne
Genève

J'ai reçu, il y a déjà du temps, mon cher et illustre confrère, les *Considérations sur les corps organisés*. J'attendais pour vous en remercier de les avoir lues. J'en ai fait part à mes amis, et nous avons tous vu avec joie combien vous avez su tirer parti des profondes connaissances que vous aviez acquises dans la physique, pour découvrir les invisibles de la nature. Au reste, cela est beaucoup trop métaphysique pour que je puisse avoir un avis là dessus; il me suffit de pouvoir vous admirer.

Je voudrais bien cependant [2] que vous eussiez fait abstraction de la lettre de M. de Réaumur citée page 117. Son témoignage pour les animalcules ne vaut pas le vôtre. Il n'y voyait plus assez quand le livre de M. de Buffon a paru et d'ailleurs sa haine invétérée et mordante lui aurait fait voir des éléphants au lieu des molécules organiques. Je voudrais bien aussi que vous eussiez modéré p. 172 les songes qui ne sont pas philosophiques. Le songeur a tant d'amour propre qu'il sera révolté de cette accusation; d'ailleurs l'hypothèse des molécules organiques remonte plus haut que celle des germes renfermés les uns dans les autres; il faut songer quand on s'élève, il suffit de voir quand on se promène parmi les objets sensibles. Vous témoignez pour Monsieur de Réaumur et M. D. [3] tout le respect que j'ai pour Monsieur de Buffon. Les deux autres sont des hommes bien communs en comparaison du génie de celui-ci, et j'aurais bien mieux aimé que vous réfutassiez (p. 247) M. de Fougeroux et que vous suspendisse du génie de celui-ci (Buffon) non pas votre jugement mais votre réfutation. Les expériences de M. Haller ne me convaincraient pas que le germe appartienne uniquement à la femelle : car de ce que le jaune est continu avec le poulet, il ne s'ensuit pas plus qu'ils viennent du même principe qu'il ne s'ensuit que la greffe vient des mêmes racines que le tronc, quand ils sont bien unis ensemble après l'immersion.

1. Ms. Bonnet 26, fol. 57-58.
2. On voit dans cette lettre à quel point Jérôme Lalande est un soutien quasiment inconditionnel de Buffon contre les naturalistes ses contemporains. Il va jusqu'à traiter Réaumur et Duhamel d'hommes «bien communs».
3. Il s'agit de Duhamel du Monceaux.

J'ai revu avec bien du plaisir dans le 2e volume vos découvertes étonnantes sur les pucerons, qui sont pour vous, comme tant d'autres belles choses, le gage de l'immortalité. Quoique votre bel ouvrage ait éprouvé ici des difficultés pour l'entrée, par la stupide timidité de M. Guettard à qui on l'avait remis comme à un Censeur pour donner son avis là dessus. Il n'en sera pas moins lu, acheté et recherché à Paris. Ce n'est pas par amitié pour M. de Buffon que Guettard s'y est opposé. Car il était disciple et ami intime de M. de Réaumur. C'est par dévotion, vous ne le croiriez pas, après avoir mis dans votre livre tant de piété et d'avoir si bien réfuté le matérialisme de nos athées. J'en suis aussi choqué[1] que vous, et je lui en ai bien dit mon sentiment.

On m'avait trompé mon cher confrère en me disant que vous aviez éprouvé des tracasseries à Genève au sujet de votre précédent ouvrage; je suis enchanté d'apprendre qu'il n'en est rien. Je joins mes félicitations à celles que vous avez déjà reçues à cette occasion.

Mon Astronomie est encore sous presse et ne paraîtra pas si tôt parce que l'ouvrage est considérable et que j'ai assez de petites affaires de détail pour ne pas vouloir presser extrêmement l'impression de cet ouvrage.

Je ne manquerai pas de vous envoyer le 2e volume des Savants étrangers, en même temps que le 4e, qui ne peut pas tarder beaucoup de paraître. Cependant il y a un mémoire de vous dans le 2e, p. 44. Vous devriez l'avoir reçu de l'Académie.

Agréez dans cette nouvelle année les assurances du tendre et respectueux attachement qui m'intéressera éternellement à tout ce qui peut vous arriver, et me fera souhaiter cette année comme toutes les autres fois ce que mérite votre vertu et celle de votre charmante compagne. La maladie de Mad(ame) sa mère est donc encore un nouveau surcroît de malheur. Est-il possible que vous n'ayez pas encore épuisé les traits de la fatalité qui vous poursuit tous deux. Pour moi, j'espère que ce sera votre dernier chagrin, et que je pourrai vous revoir heureux et satisfait l'automne prochain.

J'ai l'honneur d'être avec le plus tendre respect
Mon cher confrère

Votre très humble et très
obéissant serviteur
Delalande

À Paris le 1er janvier 1763

---

1. Le ton de notre astronome ne reflète-t-il pas son ironie, ou quelque ambiguïté? Avec d'autres correspondants il est souvent plus net.

Je vous prie de dire à notre ami Le Sage que j'ai fait sa commission chez Lambert; son ouvrage sera annoncé dans le Journal et dans l'Avant coureur. Il avait reçu les exemplaires et il n'en savait pas la destination. Son zèle pour la théorie des agents de la nature me paraît bien violent, cependant je m'en rapporte volontiers à son avis. Il connaît mieux que moi la bonté de cette hypothèse. Je l'invite bien fort à déterminer M. De Luc pour la publication de son livre sur le baromètre. La place que l'on m'offrait à Paris était celle de professeur de math. à l'École royale militaire. Elle était lucrative mais trop assujettissante, j'ai renoncé.

Guettard a été le seul théologien qui ait eu la platitude de s'opposer à l'entrée des consid(*érations*) sur les c(*orps*) org(*anisés*).

Je lui suis très obligé d'avoir fait faire ma commission auprès de Mad(*ame*) Verne(*s*)[1]; je respecte avec lui la bienséance qui défend d'entretenir des relations avec une personne décriée; mais son esprit m'avait intéressé d'autant plus que je ne la connaissais pas, et qu'elle m'avait parlé de mes bons amis comme étant aussi un peu les siens.

40
B → L
LETTRE DU 21 JANVIER 1763[2]

Mr. de la Lande
Paris

Genève le 21ᵉ janvier 1763

Je vois, mon cher et célèbre confrère, que votre bonne lettre du 1ᵉʳ de ce mois que j'ai eu le malheur de vous déplaire en réfutant dans mes <u>Corps organisés</u> votre illustre ami, Mr. de Buffon. Vous avez peine à me pardonner la grande estime que je témoigne pour MM. de Réaumur et Duhamel, et vous pensez que les découvertes de M. de Haller sur le poulet, trop inconnues des Français, ne démontreront point que le germe appartient tout entier à la femelle. Voici en peu de mots ma justification, que je dois à l'amitié qui nous unit.

1. Allusion qui fait suite à la lettre de Lalande à Le Sage du 17 octobre 1762.
2. Ms. Bonnet 71, fol. 81-82.

Vous n'êtes pas un admirateur plus sincère du génie sublime et des rares talents de Mr. de Buffon que je le suis. Vous savez si je serais capable d'avancer une chose qui serait contraire à ma manière de penser. Mais on peut admirer des qualités éminentes, et estimer encore des qualités moins brillantes dont l'application est d'un usage plus fin et plus pratique. L'esprit d'observation est une de ces qualités, que je regarde comme les plus estimables, et vous ne nierez pas, mon cher ami, que M. de Réaumur ne l'ait grandie au plus haut point et qu'elle ne lui ait valu une multitude de découvertes qui ont enrichi la physique et l'histoire naturelle. J'en dis autant de M. Duhamel, et ces deux hommes, que vous regardez comme très communs en comparaison de M. de Buffon, nous ont pourtant appris que des vérités et vérités utiles, que cet admirable Peintre de la nature. Son imagination est la plus riche et la plus féconde qui fut jamais; mais toute les forces de son âme le font trop parler de ce côté-là. Il s'est élevé à perte de vue, il a placé dans les régions supérieures lorsqu'il fallait se promener lentement sur la Terre, et décomposer en anatomiste tous les objets. S'il eût bien analysé ses Molécules organiques, il les aurait bientôt abandonnées. Vous me reprochez l'extrait de la lettre de Mr. de Réaumur qui est à la page 117 de mon livre, et vous ajoutez qu'il n'y voyait plus, etc. Mais vous ne savez peut-être pas qu'il avait de bons témoins de son observation. Et puis, quelles idées vous faites-vous, mon cher ami, des Molécules organiques, qui ne sont ni végétal ni animal, et qui forment par leur réunion un végétal ou un animal? Avez-vous des idées nettes des mondes intérieurs? Comprenez vous comment des particules, qui n'ont pu y être admises, puisqu'elles sont envoyées, suivant l'auteur, à un dépôt commun, ou peut néanmoins y être moulées? Concevez-vous les forces de rapport, les instincts etc.? Veuillez, je vous en conjure, opposer pour un moment toutes ces suppositions aux idées, que j'ai exposées dans les articles 336, 338, 339, 340, 350, et me dire si vous trouvez l'hypothèse de M. de Buffon[1] plus lumineuse, et mieux prouvée que la mienne. Mon livre, dites-vous, est trop métaphysique, pour que vous ayez un avis là dessus. Comment nommez-vous métaphysique, ce qui est tout entier physique? Mon livre n'est, d'un bout à l'autre, qu'une exposition très claire des faits et de leurs conséquences immédiates. Jamais livres n'en contînt plus que celui-ci, et sur la vérité desquels on peut élever moins de doutes. Ce serait bien plutôt l'ouvrage de M. de Buffon que vous devriez nommer métaphysique. Si cet élégant écrivain avait été moins célèbre, je n'aurais pas dit un seul mot de

---

1. Voilà un nouveau sujet de discorde opposant Lalande et Bonnet au sujet des œuvres de Buffon.

son système. Mais j'ai vu que je devais prémunir mes lecteurs contre la séduction trop ordinaire d'une grande célébrité d'un style enchanteur.

Quand j'ai osé le nommer un songeur, je n'ai dit de lui que ce que l'on ne cesse de répéter du grand Descartes et du puissant Leibnitz. Vous m'objecterez ce qui se passe dans la greffe pour éluder le résultat des découvertes de M. de Haller : mais avez-vous lu et médité, comme moi, les poulets ? Si vous l'aviez fait, vous comprendriez le peu de solidité d'une pareille objection ; vous eussiez dans la tête cent observations bien constatées qui la détruirait aussitôt. Vous n'avez pas pris garde apparemment à l'article 151 du tome premier de mon ouvrage où cette objection est détruite. J'aurais pu étendre beaucoup cela. Si M. de Buffon avait en sa faveur de semblables faits, je me serais rangé de son côté ; car je puis vous protester en honnête homme, que ce n'a point du tout été le désir de critique qui m'a inspiré ces choses qui vous ont déplu, mais uniquement l'amour du vrai. S'il me prouvait que je me suis moi-même trompé, je m'empresserai de le reconnaître publiquement et à lui en témoigner ma juste gratitude. Voyez la fin de ma préface, cela partait d'un cœur sincère.

Il est en effet bien étrange que Mr Guettard se soit opposé par dévotion à l'entrée de mon livre. Je le lui pardonne de tout mon cœur, puisqu'il a cru de bonne foi que mes principes favorisaient le matérialisme : mais je n'aurais jamais imaginé qu'on pu former contre moi une telle accusation

Ce n'est pas le second volume des Savants étrangers que je vous avais prié de m'envoyer car je l'ai en effet reçu de l'Académie ; c'est le troisième, comme je vous l'ai écrit deux fois.

Je ne puis vous dire combien je m'intéresse au succès de votre Astronomie, votre gloire me sera toujours chère, parce que je ne cesserai point de vous aimer.

Ma pauvre femme vient d'éprouver la plus cruelle affliction par la mort de la plus tendre et de la plus respectable des mères ; nous avons fait, elle et moi, une perte immense. Jamais on ne vit tant de vertus, tant de charité, tant de modestie que j'en ai vu dans cette excellente femme, dont nous conserverons précieusement le souvenir jusqu'au tombeau.

Vous savez, mon cher et célèbre confrère, combien est vrai et tendre l'attachement qu'aura toujours pour vous...

41
L → LS
LETTRE DU 2 NOVEMBRE 1763 [1]

Paris le 2 nov. 1763

Mon cher confrère,

Vous êtes bien terrible dans vos vengeances, mon cher confrère, vous accablez d'une liste de soupçons injurieux pour punir une négligence qui n'était pas bien constatée. Vous ne m'avez pas donné le temps de me justifier. Mais, puisque vous m'avez jugé par défaut, recevez-moi opposant, comme disent nos plaideurs. Un long voyage en Angleterre [2] m'avait d'abord empêché de vous écrire ce printemps. À mon retour j'ai trouvé plus d'ouvrage accumulé que ma misérable santé n'en peut souffrir. Je suis tombé dans une langueur dont je suis à peine relevé. Vous vous êtes encore inhumainement chargé du reproche de notre cher ami Bonnet qui semble croire que je ne suis pas extrêmement constant en amitié. Vous vous serez peut-être trompé sur les apparences, car il ne s'est rien passé qui ait pu lui donner cette fâcheuse impression d'un cœur qui lui est tout acquis. Je me suis plaint pour Mr. de Buffon, il m'a répondu très obligeamment. Je n'ai pas répliqué, parce que je n'avais rien de bien important à ajouter à ma petite plainte ; quand il serait encore plus Duhamel et Réaumur, et moi Buffon, je n'en serais pas moins son tendre et sincère ami. Faite-lui mes excuses, et mon compliment sur la santé de son aimable femme. Il doit avoir reçu les 2 volumes des *Savants étr(anger*s) ; j'en ai porté un moi-même à M. Mallet qui se charge de faire prendre l'autre chez Durand.

À votre égard n'allez pas imaginer que mad(ame) Vernes m'intéresse le moins du monde, ni que j'ai conçu à votre égard des sentiments autres que ceux que je vous ai mille fois réitérés ; mais pardonnez ma lenteur, ma santé, mes devoirs, et continuez à m'honorer de vos bontés. Je donnerai au journal dès qu'il rentrera la loi nouvelle que vous m'envoyez, parce que je crois qu'elle éprouverait trop d'objections à l'Académie où l'on est attractionaire newtonien pur et simple, sans modification ni accommodement ; et je recevrai avec grand plaisir tout ce que vous m'enverrez, et spécialement les 3 pièces que vous m'annoncez comme plus prêtes à finir.

---

1. Ms. suppl. 513, fol. 208.
2. On trouvera le récit de ce voyage dans les lettres à Mme du Pierry, dans notre *Lalandiana I*.

Le 4ᵉ volume est publié comme vous savez, mais on travaillera bientôt au 5ᵉ. La compagnie dont vous me flattiez était plus que suffisante pour me faire souhaiter avec la plus grande impatience de vous aller voir cet automne. Mais l'impression d'un grand traité d'astronomie que mon voyage avait retardée, m'a obligé de rester à Paris cet automne. Réservez-moi vos bontés pour l'été prochain.

La montre de M. Harrisson pour laquelle le ministre anglais avait demandé des Académiciens, n'a pas été révélée comme on l'espérait; on devait donner à M. Harrisson [1] 5000 livres sterling aussitôt qu'il expliquerait cette montre, il s'est élevé des contestations à ce sujet et milord Bute ayant quitté le ministère sur ces entrefaites, nous avons quitté l'Angleterre. Harrisson va faire un nouveau voyage en Amérique et à son retour s'il réussit également il recevra le prix entier des longitudes, 10000 livres sterling.

Je vous prie bien de dire à M. De Luc combien je prends de part à son rétablissement, et combien je souhaite de voir paraître bientôt son ouvrage, dont j'ai donné dans la Connaissance des T(*emps*) de 1765 une idée propre à le faire désirer. J'aurais voulu attendre sa publication, mais je l'avais promis l'année précédente, persuadé qu'il ne se passerait pas un an sans que le public put en jouir.

Je suis, avec le plus respectueux et le plus tendre attachement...
Monsieur et cher confrère

Votre très humble et très
obéissant serviteur
Delalande

Votre seconde lettre m'a été renvoyée de Bourg,
et je vous réitère mes remerciements.

---

1. La « montre » de Harrison a été conçue pour fonctionner sur un bateau, afin de pouvoir mesurer les latitudes en mer.

42
L → LS
LETTRE DU 15 AOÛT 1764 [1]

Je me proposais depuis longtemps, mon cher ami, à répondre à votre lettre du 18 novembre 1763 que je reçus par M. Durade, votre concitoyen ; j'arrive dans ma chère province, et je trouve aussitôt une occasion de vous écrire. J'en profite avec empressement. Mais avant de vous parler d'affaires [2], je commence par vous adresser M. Mantelier, jeune magistrat de Bourg, mon voisin, mon compatriote, et mon ami qui voulant faire un voyage à Genève avec madame son épouse aura besoin de votre secours et de votre compagnie. Je vous prie en grâce de faire pour lui ce que j'aurais été fort empressé de faire moi-même si j'avais pu avoir l'honneur de les accompagner, et ce que je voudrais faire pour vos amis si vous m'en procuriez l'occasion. Si vous n'avez pas le temps de leur faire voir votre belle ville, il ne vous sera pas difficile de leur procurer la connaissance de quelqu'un de vos amis. Je vous en aurai la plus grande obligation.

M. Durade, que votre recommandation m'avait rendu fort cher, s'est trouvé avoir à Paris un assez grand nombre de connaissances pour que la mienne lui fut inutile. Nous nous sommes peu vus parce qu'il m'a paru fort occupé, mais il n'a pas tenu à moi de lui marquer toute la considération que j'ai pour vous, et tous les égards que je vous demande aujourd'hui pour mes compatriotes.

Je vous envoie mon cher confrère le prospectus de mon Astronomie qui paraîtra probablement à la fin du mois. Je vous prie d'en présenter un à M. Bonnet, notre cher et aimable ami, en lui faisant mes plus tendres compliments.

Je connais milord Stanhope et M. Steward (*Stewart*), j'ai vu son livre sur la distance du Soleil, mais sa méthode qui consiste à employer les dérangements de la Lune pour juger de la distance du Soleil n'est point assez concluante pour qu'on puisse répondre de 2'' sur la parallaxe qui en résulte. Cette voie-là avait déjà été tentée par M. Machin, M. Mayer, M. Euler, mais ils en avaient avoué l'insuffisance.

Ce que vous me dites de Mad(*ame*) Calandrini, me paraît absolument incroyable, cependant si je pouvais m'en assurer par moi même, il n'y aurait rien à répliquer.

1. Ms. suppl. 513, fol. 209.
2. Il s'agit évidemment de la préparation de l'expédition en Russie, où Mallet et Pictet allèrent observer le passage de Vénus devant le Soleil.

Nous ne sommes plus qu'à deux journées l'un de l'autre, ainsi la plus grande partie du chemin que j'avais à faire pour vous voir est faite, j'espère bien faire le reste aussitôt qu'il me sera possible. Je vous prie de faire mille compliments à M. Jalabert, M. DeLuc, et surtout à M. Bonnet que je suis très impatient de revoir. Donnez-moi des nouvelles de son aimable moitié; car je ne veux pas qu'il en prenne la peine, après avoir été coupable d'une si longue négligence envers lui. Pour vous, mon cher ami, je compte assez sur vos bontés pour ne vous point faire d'excuses, et vous connaissez trop les sentiments de votre confrère

et ami
Delalande

à Bourg-en-Bresse, le 15 août 1764

(*Reçue le 14(?)ᵉ, par Mᵐᵉ Mantelier*)

43
B → L
LETTRE DU 11 DÉCEMBRE 1764[1]

Mr de la Lande de l'Académie Royale des sciences
Paris,

Genève le 11ᵉ Xbre 1764

J'ai la présomption de penser que vous ne m'avez point oublié, mon aimable et célèbre confrère, et vous voyez bien que je ne vous ai pas oublié non plus puisque je viens vous présenter une nouvelle marque de mon amitié. Rey, libraire d'Amsterdam, a été chargé de ma part de vous envoyer franco, le plus tôt possible, un exemplaire d'un nouvel ouvrage[2] de ma façon, qui vient de sortir de son imprimerie. Peut-être l'avez-vous déjà reçu. C'est un enfant venu avant terme; mon cerveau était à peine en âge d'engendrer quand il le fit. Des personnes éclairées et respectables m'ont engagé à revoir, dans l'âge viril, cette production de ma jeunesse; j'ai cédé, je l'ai fait et la voilà.

Si j'avais joui d'une meilleure santé, j'aurais plus changé, plus retouché, plus ajouté. Mon premier plan était vaste, je vous le montrerai un jour. Il a fallu me réduire à la mesure de mes forces actuelles. Il y a plus de 22 ans que mon cerveau ne cesse d'enfanter, et en vérité il a presque tué

1. Ms. Bonnet 71, fol. 180-181.
2. Il s'agit de l'ouvrage, assez polémique, *Contemplation de la Nature* publié en 1764.

mon estomac. Je suis forcé à présent de suspendre mon travail, de vivre de régime et de recourir à quelques toniques, qui commencent à opérer.

Ce nouvel ouvrage que je soumets à votre jugement n'est donc, comme le titre le porte, qu'une contemplation ou une espèce de tableau dans lequel j'ai tâché de peindre en raccourci quelques-unes de ces merveilles de la nature dont tous les yeux sont frappés. Mais j'ai voulu en même temps apprécier philosophiquement ces merveilles. Le faux merveilleux s'est trop glissé dans les ouvrages du même genre que celui-ci : l'imagination y séduit l'esprit, et le goût du roman fait le reste.

Lisez surtout ma préface : vous ne la trouverez pas du nombre de celles qu'on peut nommer des hors d'œuvres, parce qu'elles ne nous disent rien. Vous verrez mes vues, et ce que je pense sur la méthode à suivre dans la recherche des vérités philosophiques. etc., etc.

J'ai un plaisir à vous demander, mon cher confrère, vous êtes de la société du Journal des savants : vos occupations vous permettraient-elles de faire l'extrait de ce livre ? Entre nous, je n'ai pas toujours été content de l'exactitude et de la marche des auteurs de ce Journal, qui ont fait l'extrait de l'Essai sur l'âme et du Corps organisés. Je rends de tout mon cœur justice à leurs intentions, et je leur suis très redevable des choses obligeantes qu'ils ont bien voulu dire de moi ; mais je puis vous assurer, et vous m'en croirez bien, qu'ils ne m'ont pas toujours entendu, et qu'ils n'ont pas saisi l'essentiel de mon travail. Enfin, leurs extraits étaient fort incomplets. Vous feriez sûrement beaucoup mieux, mon cher ami ; je n'aurais point à vous reprocher de pareils défauts. Je sais quel ouvrier vous êtes en ce genre. Je ne demande point que votre amitié tienne la plume ; elle pourrait vous séduire en ma faveur : relevez tout ce qui vous semble l'exiger ; critiquez-moi toutes les fois que vous le jugerez convenable et assurez vous que mon cœur jugera de tout cela autant que mon esprit.

Notre bon ami, M. Le Sage, m'a communiqué dans son temps le prospectus de votre grande Astronomie. J'ai admiré votre plan et l'ordre très naturel que vous avez su mettre dans les divers sujets. Il s'y trouve des chapitres que je dévorerai ; je ne m'approcherai des autres que de loin et avec respect. Je crains plus que je ne puis vous le dire, qu'un si grand ouvrage et un ouvrage si profond, n'ait pareillement tué votre estomac. Je m'intéresse véritablement à votre gloire ; mais je m'intéresse encore plus à votre santé ; quittez donc enfin le séjour du ciel pour vivre un peu plus sur la Terre avec des amis qui vous sont très attachés.

Ma femme se souvient toujours de vous avec plaisir, et elle veut que je vous le dise. Elle a eu encore bien d'épreuves depuis votre dernier voyage ici, et il s'en faut bien que sa santé soit rétablie. Sa philosophie pratique s'est soutenue au milieu de tout cela. Je vous embrasse, mon cher confrère, avec toute la cordialité de l'amitié la plus sincère.

Envoyez-moi, s'il vous plait, votre *Connaissance des Temps*.

44
L → B
LETTRE DU 28 DÉCEMBRE 1764 [1]

Monsieur C. Bonnet de la Rive,
conseiller au grand Conseil, des académies de Londres,
de Stockholm et de Bologne
Corresp(*ondant*) de l'Académie royale des sciences de Paris

Paris, 28 déc. 1764

J'ai reçu avec une joie indicible, mon cher et illustre confrère, votre lettre du 11 décembre, en arrivant à Paris. Je suis arrivé ici plus tard que je n'avais compté; voilà pourquoi mes lettres m'y attendaient, et que je réponds avec un peu de retard à la vôtre. J'attends avec impatience votre nouvel ouvrage et je recevrai avec une tendre reconnaissance cette nouvelle marque de votre amitié. Je suis étonné de voir combien votre cerveau travaille; je sais par expérience que l'estomac n'en va pas mieux, mais on aime encore mieux vivre avec un corps faible que d'avoir une forte végétation autour d'une âme oisive et inutile; cependant suivez un peu le conseil que vous avez la bonté de me donner, l'évangile nous dit : Λατγι τεσαπενον σεαυτον [2].

Quoique je ne sois pas de la société du Journal, je ne serai point embarrassé d'y faire passer un extrait de votre Contemplation ; mais je doute, mon cher confrère, que vous soyez plus satisfait de mon extrait que de ceux qui ont paru. J'y mettrai plus d'enthousiasme, de chaleur et d'amitié; mais je n'ose espérer de saisir la marche et l'esprit de l'ouvrage, si vous ne

---

1. Ms. Bonnet 28, fol. 79.
2. Cette citation, telle qu'elle est tracée dans l'écriture peu lisible de Jérôme Lalande, s'avère malaisée à déchiffrer et donc à transcrire. Nous nous référons à ce sujet à l'opinion du Professeur Denis Knoepfler : ce texte pourrait évoquer Matthieu XXIII 12 : *celui qui s'élèvera sera abaissé, et celui qui s'abaissera sera élevé.*

m'envoyez vous-même un extrait où je puisse trouver cette partie. Je ferai le remplissage, j'y ajouterai la justice que l'on vous doit et que vous vous refuseriez; mais je vous demande deux ou trois pages pour le plan et l'ensemble du livre, le projet, le but, la manière dont vous l'avez exécuté. Vous pouvez facilement le dicter, cela ne coûte rien à un auteur; je suis si vif, si brouillon, si distrait, si absorbé dans mes calculs, que je me défierais de mon exactitude, si vous ne me donnez pas ce secours.

Je vous prie de dire à notre bon ami M. Le Sage que je lui ai bien des obligations de l'empressement qu'il a témoigné à Mad. Mantelier à Genève. Je comptais bien aller l'en remercier et vous embrasser aussi, cet automne, mais une absence de deux ans[1] m'avait accumulé bien des affaires, et depuis la fin d'octobre, il a fait si mauvais que je n'ai pu me donner ce plaisir.

Mille respects à notre chère philosophe pratique; hélas, n'apprendrais-je jamais qu'elle est enfin dégagée de tous ses maux, et que vous n'avez plus à partager avec elle que du bonheur et de la tranquillité.

Je suis avec le plus tendre respect

Monsieur et cher ami

Votre très humble et très
obéissant serviteur

Lalande

J'aurai l'honneur de vous envoyer la Connaiss(ance) des mouv(ements) cél(estes) par la première occasion. En attendant, je vous souhaite tout ce qui est d'usage en présentant un almanach.

Votre très humble et très obéissant serviteur

---

1. S'il n'y a pas d'erreur de datation de la lettre, il ne peut pas s'agir de l'assez long voyage en Italie de Jérôme Lalande, de 1765 à 1766. Peut-être s'agit-il simplement d'une allusion à des activités particulières, ou peut-être à une absence longue durée de Bourg.

45
B → L
LETTRE DU 11 JANVIER 1765 [1]

Mr. DelaLande, de l'Académie des sciences
Paris

Genève 11e Janvier 1765

N'attendez point de moi, mon cher confrère, un extrait [2] de ma *Contemplation de la nature*. Je suis trop fatigué pour l'entreprendre, et je suis actuellement occupé à rétablir mon estomac, fort délabré par tant et de si longues méditations. Vous vous tirerez à merveille de cet extrait, et je serai très content si vous voulez bien vous en charger. Je suis très sûr que vous me rendrez fidèlement, et que vous ne me ferez pas dire ce que je n'ai jamais pensé. Vous saurez rendre ma marche, mes principes, leur application, et montrer mes conséquences naturelles. Vous serez surpris, je m'assure, que j'aie pu exposer avec autant de clarté dans deux assez petits volumes tant de faits et de faits divers, et tant de réflexions philosophiques qui en naissaient comme de leur source naturelle. Malgré ce que j'ai dit de ce livre, à la page 72 de la préface, je trouve à présent que je le relis, que j'y ai mis plus de précision encore que dans aucun de mes ouvrages. J'ai plus orné le style, parce que le genre de l'ouvrage le permettait et le demandait même; mais les ornements ne sont encore que des réflexions philosophiques embellies par des images assorties à la nature des sujets.

Voici, mon cher ami, une courte indication des choses sur lesquelles vous devrez fixer l'attention du lecteur. Ceci vous dirigera dans votre travail.

La préface est un morceau important et qui m'a assez coûté. Elle donne l'histoire abrégée de l'ouvrage, l'occasion qui me l'a fait publier, l'esprit dans lequel il a été composé et dans lequel il doit être lu.

Divers journalistes, avec les meilleures intentions du monde, avaient mal saisi mon Essai sur l'âme et mes Corps organisés. Je n'étais point entré dans le fond des principes, et n'avais point aperçu le rapport des conséquences avec les principes, et leurs réflexions déplacées ne me l'ont que

1. Ms. Bonnet 71, fol. 186-187.
2. Il s'agirait sans doute plutôt d'un résumé de l'ouvrage de Bonnet que d'un extrait. En effet, cet ouvrage considérable (et souvent très verbeux) comporte plusieurs parties réparties sur plusieurs tomes de centaines de pages chacun. Un extrait simple n'aurait guère de sens.

trop prouvé. J'ai donc eu à dire ma pensée sur tout cela, et je l'ai dit avec la modération que m'inspirait encore la reconnaissance.

En même temps, j'ai montré en quoi consiste proprement l'art d'observer, cet art si précieux, si universel, et l'art non moins utile des conjectures en physique. J'ai prouvé qu'on se méprend beaucoup en proscrivant toute conjecture.

Je ne pouvais guère développer mieux ma pensée qu'en appliquant mes propres règles à l'examen raisonné de mes deux derniers ouvrages. J'en ai donc fait l'analyse à ma manière, pour l'opposer à l'analyse trop défectueuse de la plupart des journalistes.

Vous trouverez donc ici très rapprochés, très enchaînés, très concentrés tous mes principes fondamentaux sur la Mécanique de notre être et sur la Génération. Cette espèce d'analyse m'a donné lieu de prévenir de fausses interprétations qu'on pouvait donner à quelques unes de mes idées. Voyez sur ce sujet, ce que j'ai dit sur la liberté page 34 ; sur le fatalisme page 56, sur le passage du Huron page 58 et suivantes ; sur l'immatérialité de l'âme pages 62, 63, 64 et suivantes. Invité à relire les belles pensées que j'ai données de la simplicité de l'âme dans la préface de l'Essai analytique, et veuillez le relire vous même, j'ose dire que personne avant moi n'en avait donné d'aussi bonnes et d'aussi claires.

Enfin j'ai terminé la préface par des réflexions sur l'attention, dont vous reconnaîtrez aisément la vérité. Elles commencent à la page 67. Puis j'ai rendu justice aux auteurs que j'ai consultés pour cette Contemplation. Voyez la note qui est au bas de la page 72 et voyez aussi ce que j'ai dit à la page 73 de votre illustre ami, Mr. de Buffon.

Je viens maintenant à l'ouvrage même, il est divisé en douze parties, dont vous verrez les titres dans la table.

Dans la première partie, je trace très en raccourci mes principes sur l'Unité, la Bonté et l'Enchaînement de l'Univers. Quoique ceci soit métaphysique, je le vois aussi clair que le sujet peut le comporter ; au moins c'était d'une précision qui vous plaira.

Dans la seconde partie, j'expose mes idées sur la perfection en général et les gradations. Vous discernerez bien ce qu'il faut présenter : ce sera ce qui vous aura plu davantage.

Dans les parties trois et quatre, je parcours rapidement la progression graduelle des êtres. Vous ne lirez pas sans plaisir le tableau de l'homme dans les Chap(itres) : VI, VII, VIII, IX et X de la partie IV, et encore les Gradations du monde, celles des Intelligences et mes idées sur l'Etat futur de l'homme Chap. XI, XII et XIII.

La partie V est consacrée aux divers rapports des êtres terrestres. J'y donne une esquisse de mes principes sur la Mécanique de notre être. J'y crayonne l'optique, le feu, l'air, etc, etc. Voyez en particulier les aveugles pages 104 et 105.

La partie VI est un extrait fort abrégé de mon livre sur l'Usage des feuilles dans les plantes, publié *in* 4° 1754.

La partie VII est un extrait plus étendu et fort travaillé de mes Considérations sur les corps organisés, publiés en 1762. Lisez, je vous prie, cette partie avec l'attention qu'elle mérite ; et comparez mes Principes avec ceux des auteurs célèbres qui m'ont précédé et jugé. Tout est ici rassemblé d'une manière intéressante. Méditez en particulier ce que je dis à la page 166 et 167, sur cette prétendue greffe qu'on pouvait m'objecter.

La partie VIII, traite des merveilles que nous offrent les Insectes, et surtout ceux qui se multiplient sans accouplement, de bouture et par la greffe etc. Pesez ce que je dis dans le chapitre IX des nomenclatures, mais arrêtez-vous surtout à mes Considérations philosophiques au sujet des polypes qui occupent les trois derniers chapitres de cette partie. Ils sont, avec ma préface, une espèce d'Essai de logique à l'usage du naturaliste.

J'essaye d'expliquer dans la partie IX les Régénérations animales et les Métamorphoses. J'indique dans le chap. IX une Division générale des insectes.

La partie X est un parallèle des plantes et des animaux, où je les ai considérés sous tous les rapports que vous y découvrirez. Lisez surtout ce que j'ai dit de la structure chap. XXVI, de la circulation chap. XXVII et XXVII, du sentiment, chap. XXX et XXXI, de l'irritabilité chapitre XXXIII et la conclusion chap. XXXIV.

Les parties XI et XII sont sur l'Industrie des animaux, sujet si intéressant pour tous les lecteurs et que j'ai tâché de rendre plus intéressant encore par la manière dont je l'ai traité. Vous avez trop de discernement et de goût pour que je sois en peine du choix que vous ferez ici ; mais n'oubliez pas d'insister sur le faux merveilleux que j'ai combattu partout. On a prêté trop libéralement l'intelligence et la réflexion aux animaux. Rapprochez ce que j'ai dit, sur ces sophismes familiers à tant d'auteurs estimables, dans les chapitres XIX, XX, XXII, XXV, XXVII de la partie XI, et dans les chapitres XII, XXV, XXXVII, XXVIII, XXXII, XXXIII de la partie XII.

Voilà mon cher ami, les principaux matériaux de l'extrait que votre amitié projette. Je désire, qu'après avoir lu cette lettre, vous lisiez l'ouvrage d'un bout à l'autre pour en prendre une idée générale. Vous en saisirez mieux la forme, la nature et le but, et votre extrait en sera bien mieux lié et bien plus complet.

Si vous parlez de M^r. de Buffon, vous ne pourrez dire assez combien j'admire son génie et tout le regret que j'ai eu d'être obligé de m'élever contre ses principes, mais il fallait bien que mon admiration pour lui cédât aux décisions de la nature. Vous savez que je vous en ai écrit dans la sincérité de mon cœur et vous avez mes lettres.

La vôtre du 28 décembre m'a surpris en m'apprenant que vous n'aviez point encore cet ouvrage. Je vous en envoie un exemplaire par la poste, à l'adresse de Mr. Trudaine. Vous en aurez donc deux ; vous donnerez le second de ma part à Mr. Forein en l'assurant du cas singulier que je fais de lui.

Ma femme vous remercie et vous fait bien des compliments. Elle est un peu mieux, et moi, je suis et je serai toujours avec une véritable amitié, mon cher ami et confrère, tout à vous…

P.S. Au reste, mon estimable ami, si vous trouvez quelque chose à critiquer dans mon livre, faites-le avec toute la liberté d'un journaliste ; mon amitié pour vous n'en souffrira jamais. Comment n'y trouveriez-vous rien à reprendre, parmi cette foule de sujets divers que j'y ai mis !

Vous reconnaîtrez bientôt, que j'ai travaillé dans un goût très différent de celui de <u>Niventil</u>, de Derham et de Pluche. Ces auteurs, d'ailleurs très estimables, ont écrit d'un style très lâche, et ont répandu partout un faux merveilleux, qui prouve trop qu'ils n'avaient pas assez de philosophie dans l'esprit. C'est ce faux merveilleux que j'ai cherché à combattre en divers endroits de l'ouvrage ; mais il ne suffisait pas de constater, il fallait y substituer un merveilleux vrai ou philosophique ; et c'est ce que j'ai pas fait de faire partout. La meilleure manière de célébrer la nature est de la peindre telle qu'elle est ; et pour y parvenir il faut y voir ce qui y est. Pluche a traité l'Histoire naturelle comme Rollin a traité l'Histoire. Mr de Réaumur s'est quelquefois laissé séduire.

Si vos occupations ne vous permettent pas d'entreprendre seul cet extrait, ne pourriez-vous vous recourir à quelque ami qui vous aiderait à remplir cette utile tâche, et à qui vous communiquerez cette lettre.

L'ouvrage n'ayant pas été imprimé sous mes yeux, il s'y est glissé diverses fautes d'imprimerie. Je fais actuellement un <u>errata</u> qu'on imprimera ici, que je vous enverrai, et à mes amis de l'Académie.

46
L → LS
LETTRE DU 16 JANVIER 1765 [1]

J'ai vu avec plaisir, mon cher confrère, la notice que vous avez donnée à M. de la Condamine des ouvrages mss. (*manuscrits*) de M. Fatio [2], mais je ne puis vous dissimuler que toutes les matières astronomiques qui y sont contenues, ayant acquis depuis 50 ans la plus grande perfection, il n'est aucunement probable qu'on y trouve la moindre nouveauté; mais quand il y en aurait à tous égards, jamais on ne trouverait 30 louis, pas même 30 écus à Paris d'un mss de mathématiques. Je suis si las d'avoir perdu mon temps en 10 occasions à solliciter nos libraires, que je ne saurais m'en mêler actuellement. Ainsi quoique vous ne m'ayez point écrit directement, je vous réponds cependant très exactement; et je vous prie de vouloir bien dire à M. De Luc que je lui répondrais aussi exactement si sa lettre même n'était une réponse. Je lui fais mille remerciements de la réponse détaillée qu'il a bien voulu me faire sur les thermom(*ètres*). J'ai répondu exactement à la dernière lettre de M. Bonnet, j'attends sa réplique pour faire ce dont il m'a chargé.

Je verrai avec plus de plaisir que personne votre ouvrage sur les corpuscules ultramondains et votre histoire de la pesanteur; j'ai toujours l'extrait que vous m'en donnâtes, il y a quelques années, mais j'espérais que vous y donneriez une forme plus propre à l'impression et je vois avec satisfaction que vous prenez ce parti là.

Je suis avec le plus sincère attachement
Mon cher ami

à Paris le 16 janv. 1765 Votre h(*umble*). et t(*rès*) ob(*éissant*) s(*erviteur*)

---

1. Ms. suppl. 513, fol. 210-211.
2. Il s'agit très probablement de Nicolas Fatio de Duillier, dont Le Sage récupère les papiers en 1765 après qu'ils ont circulé parmi les savants genevois durant un demi-siècle (R. Sigrist, *La Nature à l'épreuve..., op. cit.*, p. 131-179).

47
B → L
LETTRE DU 4 MARS 1765 [1]

Mr. de la Lande de l'Académie des sciences
Paris,

Genève, le 4e mars 1765

Hier au soir, mon célèbre et estimable confrère, notre bon ami Le Sage, qui vous fait bien des compliments, me communiqua un bout de lettre qu'il avait requis de vous, et où vous lui disiez que vous attendiez ma réplique à votre réponse. Je ne compris rien à ce mot. Vous m'écrivîtes au commencement de janvier en réponse à ma lettre du 11 de décembre, et vous me marquiez que vous n'aviez pas encore reçu mon nouvel ouvrage. Vous me demandiez des directions pour son extrait. Surpris que vous n'eussiez pas encore en main cet ouvrage, et impatient de vous satisfaire, je vous répondis le 11e de janvier par une assez longue lettre, où je vous traçais un petit tableau du livre. En même temps, je l'insérais dans un exemplaire que je fis remettre ici, le même jour à la Porte de France sous l'adresse de Mr. Trudaine.

N'auriez vous donc point reçu ce paquet? Si cela était, il faudrait faire des diligences pour le recouvrer. Mais, sans doute, vous l'avez reçu, et vous m'avez répondu; et ce sera votre réponse qui aura été perdue.

Tirez-moi d'inquiétude le plus tôt que vous le pourrez, et aimez toujours celui qui vous est tendrement attaché.

1. Ms. Bonnet 71, fol. 202.

48
L → LS
LETTRE DU 12 MAI 1765 [1]

Le 12 mai 1765
Monsieur et cher confrère

Après une si longue interruption [2] de correspondance, je ne devrais pas demander une grâce, mais je suis trop sûr de votre amitié pour avoir la moindre défiance; je commence donc sans préface. Madame la duchesse d'Enville et M. le duc de la Rochefoucault partent après-demain mardi pour Genève. Ce seigneur avait formé le projet d'un voyage d'Italie et voulait avoir un homme de lettres avec lui. C'est à Genève que la chose doit se décider, c'est même de là qu'il doit partir, à ce qu'on croit. Il avait d'abord choisi un homme de l'Académie des inscriptions, mais l'arrangement n'a pas pu avoir lieu. M. le duc de Nivernais a proposé votre ami, on n'a dit ni oui ni non. Je voudrais bien savoir ce qu'on pense de lui, et ce qu'on pense au sujet du voyage d'Italie. Vous êtes assez bien à cette Cour là pour pouvoir m'instruire de ce qui s'y passe, et si par hasard vous étiez un peu lié avec M. Tronchin, vous ou quelqu'un de vos amis, et que vous puissiez me mettre bien dans ses papiers, vous avanceriez prodigieusement mon affaire, car il est chef du conseil de madame la duchesse et il mérite bien ce titre.

Vous sentirez aisément combien cette affaire m'intéresse quand je vous dirai que mon voyage d'Italie était décidé pour le mois d'août prochain. Si je pars seul, ayant peu d'argent à dépenser, j'aurai peu d'agrément et peu de facilités. Mais avec un grand seigneur, toutes les voies seront larges et toutes les portes seront ouvertes.

Le soin que j'ai pris pour me préparer à ce voyage fait que je puis être utile à M. le duc, même dans le genre qui n'est point celui de mes principales études. J'ai déjà lu et étudié le Piranèse, les Avanzi dell'antica Roma d'Overbeke, les Magnificenze di Roma de Giuseppe Vasi. J'ai lu Milton, Grolée, et les délices de l'Italie et à la réserve des minutes dont un curieux n'a pas le temps de s'occuper, je connais fort bien ce qu'il faut connaître pour faire utilement ce voyage. L'histoire naturelle et les arts qui sont pour tout le monde un objet de curiosité entrent spécialement dans le projet de

1. Ms. Bonnet 513, fol. 212-213.
2. Due essentiellement à la préparation du long voyage en Italie accompli par Jérôme Lalande en 1765 et 1766.

mon voyage, et il y en a plusieurs que j'espère examiner, tels que la cristallisation de l'alun, les raffineries de souffre, la filature des cordes à boyaux, les fleurs artificielles, le poli des pierres dures (?), de la pinne marine, etc.

J'ai déjà des lettres pour tous les ambassadeurs afin d'être présenté dans les cours, car il faut les connaître aussi bien que les vergers de Tivoli *et praeceps Anio ac Tiburni lucus et vda mobilibus pomaria rivis* [1], où Horace allait se délasser de la cour d'Auguste.

Vous voyez donc, mon cher ami, que mes projets et mes goûts me rapprochent tout à fait de ce qui convient ici. D'ailleurs, accoutumé à voyager, j'ai toutes les notions préliminaires d'un voyageur. Si avec tout cela je pouvais convenir à Madame la duchesse d'Enville, sans aucune sorte de prétention ni d'intérêt, je serais enchanté de voyager en si bonne compagnie. Je vous prie en grâce de faire à cet égard tout ce qui dépendra de vous, et de me donner avis de vos premières conversations.

Je n'ai point reçu de nouvelles de notre cher Bonnet, depuis qu'il m'avait parlé d'un nouvel ouvrage [2] qui paraissait. Je lui répondis que j'en ferai avec empressement l'extrait dans le *Journal des savants*, mais que j'aurais voulu qu'il me suggérât les principaux traits qu'il souhaitait d'y faire entrer, pour donner une notion plus exacte de son livre. Assurez-le de mes devoirs et demandez-lui une réponse à ce sujet.

Je suis fort impatient de voir l'ouvrage de M. Deluc; M. de Beost et M. Brisson travaillent actuellement pour ses thermomètres; mais M. Brisson lui soutient toujours qu'il n'y a d'autre terme fixe que la glace fondante et la chaleur du corps humain. Qu'avec ces deux termes, le mercure et l'esprit de vin donnent des thermomètres qui sont très bien d'accord; et que toute autre méthode est incertaine. Dites-lui qu'il ne soit pas si difficile à contenter, *multa dum perpoliuntur intereunt*, et qu'il satisfasse enfin l'impatience du public sans s'embarrasser des atmosphères des planètes.

Comment vont, mon cher confrère, et votre santé et vos études? Si vous me demandez des nouvelles des miennes, je vous dirai que je me porte mieux que jamais, que j'achève de faire imprimer ma *Connaissance des mouvements célestes* pour 1767 avec les Arts de l'hongroyeur, du corroyeur, du maroquinier et du mégissier; je n'attends que cela pour

---

1. «les cascades de l'Anio, le bois sacré de Tibur, et ses jardins arrosés de mobiles ruisseaux», extrait du livre premier des *Odes* d'Horaces.

2. *Quid* des lettres que lui adresse Bonnet en janvier et en mars 1765? Voir *supra* les lettres n° 45 et 47.

partir. Je me rendrai à Bourg au commencement de juillet, et je passerai les Alpes au mois d'août, à moins que ces dispositions ne soient agréablement dérangées; *v'abbraccio strettissimamente rimango tutto con voi, devotissimo, anzi fedelissimo amico.*

Lalande

Je vous demande le secret sur cette affaire dans le cas où elle ne réussirait pas. J'oubliais de vous dire qu'on m'a assuré que M. le duc [1] avait dit qu'il ne mènerait personne avec lui, ou que ce serait moi, mais vous verrez bien par vous-même si ses dispositions sont aussi favorables, et si son voyage est assuré.

49

L → LS

LETTRE DU 24 JANVIER 1766 [2]

Monsieur Le Sage,
Correspondant de l'Académie Royale des sciences,
cours S(*aint*) Pierre, Genève

Paris, le 24 janvier 1766

Monsieur et très cher confrère

En arrivant d'Italie et après un voyage délicieux pour lequel vous avez pris tant de peine, mon premier soin est de vous en réitérer les remerciements que je vous dois, et de vous faire part de mon retour. J'ai eu la satisfaction de voir M. le duc de la Rochefoucauld à Florence, de faire connaissance avec lui et de lui parler de vous. Il avait avec lui M. Desmarets, M. Morrelet (*Morellet*), et un dessinateur [3]. Pour moi, j'ai voyagé d'abord avec un comte romain qui m'a mené jusqu'à Rome. Le reste du voyage, je l'ai fait avec le P. Boscovich, un des plus grands génies de l'Italie, qui jouit partout de la plus haute considération et qui m'a procuré un voyage beaucoup plus délicieux que n'ont pu faire qui que ce soit au monde. J'ai été présenté dans toutes les cours et à tous les souverains, comme l'a pu être M. le duc, et j'ai observé tout ce qui méritait d'être observé

---

1. Duc de La Rochefoucauld.
2. Ms. suppl. 513, fol. 214.
3. Probablement Jean-Jacques de Boissieu.

En arrivant, j'ai trouvé à Paris la Contemplation de notre cher ami M. Bonnet. Je vois déjà que ce livre va être infiniment instructif et amusant pour moi, et j'en vais faire deux amples extraits pour le *Journal des savants*, à moins que le médecin qui fait l'histoire naturelle ne m'ait déjà prévenu. Faites-lui mes plus tendres remerciements, en attendant que je les lui fasse moi-même. Donnez-moi un peu des nouvelles du livre[1] de M. De Luc, et faites lui mille compliments pour moi. On me demande de ses nouvelles de tous les pays du monde.

Je suis enchanté d'apprendre que vous avez les papiers de M. Fatio (ceux de Worcestershire vous sont-ils aussi parvenus?) et que vous comptez toujours nous apprendre la cause et le principe universel des mouvements de la nature. Quelque prévenu que je sois contre sa possibilité, je me verrai avec plaisir détrompé par votre ouvrage. Vous êtes bien bon de croire que mes travaux annoncent plus de 33 ans. Je voudrais bien n'avoir pas à rougir d'être si vieux.

La mort de M. Clairaut m'a valu 1600#, savoir 600# du journal et 1000# sur la marine. La place qu'il a laissée vacante pour un adjoint étranger n'est pas encore remplie. Au milieu des embarras que me donnent tant d'affaires arriérées par 8 mois d'absence, je ne puis m'entretenir avec vous aussi longtemps que mon cœur le désirerait, mais recevez en attendant, de nouveau, mes remerciements avec les vœux de la nouvelle année que forme votre serviteur et ami.

De la Lande

50
B → L
LETTRE DU 31 JANVIER 1766[2]

M^r. de la Lande, de l'Académie royale des sciences
Paris,

Genève 31e janvier 1766

Hier, mon digne et célèbre ami et confrère, je ne fus pas médiocrement surpris lorsque M. Le Sage me communiqua votre lettre datée de Paris le 24e du courant. Je vous croyais au fond de l'Italie. Soyez donc le bien rendu à vos pénates, à l'Académie et à vos amis. Je vous félicite de tout mon cœur

---

1. Il s'agit peut-être d'une première version du traité de Deluc : *Recherches sur les modifications de l'atmosphère*, qui fut publié à Genève en deux volumes en 1772.
2. Ms. Bonnet 72, fol. 21-22.

de tous les agréments dont vous avez joui dans votre voyage et de la bonne moisson que vous y avez faite. Recevez aussi tous les remerciements que je vous dois de ces extraits de ma Contemplation de la nature auxquels vous voulez bien vous occuper, et qui seront une marque précieuse de votre amitié pour l'auteur. L'exemplaire de ce livre que vous avez trouvé chez vous à votre retour est le 3ᵉ de ceux que je vous avais envoyés. Le 11ᵉ de janvier 1765, je vous adressai par la poste, sous le couvert de Mʳ. Trudaine, un paquet qui contenait ce livre et une assez longue lettre qui vous en crayonnait l'esquisse. Comme elle pourrait vous être utile pour ces extraits que vous entreprenez si obligeamment, et que le paquet qui la conterait ne vous est jamais parvenu, je ne sais pourquoi, je me hâte de vous en envoyer la copie. Elle mettra sous vos yeux les endroits du livre sur lesquels il convient de fixer l'attention des lecteurs. La voici.

Je souhaite fort, mon cher confrère, que cette lettre que je viens de vous terminer, vous parvienne assez à temps pour vous être de quelque utilité dans votre travail. Elle vous indiquera au moins les divers sujets sur lesquels il me paraît que les Extraits doivent rouler. Mais je connais trop votre discernement, pour penser que vous eussiez besoin d'une pareille notice, et je n'aurais pas songé à la faire, si vous ne l'aviez pas exigée de moi.

Cette Contemplation, dont je voulais livrer aux flammes la première ébauche, a un succès que j'étais bien éloigné d'imaginer. Parce que j'avais tâché d'approfondir dans mes précédents ouvrages, celui-ci me paraissait trop superficiel, trop léger. Lorsque je l'ai voulu ensuite, j'ai reconnu qu'il s'en fallait bien qu'il fut partout à la portée des lecteurs auxquels je l'adresse. Je l'ai trouvé souvent d'une concision, qui suppose des connaissances préliminaires qui ne sont pas toujours dans la tête des lecteurs de cet ordre, et que je ne pouvais y mettre sans faire trois à quatre gros volumes. J'ai regretté encore, que ma santé ne m'ait pas permis de m'étendre davantage sur divers points très intéressants et que je n'ai fait qu'effleurer.

Cependant, malgré ces imperfections et bien d'autres que je ne me dissimule point, ce livre a eu un débit tel que, dans le cours de l'année, la première édition était à peu près écoulée, et qu'il en a paru deux autres. On en préparait l'an dernier une traduction anglaise, et M. Titius, professeur de philosophie dans l'Université de Nuremberg va en publier une traduction allemande, avec des notes et des planches.

Ma femme qui ne vous a point oublié, vous présente ses sincères compliments et ses vœux. Sa santé est toujours sujette à beaucoup de vicissitudes. La mienne est meilleure à présent, mais je me ressens toujours plus ou moins des excès de travail et de méditation auxquels je me suis trop abandonné. Si mes faibles productions sont utiles à la société, j'oublierai ce qu'elles m'ont coûté. Je désirerais pourtant d'être bientôt en état d'écrire un supplément à mes Considérations sur les corps organisés

Je ne veux pas vous retenir plus longtemps à cette lettre; mais je ne saurais la finir sans vous renouveler, mon cher ami et confrère, les sentiments du tendre et parfait attachement que je vous ai voué.

51
L → B
LETTRE DU 25 MAI 1766 [1]

Monsieur Bonnet de la Rive, conseiller au grand Conseil, membre des Académies de Londres, de Berlin etc.
Genève

Paris, le 25 mai 1766

Je vous fais mille remerciements, mon cher et illustre confrère, de la peine que vous avez prise de vouloir bien me guider dans l'extrait que j'avais à faire de votre bel ouvrage, quoique le premier volume fut déjà extrait quand j'ai reçu votre lettre du 31 janvier. Je n'ai pas laissé que d'y insérer des additions d'après les instructions qu'elle contenait; et quant au second extrait, je le ferai entièrement d'après vous. Je vois avec douleur que les adresses des ministres et des gens en place manquent souvent quand il s'agit de gros paquets. Sans doute qu'on les ouvre à la poste et qu'on se croit en droit de les confisquer quand ils sont pour une autre personne que celui à qui est la principale adresse.

Je vous fais bien sincèrement mon compliment sur la beauté de votre ouvrage, la précision, l'élégance, la solidité, l'intérêt, le sublime qui y est répandu. Quoique j'aime peu la métaphysique, ce qu'il y en a dans ce livre m'a fait le plus grand plaisir. Je suis aussi peu surpris du succès qu'il a eu partout que j'en suis satisfait par le tendre intérêt que je prends à votre gloire et à votre satisfaction.

Mille respects à votre digne et aimable épouse. J'espère vous voir l'un et l'autre cet automne, car je le passerai avec ma mère, et il y a trop longtemps que je n'ai été à Genève pour pouvoir m'en passer cette année.

Je vous prie de vouloir bien remercier pour moi notre ami Le Sage de sa lettre du 5 mai. Le P. Frisi dont il m'annonçait l'arrivée est ici depuis

1. Ms. Bonnet 28, fol. 80-81.

lundi 9. Dites-lui que mon mémoire[1] sur les tubes capillaires ne sera point de son goût; il n'y a rien de physique, je suppose l'attention donnée et je fais voir comment il en résulte une élévation dans les liquides; mais l'esprit de vin ne s'unit pas si facilement, n'a pas tant de rapport aux parties salines dont le verre est composé que l'eau et les liqueurs alcalines; c'est que les atmosphères élastiques du verre et de l'esprit de vin se repoussent et s'opposent au contact immédiat; et j'ai observé que plus il a de parties inflammables, de phlogistique dans une liqueur, moins elle s'élève dans les tubes capillaires. La lecture de ce Mémoire a causé des convulsions à l'abbé Nollet. Il traitait mon Mémoire et moi d'une manière si indécente que tout le monde lui a fait honte. Pour moi, j'écoutais le pauvre homme fort tranquillement; comme je sentais que c'était une maladie dans lui, j'en avais pitié. Il n'a dit là-dessus dans ses leçons de physique que des inepties. Voilà pourquoi il lui fâche qu'on en parle plus raisonnablement. J'attends avec impatience l'histoire critique de la pesanteur de notre cher confrère.

Je suis avec un profond respect
Monsieur et illustre ami

Votre très humble et très
Obéissant serviteur
Lalande

---

1. Il s'agit sans doute d'une note publiée dans la *Connaissance des temps* ou dans *le Journal des savants*.

52
B → L
LETTRE DU 3 OCTOBRE 1766 [1]

Mr. de la Lande de l'Acad. Roy. des Sc.
Bourg en Bresse.

Genève, le 3 e 8bre 1766

Je suis fâché, Monsieur mon célèbre confrère, de n'avoir pu être utile à votre ami, Mr. Perret. J'étais absent du logis lorsqu'il se donna la peine de m'apporter votre lettre. Nos affaires politiques [2] m'occupaient beaucoup et m'occuperont beaucoup encore. Vous avez ouï parler de l'état de ma patrie et vous connaissez les devoirs du citoyen et d'un membre du gouvernement. Je fais des vœux ardents pour la réunion générale et pour que tous mes concitoyens secondent à l'envie les sages vues de nos illustres médiateurs.

Témoignez mes regrets à Mr. Perret ; il ne pouvait venir dans notre ville dans des circonstances moins favorables. Il n'y a pas d'apparence que tout se termine avant le milieu du mois prochain. L'ouvrage est actuellement sous les yeux des Puissances médiatrices. Si elles l'approuvent, il faudra ensuite qu'il soit approuvé par tous les Conseils de la République et qu'il en reçoive la sanction.

Cette fièvre qui vous abat, mon aimable confrère, est un avertissement dont je vous prie de profiter. Vous travaillez avec excès et la bonne nature est encore plus habile que vous à calculer. Croyez-moi ; calculez avec elle, et vous ne ferez jamais d'écart. Je ne l'ai pas toujours écoutée, elle m'en a puni, et la punition dure longtemps.

Ma femme est très sensible à votre obligeant souvenir et vous présente ses honneurs. Sa santé est toujours très languissante, elle a même depuis plusieurs jours des attaques réitérées de coliques qui sont fort douloureuses. Je n'aurais pu avoir le plaisir de la présenter à Mr. Perret.

1. Ms. Bonnet 72, fol. 66.
2. Bonnet évoque ici à demi-mot les troubles politiques qui suivent l'Affaire Rousseau et qui provoquent l'intervention des Puissances garantes, les « illustres médiateurs » de France, de Berne et de Zurich, entre 1766 et 1768.

Recevez, mon célèbre confrère, tous les remerciements que je vous dois des Extraits si pleins d'amitié que vous avez faits de ma <u>Contemplation.</u> Je n'ai pu lire encore que le premier, dont j'ai été très content. Je juge aisément que le second ne lui est pas inférieur. Vous m'avez suivi pas à pas ; les journalistes ne connaissent pas assez cette marche.

Je vous offre mes vœux les plus sincères et le renouvellement des assurances des sentiments pleins d'attachement et de considérations avec lesquels je serai toujours,

Monsieur mon célèbre confrère

Votre etc.

P.S. Je n'ai pu voir notre ami Le Sage. Je n'ai point oublié votre estimable ami, M^r. Bernard. Je le prie d'agréer que je l'assure de mon obéissance.

(*tournez*)

M^r. De Luc l'aîné, que nous estimons tous deux, vient de partir pour Paris. Il est triste qu'un ami aussi bon esprit ait conçu de si fortes préventions contre notre gouvernement [1]. Je dis des <u>préventions</u>, puisque les Seig^{rs}. Médiateurs, après un mûr examen des griefs des citoyens Représentants, ont déclaré de la manière la plus solennelle dans leur écrit imprimé le 25 de juillet dernier que l'<u>Administration du Gouvernement avait été légale, modérée, intègre, paternelle, etc. etc.</u> Vous avez vu sans doute cette déclaration. M^r. De Luc est à la tête du parti opposé au gouvernement, et il est un des 24 députés des Représentants.

---

1. Bonnet déplore que Deluc se soit rangé du côté de l'opposition des « Représentants » contre le gouvernement dont il fait lui-même partie.

53
L → LS
LETTRE NON DATÉE
FIN DÉCEMBRE 1766-DÉBUT JANVIER 1767 [1]

Monsieur et cher confrère

La nouvelle année est un temps propre à ex(*primer*) des torts, à rendre des devoirs, à faire des vœux pour ses amis, j'ai tous ces motifs de vous écrire aujourd'hui et de plus de savoir de vos chères nouvelles. Les troubles dans lesquels votre république est plongée ne vous ont-ils point ôté le loisir et la tranquillité nécessaire à vos études; et n'auront-ils pas encore retardé beaucoup le travail si longtemps désiré (*?*) de M. De Luc sur les bar(*omètre*s) et therm(*omètres*). Qu'avez vous fait de vos mss. (*manuscrits*) de Fatio, de votre explication phys(*ique*) de l'attraction, et de vos autres travaux littéraires?

Voyage d'Italie, auquel vous avez bien voulu vous intéresser d'une manière si spéciale, mon cher confrère, m'a mis dans la nécessité d'avoir quelque correspondance en Italie. Toute la partie de l'État de Venise envoie ses lettres par Genève, et elles restent au bureau, si on ne les retire pas aussi(*tôt*) en en payant le port. J'ai reçu au commencement d'octobre une lettre de Rimini, au dos de laquelle était écrit retirée et envoyée par votre très humble serv(*iteur*) Jacques Solier, pourriez vous, mon cher confrère, découvrir à la poste quel est ce M. Solier et lui payer ce que je dois, et en même temps, retirer mes autres lettres s'il y en avait. Nous avons ici quelques Genevois par le moyen desquels j'espère vous faire passer le montant de ces avances. J'ai été malade tout l'automne à Bourg, sans cela j'étais dans la ferme résolution de vous aller voir à Genève. Comment se porte notre aimable ami Bonnet et sa chère compagne? Puis je sans indiscrétion vous demander en quoi consiste la difficulté actuelle entre la France et la république, et quelles sont les dernières résolutions qu'on a prises. Au reste je ne vous demande que ce qui peut s'écrire sans blesser les puissances.

1. Ms. suppl. 513, fol. 215.

On a dit dans les gazettes qu'on avait joué *Isabelle et Gertrude*[1] à Genève, est-ce dans la ville même ou à Carouge, Fernex[2]. Je suis toujours occupé à rédiger mon *Voyage d'Italie* que je compte faire imprimer cet été en 3 vol. *in* 12. Je voudrais bien que M. De Luc voulût me faire l'amitié de me donner un relevé des hauteurs de montagnes qu'il a conclues par le baromètre observé en Italie. Si vous le voyez, demandez-lui, je vous prie, cette grâce pour moi. Si vous ne le voyez pas, faites-en une petite note que vous voudrez bien lui envoyer de ma part.

Nous avons une tragédie nouvelle, *Guillaume Tell*, de M. Lemierre, qui m'a fait grand plaisir, les sentiments de liberté républicaine[3], la haine des tyrans, la Suisse délivrée de l'oppression, y sont exprimés d'une manière assez pittoresque, et assez noble.

Je suis avec le plus tendre et le plus respectueux dévouement
Monsieur et cher confrère

Votre très humble et très
obéissant serviteur
Delalande

54
L → LS
LETTRE DU 29 JUIN 1767[4]

29 juin 1767

Monsieur et cher confrère

Je vous fais mille remerciements de m'avoir adressé la lettre de M. Mallet, dont le mérite m'était très connu et dont la correspondance m'est très agréable. Je lui réponds avec tout le détail nécessaire, mais il est trop habile pour avoir besoin de nos conseils. Je vous aurais déjà répondu

1. *Isabelle et Gertrude ou les Sylphes supposés*, opéra-comique d'André-Ernest-Modeste Grétry (1741-1813), sur un livret de Charles-Simon Favart (1710-1792), d'après Voltaire. Une version de cette pièce, avec ariettes d'Adolphe Blaise, est publiée en 1765.

2. Ce n'est ni à Carouge (Savoie) ni à Ferney (France), mais bien à Genève que la pièce est jouée, en présence du compositeur Grétry. Pour satisfaire les officiers des Puissances médiatrices, un théâtre en bois, où se produit la troupe de Rosimond, est construit en 1766. La salle est détruite par un incendie en janvier 1768.

3. La pièce de Lemierre qui éveille « les sentiments de liberté républicaine » (Lalande le précise non sans malice) sera également jouée à Genève, mais dans les années 1780, à la suite d'un autre épisode de troubles politiques qui débouche sur l'édification du théâtre des Bastions, inauguré en 1783.

4. Ms. suppl. 513, fol. 216.

au sujet de M. de Borda, mais il est absent depuis longtemps, et j'ignorais même son domicile. Ce n'est que depuis peu que je suis parvenu à découvrir qu'il est à Bayonne, ingénieur ordinaire du Roi ; ainsi vous pouvez lui écrire directement, mais je vous préviens que c'est un homme d'un caractère fort indifférent ; il est probable qu'il ne vous répondra pas ; et vous pouvez écrire sur les matières qu'il a traitées tout ce que vous jugerez à propos, sans qu'il le sache ou qu'il s'en inquiète.

J'ai tenu mémoire de ce que vous avez bien voulu avancer pour moi la dernière fois, et je l'ai remis à M. Argand qui m'a promis de vous le faire toucher, mais comme il m'a paru qu'il y avait de la répugnance, et qu'il se défiait de sa mémoire, il pourra bien l'oublier, et je vous prie, à la première lettre que vous recevrez pour moi d'Italie, de vouloir bien marquer au dos, en monnaie de France, la somme que je vous devrai jusqu'alors en total, et je prendrai une autre voie. Demandez aussi, je vous en prie, à monsieur le commis dont vous m'aviez donné le nom, si la lettre que je lui ai écrite lui a coûté quelque chose, et daignez-le lui rembourser. Nos directeurs en France et nos commis ne payent pas leurs lettres, voilà pourquoi j'ai pris la liberté de m'adresser à lui, mais je vois que, non seulement il ne m'a pas répondu, mais qu'il ne m'a pas fait la grâce que je lui demandais, puisque ma dernière lettre d'Italie m'est arrivée par votre canal. J'aurais voulu vous éviter cet embarras, mais il y a des gens pour qui les lettres et ceux qui les cultivent sont des choses bien indifférentes et bien étrangères. Ils ont raison, un négociant riche ou un financier engraissé aux dépens de l'État sont plus utiles à un ruminant à deux pieds que tous les livres et tous les gens de lettres pris ensemble.

Je suis avec le plus respectueux attachement

Monsieur et cher confrère

Votre très humble et
très obéissant serviteur
Delalande

55
L → M
LETTRE DU 29 JUIN 1767 [1]

à Paris le 29 juin 1767

Monsieur

J'ai reçu avec un vrai plaisir la lettre que vous m'avez fait l'honneur de m'écrire le 19; les choses trop obligeantes qu'elle contient sont la seule partie à laquelle on peur trouver à redire; tout le reste prouve que l'astronomie vous est aussi familière qu'elle vous est chère, et je me félicite d'avoir acquis un confrère tel que vous. Je voudrais bien que mon voyage d'Italie [2] ne m'eut pas ôté la satisfaction de faire connaissance avec vous, mais j'espère que je m'en dédommagerais l'année prochaine à Genève.

Votre observatoire [3] est déjà muni de fort bons instruments, et je me ferai un plaisir de le citer dans la seconde édition de mon Astronomie à laquelle je travaillerai dans quelques mois. Si le cabinet du sud pouvait avoir un toit tournant sur un pivot, dont la fenêtre se dirigeât de tous côtés, cela vous donnerait le moyen d'observer au zénith pour la rectification de l'instrument, et même au nord.

J'aimerais mieux une couverture à 8 pans, dont 4 pussent s'ouvrir chacune à deux battants, qu'une terrasse plate. M. de l'isle (Delisle) l'a pratiqué à l'hôtel de Clugny, les traverses obligent quelquefois de déplacer l'instrument, mais cet inconvénient est inévitable.

Je suis enchanté que vous vouliez bien aussi vous occuper d'Astronomie dans le cabinet, en attendant les observations. Cette partie sera pour le moins aussi utile, car nous avons déjà une multitude d'observations qui sont inutiles faute d'avoir été calculées et réduites. Il y aurait encore un moyen de vous rendre utile aux astronomes par des calculs et des Tables. Voici une partie des choses dont on aurait besoin quant à présent.

1 e Étendre les tables d'équation du centre de la Lune (représentée par un croissant) [4] de Mercure, de Mars, de 10 en 10' d'anomalie, comme on l'a déjà fait pour Jupiter et le Soleil. Celle de la Lune est pour chaque degré

---

1. Ms. suppl. 359, fol. 48-49.
2. Le voyage en Italie de Jérôme Lalande est décrit en détail dans son ouvrage *Voyage d'un françois en Italie, fait dans les années 1765 et 1766*, paru en 1769 en 8 volumes.
3. Mallet n'a pas encore de véritable observatoire. Comme on le verra plus loin, celui-ci sera installé à partir de 1772.
4. Ici, Lalande utilise, pour désigner la Lune et les planètes, leurs symboles astrologiques usuels.

dans mon Astronomie, celle de *Vénus* dans la Con(*naissance*). des mou(*vements*) célestes de 1767, celle de Mars dans les Tables de Halley.

2ᵉ Calculer des Tables d'aberration et de nutation pour les étoiles de 2ᵉ et de 3ᵉ grandeur qui ne sont pas dans les 155 que j'ai données dans les Connaissances des temps de 1760-67, et cela avec leur position pour 1770 ou 1780.

3ᵉ Calculer avec le lieu moyen du nœud, celles qui ne sont dans mes Con(*naissance*) des Temps que pour le lieu corrigé, parce que cela serait uniforme et plus commode.

4ᵉ Calculer de nouveau celles des étoiles de la 1ᵉ grandeur pour 1780, parce que nous ne les avons que pour 1750, et que l'on ne sait pas encore combien cela varie.

5ᵉ Calculer des Tables de Saturne qui seraient adaptées aux oppositions observées depuis 30 ans; elles serviraient pour l'usage actuel des calculateurs, qui n'ont dans Cassini et Halley que des Tables fort défectueuses.

6ᵉ Étendre de 10' en 10' de latitude la Table pour trouver l'ascension droite et la déclinaison des planètes par le moyen de leur longit(*ude*) et de leur latitude; elle n'est que de degré en degré dans la Connaissance des temps de 1766, p. 85 – 96 quoiqu'elle soit tout utile.

7ᵉ Calculer pour d'autres latitudes que Paris, la Table du nonagésime que j'ai donnée dans la Con(*naissance*) des t(*emps*) de 1768 pour Paris.

Ces calculs s'imprimeraient dans mon *Astronomie*, avec votre nom. S'ils pouvaient être faits (en tout ou en partie) d'ici à 18 mois. Mais je vous prie de me donner avis de ceux que vous choisirez, dans le nombre des sept articles, afin que je m'abstienne de les proposer à d'autres calculateurs ou de les faire moi même quand j'en aurai le temps, comme je me le suis proposé. Le P. Hell en imprimerait aussi volontiers dans ses *Éphémérides*, si on les lui envoyait, car il les enrichit chaque année de calculs, et d'observations nouvelles. Ce que je ne puis point faire de la *Connaissance des temps*.

Je suis, avec la plus parfaite considération

Monsieur

Votre très humble et très
obéissant serviteur
DelaLande

56
L → M
LETTRE DU 16 AOÛT 1767 [1]

Monsieur Mallet, astronome célèbre [2], cours S. Pierre
A Genève

Monsieur

J'apprends avec beaucoup de plaisir par votre lettre du 7 août que vous avez déjà étendu les équations de Mars et de Mercure. Je vous invite à faire la même chose pour Vénus et pour la Lune. Vous avez très bien fait de n'y pas mettre de décimales. Vous pourrez vous dispenser d'étendre la table des équations des ascensions droites et des déclinaisons parce qu'en en ayant eu besoin moi-même, je l'ai fait commencer à Paris.

Je suis charmé que vous vouliez bien calculer les aberrations et les nutations des étoiles de 2e et 3e grandeur qui ne sont point dans les 155 de mes *Connaissances des temps*. Vous pourrez vous dispenser d'y faire entrer le calcul de l'inégalité en longitude et le mouvement en latitude parce qu'un autre astronome s'est chargé de faire ce calcul pour les 155 étoiles dont je viens de parler; et pour faire ce calcul, vous ferez très bien d'employer la formule qui est dans mon *Astronomie* et que je crois plus exacte que celle de M. Euler sur laquelle était fondée l'ancienne table. Il faudra avoir grande attention aux changements de signes qui ont lieu dans les sinus au delà de 180°, et pour le cosinus dans le second et le troisième quart de longitude.

Les seules Tables dont je vous demande de calculer la nutation correspondante au lieu du nœud sont celles où j'ai mis un titre lieu du Soleil ou lieu du nœud corrigé voyez l'explication comme vous le verrez dans la *Connaissance des T(emps)* de 1764, page 45 et suivantes, et dans les autres volumes de la *Conn(aissance) des T(emps)*, car pour les autres étoiles, il me semble qu'on y a employé le lieu moyen. Au reste, ce dernier ouvrage est moins pressé que celui de calculer de nouvelles étoiles.

Quand vous vous occuperez des Tables de Saturne, je vous enverrai une Table de l'équation du centre pour une seconde excentricité qui vous facilitera les calculs. Je ne vois aucun moyen de vous mettre dans les voyages du passage de Vénus pour la France, car on n'a pas résolu d'en

---

1. Ms. suppl. 359, fol. 50-52.
2. Pourtant, il n'avait pas encore entrepris le voyage en Russie nordique! Mais, élève de Daniel Bernoulli, il était déjà renommé alors qu'il n'avait pas la trentaine.

faire d'autre que celui de M. l'abbé Chappe à la mer du Sud, et celui-ci a déjà un compagnon de voyage ; vous feriez très bien, si cela vous intéresse, d'écrire à M. Stehlin, conseiller d'État, et secrétaire de l'académie impériale de Pétersbourg pour offrir vos services à cette académie, qui est résolue d'entreprendre quatre voyages [1] et qui n'a guère d'astronomes capables de les faire. Je voudrais fort que la Cour d'Espagne voulût envoyer en Californie, ou au nord du Mexique, puisque la mission de la Société Royale de Londres n'a plus lieu, et qu'elle envoie au Nord de la Baie d'Hudson. Vous pourriez encore écrire à ce sujet à Mylord Morton président de la Société Royale de Londres pour savoir si la Société Royale de Londres se déterminerait à faire entreprendre un second voyage à la partie nord-ouest de l'Amérique septentrionale qui est beaucoup plus intéressante que le Nord Est.

J'ai l'honneur d'être avec le plus sincère attachement

Monsieur

Paris 16 Août 1767

Votre très humble et très
obéissant serviteur
Delalande

Je vous prie de faire mes plus tendres compliments à notre ami M. Le Sage

Je lui ferai tenir au premier jour les 6# qu'il a eu la bonté d'avancer pour moi. Dites lui que le P. Frisi est à Milan et le comte Chizzola toujours à Paris, qui lui fait bien des compliments.

---

1. C'est finalement par ce canal que Mallet et Pictet allèrent observer le passage de Vénus devant le Soleil le 3 juin 1769 en Russie, Mallet à Ponoi, Pictet à Oumba, après un séjour fructueux à *Saint*-Pétersbourg.

57
L → LS
LETTRE DU 13 OCTOBRE 1767 [1]

Monsieur et cher confrère

J'ai reçu depuis quelques jours le paquet venu de Brescia que vous avez eu la bonté de m'envoyer et le petit Mémoire que je vous avais prié d'y joindre. Le premier article de 6# dont j'avais déjà connaissance, j'avais pris des mesures pour vous le faire parvenir et dès le 16 du mois d'août je l'avais remis à un horloger de Paris qui par l'entremise d'un M. Malet avait chargé M. Flournoy de vous remettre ces 6#. Il m'assure que pour à présent vous les avez probablement reçus ; mais si par hasard ils sont perdus, je ne manquerai pas de vous en tenir compte dans notre premier mémoire. J'avais aussi remis, il y a 3 mois, 40 sols à M. Argand, horloger de Genève, qui a eu la bêtise de les garder jusqu'à mon arrivée à Genève, et il est encore à Paris. Ainsi ce sera pour satisfaire à quelque autre article. En attendant, je vous envoie un mandat de 3# 10 sols que les correspondants de M. Le Paute (*Lepaute*) ne refuseront pas de payer. Il a bien voulu aussi les prier de se charger à l'avenir de mes lettres d'Italie qui, comme je le vois, vous donnent de l'embarras. Ainsi vous ne recevrez à l'avenir que celles de personnes que je n'ai pas eu le temps de prévenir. Quand vous verrez M. Mallet, je vous prie de lui dire que j'attends les calculs qu'il m'a promis et que, comme le paquet pourrait être un peu fort, je le prie de mettre une seconde enveloppe à Monsieur Bouret, fermier général des Postes, et s'il vous en arrivait quelqu'un malgré moi, je vous prie bien de prendre la même voie, car les deux derniers paquets ont coûté beaucoup à la Poste. Quand vous verrez notre ami Bonnet, je vous prie de lui faire mes plus tendres compliments. Je suis avec les sentiments que vous me connaissez

Monsieur et cher confrère

Votre très (*humble ?*)...
Et très obéissant...
Delalande (*une déchirure*)
du 13 octobre 1767

---

1. Ms. suppl. 513, fol. 217-218.

58
L → M
LETTRE DU 30 OCTOBRE 1767 [1]

Monsieur Mallet, astronome célèbre,
Cours S(aint) Pierre   -
Genève

Monsieur

J'ai reçu avec bien du plaisir les calculs que vous m'avez fait l'honneur de m'envoyer, et je vois avec la plus grande satisfaction que vous ne vous lassez point d'être utile à l'astronomie. Je suis charmé que vous ayez achevé le calcul des aberrations et des nutations de 110 étoiles ; en les mettant au net vous pouvez laisser en blanc les longitudes et les latitudes, car je les ai toutes calculées ou fait calculer deux fois, aussi bien que la variation séculaire en longitude et en latitude. Si les calculs n'étaient pas achevés, vous pourriez négliger les étoiles qui ont plus de 30 ou 40 degrés de déclinaison australe, et qui ne sont pas visibles à Paris.

C'est dans mon *Astronomie* qu'il faut prendre les oppositions de Saturne, mais avoir soin de les réduire à des longitudes sur l'orbite, comme je l'ai bien expliqué dans le 6e livre de mon *Astronomie*, car dans les listes d'observations, on les donne toujours sur l'écliptique.

Je vous prie de donner le mandat ci-joint à notre ami Le Sage pour qu'on lui paye encore les 6# que je lui dois. S'il les reçoit de l'autre part, il voudra bien les garder en attendant pour le cas où il recevrait des lettres pour moi de gens que je n'aurais pas eu le temps ou l'occasion d'instruire du changement de correspondant. Je suis très affligé de sa langueur. Je le prie de ne songer qu'à sa santé et de ne point penser aux devoirs académiques ; ils doivent tous céder au soin de se rétablir.

Oppositions qui ne sont pas dans mon *Astronomie*, et que j'ai observées depuis l'impression

1764 9 novem(bre).   16h 0' Temps moyen 1s 18°17' 43''
    long(itude) héli(ographique) réd(uite) à l'éclip(tique).

| 1765 23 nov(embre) | 17 6 | 2 2 14 44 |
| 1766 7 déc(embre) | 20 19 | 2 16 21 12 |

---

1. Ms. suppl. 359, fol. 53-54.

Je vous conseille de ne choisir que les oppositions observées depuis 30 ans, et de négliger les perturbations de Saturne, elles sont jusqu'ici trop peu connues pour pouvoir espérer de les employer avec avantage, et les Tables que vous ferez ne pourront guères servir que pendant 15 à 20 ans ; mais cela sera toujours fort utile aux calculateurs.

Je n'ai point reçu moi-même de réponse sur la proposition que j'ai faite de vos services à l'Académie de Pétersbourg.

Les Tables de Saturne dont je parle dans la *Conaiss(ance des Temps)* de 1767, page 5, ne consistent que dans des corrections que je m'étais faites d'après les dernières observations, mais qui ne satisfont pas assez aux précédentes pour pouvoir vous dispenser du travail que je vous propose.

J'ai l'honneur d'être avec le plus sincère attachement

Monsieur et cher confrère

Votre très humble et très obéissant serviteur

Delalande

Depuis ma lettre écrite, j'ai eu avis de M. Le Sage qu'il a reçu les 6#. Ainsi c'est une affaire faite, je lui tiendrai compte du dernier port de lettre, à la première occasion.

J'ai reçu une lettre de Pétersbourg par laquelle on me dit que le Comte Wladimir Orloff, président de l'Académie, étant absent, on ne peut rien me répondre de positif, mais que l'Acad(émie) vient d'engager M. Lowitz et M. Krafft pour les voyages de 1769. Comme je ne les connais point, j'insisterai sur le choix d'une personne dont l'habileté nous soit connue.

59
L → M
LETTRE DU 5 JANVIER 1768 [1]

Monsieur Mallet, citoyen de Genève, astronome célèbre
Cour S(aint)-Pierre,
Genève

De la Lande à Mr Mallet 5 janvier 1768

Monsieur,

J'ai appris avec bien de la satisfaction par votre lettre du 4 janvier que nos propositions ont été acceptées à Pétersbourg, je m'en réjouis pour le bien de l'astronomie. Vous n'avez certainement pas besoin d'instructions pour bien remplir cette mission. Si cependant vous ne dédaignez pas de lire le mémoire ou explication de la carte du passage, que j'ai publiée en 1764, vous y trouverez beaucoup de calculs qui pourront vous servir ; il faudra lire aussi le Mémoire que M. Pingré a donné séparément l'année dernière sur le même sujet.

Je vous invite fort, quand vous verrez des Aurores Boréales, à vous assurer si elles donnent quelque signe d'électricité. Je vous conseille fort de porter avec vous les verres de votre lunette achromatique de 10 pieds [2,] car vous pourriez bien n'en pas trouver à Pétersbourg.

Il est vrai que les résultats des oppositions de Saturne sont prodigieusement différents entre eux. Je ne l'aurais pas cru à ce point là. Il faudra bien vous en assurer ; après cela nous préfèrerons ceux qui se tireront des dernières observations, de 1764, 65, 66, 67, en prenant des observations dont les extrêmes soient ou dans les apsides, ou dans les moyennes distances ; et en adoptant le moyen mouvement tiré des 30 dernières années d'une moyenne distance à la suivante au même degré de longitude.

J'espère que la Connaiss(ance des Temps) de 1769 paraîtra ce mois ici, l'imprimerie a manqué de cette sorte de papier pendant cinq mois ; cela m'a désolé.

Je vous prie en grâce, monsieur, de vouloir bien passer chez messieurs Pierre Privat et fils négociants, pour retirer les lettres d'Italie qui sont pour M. Brisson de l'Académie des sciences et de me les envoyer dans la

---

1. Ms. fr. 655, fol. 24-25.
2. Il s'agit de la longueur du tube de la lunette, et non du diamètre de son objectif.

mienne, toujours sous le même couvert. Vous me marquerez, s'il vous plaît, ce que vous aurez payé en argent de France.

J'ai donné une annonce de votre voyage pour être insérée dans le Journal des savants ; et vous trouverez dans la *Connaiss(ance) des T(emps)* de 1769 les 26 premières Tables d'aberration que vous avez calculées. L'Académie s'est relâchée, en faveur d'un travail aussi utile, de la règle qu'elle avait faite de ne plus rien mettre dans ce livre.

Je suis avec le plus sincère attachement
Monsieur

Votre très humble
et très ob(*éissant*) serv(*iteur*)
Delalande

Je voudrais bien savoir où en sont les négociations pour l'accommodement de vos affaires républicaines[1], et si l'on continue à travailler à une ville à Versoix[2].

Mille compliments, je vous prie, à notre ami M. Le Sage. A-t-il reçu les six livres que je lui ai envoyées dernièrement ? Si je lui dois encore quelque chose, je vous prie en grâce de le lui payer, et de me le mander. Je vous le ferai rembourser par mess. Patron, Arnaud, et Compagnie, à qui M. Lepaute horloger du Roi a donné commission de retirer mes lettres et de payer pour moi.

(*d'une autre écriture :*
op(*position*) Jupiter le 22 déc(*embre*) 1767 0 h 52'
Long(*itude*) 3 s 0° 32' 45'' réd(*uite*) à (*l'écliptique*))

---

1. Alors que pendant de longs mois les négociations entre les Représentants et le gouvernement sont dans une impasse absolue, les parties finissent par trouver un compromis entériné par l'Edit de conciliation du 11 mars 1768.
2. À la suite du refus des Genevois de l'offre de médiation en 1766, le duc de Choiseul met en chantier le projet d'une ville nouvelle de 30 000 habitants pour concurrencer Genève, à quelques kilomètres de celle-ci, à Versoix. Le chantier se poursuit malgré l'Edit de conciliation de mars 1768. La disgrâce du duc en décembre 1770 fait finalement péricliter le projet qui est alors très largement inachevé.

60
L → M
LETTRE DU 13 AVRIL 1768 [1]

Monsieur Mallet, célèbre astronome
Cour S(*aint*-)Pierre
Genève

Monsieur et cher confrère

Depuis que j'ai reçu votre dernière lettre du 13 février, j'ai fait ajuster ici une des pendules qui sont destinées pour l'Académie de Pétersbourg de manière qu'on puisse mettre la verge du pendule de la même longueur que le pendule simple de M. de la Condamine avec lequel il a fait des observations en Europe en Afrique et en Amérique, et je ferai embarquer ce pendule simple dans la même caisse que la pendule dont la verge pourra se raccourcir, afin qu'en la rendant isochrone avec le pendule simple, vous déterminiez le nombre d'oscillations qu'il fera en 24h dans le Nord. Il en fait à Paris 98890, et il en faisait à Quito 98708, le thermomètre étant environ à 16 degrés, les arcs (?) étant de 2 pouces au commencement de l'expérience.

Je vous recommande bien cet instrument parce qu'il doit revenir à M. de la Condamine en bon état.

Je vous fais bien des remerciements de la peine que vous avez prise de retirer la lettre de M. Brison et de payer les 17ˢ de port, je vous prie de vouloir bien les faire recevoir cher Mʳˢ. Patron et Arnaud, il y aura 3ˢ pour le commissionnaire.

Je vous invite fort quand vous serez dans le Nord à observer les hauteurs méridiennes des étoiles qui sont fort près de l'horizon pour y déterminer les réfractions, nous aurons soin de faire ici les observations correspondantes.

À l'égard de la longitude de votre observatoire, vous aurez peut-être bien de la peine à observer des éclipses des satellites et les occultations d'étoiles (en été, à cause du crépuscule). Je vous invite d'y suppléer en observant tous les jours des hauteurs de la Lune à des temps bien marqués, à l'orient ou à l'occident du méridien avec une grande exactitude ; nous aurons soin d'observer la Lune tous les jours.

1. Ms. suppl. 359, fol. 57-58.

Je vous prie de m'écrire, dès que vous serez à Pétersbourg, comment vous aurez été reçu et quel est le lieu de votre destination, et si l'on avait besoin d'un bon observateur bien exercé dans l'observation et dans le calcul, j'ai un élève que je puis vous céder et qui ne coûtera guère à l'Académie que les frais du voyage. Je vous prie de le mander à Pétersbourg si vous arrivez ces jours-ci, car je les crois fort en disette d'observateurs relativement au grand nombre de voyages qu'ils ont envie de faire faire.

J'ai l'honneur d'être avec la plus parfaite considération
Monsieur et cher confrère
Votre très humble et très obéissant serviteur
DelaLande
Paris, ce 13 avril 1768

61

L → LS

LETTRE DU 8 OCTOBRE 1768 [1]

Monsieur Le Sage,
Correspondant de l'Académie Royale des sciences,
Cour S(aint)-Pierre
Genève

Lalande fait mille remerciements à son cher confrère M. Le Sage de toutes ses complaisances il le prie de faire dire au libraire [2] qu'il se souvienne qu'il m'a promis de chercher

La théologie portative
La princesse de Babylone
Lettres sur les miracles

Sermon prêché à Bâle par Rossette
Compère Mathieu

---

1. Ms. suppl. 513, fol. 219.

2. Ce libraire, ici anonyme, est par la suite ouvertement nommé (Chirol). Il a pour tâche d'approvisionner Lalande en nouveautés littéraires qui circulent sous le manteau, en l'occurrence les livre du baron d'Holbach (*La théologie portative*, 1768), de Voltaire (*La princesse de Babylone*, *Lettres sur les miracles* et *Sermon prêché à Bâle*, 1768) et de Dulaurens (*Compère Mathieu*, 1765).

et qu'il devait même en envoyer une partie dans la huitaine à M. Henain (*Hennin*), résident de France [1], avec mon adresse, il m'a promis de les faire parvenir à Bourg par le moyen de M. Fabri, Subdelegué à Gen(*ève*). Je prie mon cher confrère de me donner avis du départ et du prix, et (*barré*) ou de m'en faire donner avis par le libraire.

à Bourg le 8 octobre 1768

62

L → M

LETTRE DU 17 NOVEMBRE 1768 [2]

Monsieur Mallet,
citoyen de Genève, astronome célèbre.
Cour S(*aint*)-Pierre, Genève

Paris le 17 nov(*embre*) 1768

Monsieur et cher confrère

J'ai reçu avec bien du plaisir la lettre que vous m'avez fait l'amitié de m'écrire le 25 juin, où vous m'apprenez votre arrivée et l'état des missions astronomiques qui se préparent à Kola, Ponoï [3], Koveda, Astracan, Orenbourg et Jakutskoy. Je suis très curieux de savoir s'il n'y a rien de changé dans ces dispositions, comment vous serez tous accompagnés, et de quelle manière vous partirez. Je ne manquerai pas d'observer ici les étoiles α de la Balance, de Persée, de la Vierge et de Cassiopée pour remplir votre projet sur les réfractions.

M. l'abbé Chappe est parti au mois d'octobre, mais il n'ira qu'au Mexique seulement, l'Espagne ne voulant point qu'on aille observer dans la mer du Sud. M. Pingré est parti aussi pour aller à la Martinique, mais je ne crois pas qu'il puisse observer le passage de Vénus dans une station avantageuse, l'objet de sa mission n'est que la vérification des pendules de longitudes de M. Berthoud. Mais nous avons aux Indes M. Legentil (*Le Gentil*) et M. l'abbé de Rochon, astronome de la Marine. Les Anglais doivent envoyer M[rs]. Mason et Dixon dans une île proche de la nouvelle

---

1. Depuis 1679, la France dispose à Genève d'un résident, une représentation diplomatique permanente. Pierre-Michel Hennin est en poste de 1765 à 1778.

2. Ms. fr. 655, fol. 36-37.

3. C'est à Ponoï que Mallet fit ses observations.

Zemble[1.]Un vaisseau commandé par M. Cooke avec M. Green astronome doit partir pour la mer du Sud, s'il n'est déjà parti, et l'on espère y observer le passage de Vénus, que les Espagnols ont la lâcheté de ne vouloir pas nous laisser observer. M. Dimond (*Dymond*) et M. Wales sont envoyés au nord de la baie d'Hudson pour y faire la même observation.

J'ai bien du regret de ce que vos instruments ne sont partis de Paris que le 14 novembre pour Strasbourg; M. Stehlin vous dira mes raisons. Je vous prie de me donner de vos nouvelles un peu amplement; je vais annoncer encore votre voyage dans le *Journal des savants*. J'ai passé un jour à Genève dans le mois de septembre chez notre ami Le Sage qui m'a fait voir une de vos lettres à Mad(*ame*) votre mère qui était fort amusante. Nous avons bien bu à votre santé.

Mille compliments à notre célèbre astronome Rumovsky. *Le voyage de Sibérie* de l'abbé Chappe en 3 vol. *in* 4°, avec beaucoup de planches, vient de paraître, mais il coûte 160# et certainement je ne l'achèterai pas.

Je suis avec la plus parfaite considération
Monsieur et cher confrère

Votre très h(*umble*) et très ob(*éissant*) serv(*iteur*)
Delalande

Je vous prie d'assurer de mes respects M. L. Euler et de lui dire qu'on a oublié, malgré mes ordres exprès, de mettre plusieurs volumes de l'Académie que j'ai à lui dans les caisses des instruments, mais que je lui ferai un ballot, par les premiers vaisseaux qui partiront au printemps.

Je prie M. Albert Euler le fils de vouloir bien m'envoyer la démonstration que je lui ai déjà demandée de la formule (*suit une formule mathématique*) dans l'almanach astronomique de 1750, feuille O, septième feuillet. Comment cela suit-il (*suit une formule mathématique*)[2]?

---

1. La Nouvelle-Zemble est un archipel russe dans l'océan Arctique
2. Cette note de la main de Lalande reste pour nous mystérieuse.

63
M → L
LETTRE DU 15 DÉCEMBRE 1768

Mr de la Lande,
Paris

le 15 Xᵇʳᵉ 1768

Monsieur Mallet, astronome et citoyen de Genève ;
chez MM. Thompson(?) et Compagnie
Petersbourg

(*Le brouillon de cette lettre de Mallet à Lalande est trop difficile à déchiffrer. Il concernait probablement la préparation des observations du second passage de Vénus devant le Soleil, observé par Mallet et Pictet en Sibérie.*)

64
L → LS
LETTRE DU 24 DÉCEMBRE 1768 [1]

Paris le 24 décembre 1768

Monsieur et cher confrère

Je ne regardais pas comme une affaire pressée ce que vous m'aviez fait l'amitié de m'écrire au sujet de milord Stanhope ; c'est ce qui a ce fait que j'ai un peu différé à vous répondre. J'ai mérité les reproches que vous me faites, et je vous demande mille excuses aussi bien qu'à milord que je vous prie d'assurer de mes plus humbles respects. Mais si vous n'avez pas déjà reçu ma réponse, ce sera la faute de M. Bernard à qui je les ai remis et qui est parti le 3ᵉ de ce mois pour Lyon, d'où il doit aller à Genève. Je connaissais depuis longtemps le rare mérite et les profondes connaissances de milord, et nous désirions tous de l'avoir pour confrère. Mais vous avez dû apprendre déjà, de M. Herissant par notre ami Bonnet qu'il n'y a point de place vacante, parce que le prince de Lovenstein (*Löwenstein*) y occupait une place de surnuméraire. D'ailleurs vous avez prévu, mon cher confrère, que l'Académie étant dans l'usage d'élire le président de la Société royale,

1. Ms. suppl. 513, fol. 220-221.

on ne se serait point déterminé à donner à milord Morton un autre successeur; mais je ne doute pas qu'à la première occasion où l'Académie sera libre, le rang et le mérite de milord ne le fasse élire dès qu'on sait qu'il le souhaite.

Je vous fais bien des remerciements de votre lettre à Madame Necker; elle est beaucoup trop belle pour moi; j'en profiterai dès aujourd'hui.

(*J'ai*) envoyé hier 25ᵉ à M. Bourrit un paquet pour vous contenant la moitié des pièces qui ont concouru en 1728. Je vous recommande bien ces manuscrits, car pour peu qu'ils vaillent, on ne me pardonnerait pas de les avoir exposés à être perdus. Lorsque vous me rendrez cette moitié, je demanderai l'autre à M. de Fouchy.

Votre libraire m'avait promis d'envoyer pour moi à M. Fabri à Gex, toutes les nouveautés de Voltaire, cependant, je n'ai pas reçu les *Trois Empereurs* ni *A. B. C.*[1] et peut être encore d'autres choses dont je n'ai pas connaissance. Je vous prie bien de l'en faire souvenir.

Le livre des *Nouvelles vues sur le Système de l'univers* est bien de l'abbé de Pontbriand, (*mots illisibles*), mort il y a deux ans. M. Ballard qui en fut l'imprimeur en 1751 vient de me l'assurer, et m'a dit que la désignation d'œuvres posthumes n'était qu'une supposition pour dépayser le lecteur. Cependant, je m'en informerai encore dès que je pourrai trouver quelqu'un qui l'ait connu personnellement.

Votre partisan du plein fera très bien d'écrire une grande réfutation de ma t(*hèse?*) sur les tuyaux capillaires. Je la lirai volontiers (*ce mot est barré*) et j'y répondrai volontiers, mais il ne doit pas compter d'être mis dans le *Journal des savants* parce que, comme il ne peut y avoir que des difficultés de conception, elles ne sont pas de nature à être mises dans notre Journal, où l'on ne veut que des choses raisonnables.

Je suis, avec la plus parfaite considération, mon cher confrère

Votre très humble et très
obéissant serviteur
DelaLande

---

1. Les *Trois empereurs en Sorbonne* et *l'A, B, C, dialogue curieux traduit de l'anglais de Monsieur Huet* sont publiés sans nom d'auteur en 1768. Il s'agit bien d'œuvres de Voltaire.

65
L → LS
LETTRE DU 17 JANVIER 1769 [1]

Monsieur Le Sage, citoyen de Genève
Professeur de mathématiques, `
Cours S(*aint*)-Pierre
Genève

Paris le 17 janvier 1769

Monsieur et cher confrère

J'ai reçu avec bien du plaisir votre dernière lettre, et deux jours après le paquet que vous aviez adressé pour moi à Mme Saint Florentin. J'étais en peine de savoir si vous l'aviez reçu, et je vous prie de vouloir bien m'accuser réception de celui que je vous envoie actuellement, contresigné par M. Bouret. Quand vous me le renverrez, je vous prie de l'adresser au même, c'est-à-dire à M. Bouret, fermier général des postes. Cette voie est plus sûre encore que celle du ministre, mais ne cachetez point assez la première enveloppe, qui sera pour moi, pour qu'on ne puisse pas voir ce qu'il y a dedans, parce que je ne veux pas que M. Bouret puisse penser que je profite de son adresse pour des ouvrages suspects.

J'ai reçu en effet quatre brochures en dernier lieu de vos libraires ; je vous remercie de l'avertissement que vous leur avez donné ; engagez-les encore à m'envoyer celles qui paraîtront de Voltaire, et cela, dans la primeur qui en fait presque tout le mérite. Je leur en tiendrai un compte exact l'été prochain ou même plus tôt, s'ils jugent à propos de m'envoyer leurs mémoires.

Vous m'envoyez une lettre de Brescia, vous ne me dites point combien elle vous a coûté.

J'ai vu plusieurs fois Madame Necker [2]. J'ai soupé chez elle il y a quelques jours. On ne peut rien voir de plus aimable et je vous ai mille obligations de cette connaissance.

Je n'ai point dit à M. de Fouchy que je voulais vous envoyer les pièces de 1728. Cela aurait pu lui donner de l'inquiétude. Ainsi, n'en parlez point, quand même vous les citeriez, il est inutile de dire de qui vous les tenez.

---

1. Ms. suppl. 513, fol. 222.
2. S'agit-il de Suzanne Necker, née Curchod, femme du banquier et futur ministre de Louis XVI Jacques Necker, et qui tient à Paris un salon réputé ?

Du reste, faites-en tout l'usage que bon vous semblera. Vous voyez qu'outre le numéro 10, il en manque encore d'autres. Je ne sais pas laquelle était la pièce couronnée. Il s'en est probablement perdu pour les avoir prêtées. J'ai appris que M. Bernard, ayant laissé ma lettre pour vous dans sa malle, n'a pu la recevoir que lorsqu'il a été à Turin. Voilà pourquoi il a passé à Genève sans avoir l'honneur de vous voir.

Mille tendres compliments à nos amis Bonnet et DeLuc. Je suis, avec tous les sentiments que vous me connaissez

Monsieur et cher confrère

Votre très humble et
Très obéissant serviteur
Delalande

66
L → LS
LETTRE DU 12 MAI 1769 [1]

Paris, le 12 mai 1769

Monsieur et très cher confrère

Je n'ai pas répondu avec bien de l'exactitude à vos dernières lettres, parce qu'elles ne contenaient rien de bien pressé, et que je compte toujours sur votre indulgence en faveur des occupations dans lesquelles je suis enseveli à Paris.

J'ai bien reçu toutes les pièces que je vous avais fait passer ; je suis ravi que vous en ayez fait des extraits. Cela fera qu'elles ne seront pas condamnées à un silence éternel, comme elles l'auraient été sans vous.

J'ai reçu, il y a quelques jours, de Genève une lettre de M. Mallet qui m'apprend son départ. J'ai bien du regret des reproches que mon indiscrétion vous a attirés. Je ne l'aurais pas cru si mystérieuse, et vous ne m'aviez point averti ; je comptais lui faire un remerciement ou un compliment.

M. Chirol [2] m'a tout à fait oublié : il a paru plusieurs choses que tout le monde avait ici, et que j'aurais cru avoir des premiers ; je vous envoie pour lui un mandat de ce que je lui dois, en le priant de ne pas m'abandonner.

1. Ms. suppl. 513, fol. 223.
2. Le libraire Barthélémy Chirol.

Nous n'avons plus, ni mon libraire ni moi, d'exemplaires de mon *Astronomie*. Mais nous commençons la réimpression. J'en sais un exemplaire chez Gibert quai des Augustins, mais il en veut 44#. Faites bien des compliments à notre cher ami, M. DeLuc. J'ai été bien content de son Mémoire sur les thermomètres. Je lui envoie le livre de M. del'isle (*Delisle*) pour qu'il dise quelque chose sur les volumes du mercure, et sur la méthode de M. del'isle. J'ai renoncé à la carte du Piémont, puisqu'elle est si chère, à moins qu'il n'ait donné l'ordre, car dans ce cas-là je la prendrai volontiers. Je suis avec le plus tendre attachement Monsieur et cher confrère

Votre très humble et
obéissant serviteur
Dela(*lande*) (*déchirure*)

67
B → L
LETTRE DU 12 JUIN 1769 [1]

Mr. de la Lande,
de l'Académie Royale des sciences,
des Acad(*émies*) de Rus(*sie*)et de Pr(*usse*)
Paris

Genthod, près de Genève, le 12 juin 1769

Je vous tiens parole, mon cher et digne ami et confrère, je vous envoie cet ouvrage dont je vous avais parlé, et qui est une suite de Supplément à mes précédents écrits. Recevez-le comme une nouvelle marque de mon sincère attachement, et comme un tribut de l'amitié.

Je n'espère point que vous le lirez d'un bout à l'autre, je suis même bien éloigné de l'exiger de vous. Il me suffira que vous le parcouriez, et que vous jugiez en gros de mes vues et de ma manière.

La préface et les avertissements vous diront mon but et la façon dont j'ai tâché de le remplir.

Comme les Choses célestes dont vous vous occupez, mon bon ami, ne sont point précisément celles dont je me suis occupé dans ce nouvel écrit, je croirais mettre votre complaisance à une trop rude épreuve, si je vous priais de faire l'Extrait de ce livre pour le Journal des savants. Le Télescope

1. Ms. Bonnet 73, fol. 41.

dont vous vous servez et qui a rendu votre nom célèbre, n'est point du tout celui dont je me suis servi dans les Observations que je vous présente.

Mais, si l'amitié que vous avez pour moi vous portait à entreprendre l'extrait dont je parle, et à oublier pendant quelques heures vos propres idées pour ne saisir que les miennes et les rendre telles que je les ai exposées, j'en serais d'autant plus reconnaissant que je sentirais plus fortement tout ce qu'un pareil travail vous aurait coûté.

Cependant la crainte que j'ai de vous distraire d'occupations plus agréables et de vous causer un ennui mortel, moi qui voudrais ne vous proposer que des plaisirs ; cette crainte, dis-je, me porte à vous prier de ne point vous charger de la composition de cet Extrait. Je serais satisfait si votre amitié me procure un journaliste qui sache me suivre pas à pas et peindre très en raccourci, ce que j'ai tâché de peindre en grand. Je le dispense de tout éloge. Je me croirai assez élogié (sic) si je suis relu fidèlement. Je n'exige point qu'il s'abstienne de critique ce qui ne lui paraîtra pas s'accorder avec la saine Philosophie. Je serai toujours très disposé à faire l'aveu sincère et public de mes erreurs et de mes méprises. J'ai, toute ma vie, poursuivi le vrai de toute la portée de mes petites facultés et je n'ai jamais eu la sotte présomption de l'avoir toujours atteint.

Je me suis proposé dans cette nouvelle production le but le plus grand et le plus noble qui peut s'offrir aux efforts d'un être intelligent et d'un ami de la vérité et de la vertu. Si vous étiez tenté, mon cher ami, de me suivre dans cette belle carrière, vous jugeriez si je suis parvenu à remplir ce but.

Je viens à votre Voyage d'Italie : savez-vous que vous êtes un oublieux ? Vous me l'aviez promis, je l'attendais, mon libraire me l'offrait. Je l'attendais toujours, parce que je le voulais tenir des mains d'un auteur qui ne sera jamais indifférent. Le libraire Saillant pourrait me le faire parvenir par le libraire Chirol son correspondant dans notre ville.

Vous me direz peut-être que je suis un indiscret, si je vous demande encore la Connaissance des temps ; mais j'aime à penser que j'ai quelque droit à celles de vos productions qui sont un peu à ma portée.

Vous aurez peut être appris que les entrepreneurs de l'Encyclopédie d'Yverdon [1], avaient pris la liberté de m'annoncer au public à mon insu,

1. L'*Encyclopédie ou Dictionnaire universel raisonné des connaissances humaines*, dite *Encyclopédie d'Yverdon*, est dirigée par Fortunato Bartolomeo De Felice (1723-1789) et publiée entre 1770 et 1780 à Yverdon. D'esprit moins français et moins anti-religieux que celle de Diderot et de d'Alembert dont elle s'inspire, l'*Encyclopédie d'Yverdon* est parfois qualifiée d « encyclopédie protestante » et connaît une forte diffusion dans l'Europe du Nord. Lalande, dès 1770, est un aollaborateur assidu de ce projet éditorial : J. P. Perret, *Les imprimeries d'Yverdon au XVIIᵉ et au XVIII ᵉ siècle*, Lausanne, F. Roth, 1945, p. 237-238.

pour un des <u>entrepreneurs</u>. J'ai désavoué hautement et publiquement cette <u>annonce</u> déceptrice dans la même gazette qui est celle de Leide (*Leyde*). L'article de mon désaveu est sous la date du 22e de mars dernier. J'ai écrit en même temps au principal entrepreneur pour me plaindre de cette supercherie, qu'il a ajoutée sur le zèle inconsidéré de quelques amis de Hollande.

Ma femme dont les nerfs sont toujours tourmentés, vous présente ses honneurs. Vous savez, mon cher et digne ami, quels sont les sentiments que (*qu'elle*) vous a voués.

68

L → LS

LETTRE DU 30 SEPTEMBRE 1769 [1]

Monsieur Le Sage professeur de mathématiques
des Académies de Paris, de Bologne, etc.
Cour S(*aint*)-Pierre à Genève

Reçue le 30e 7bre 1769 (*note de LS*)

Monsieur et cher confrère

J'ai appris, mon cher confrère, par votre lettre du 27 juin diverses anecdotes sur les pièces de la pesanteur dont je vous fais bien des remerciements. M. de Fouchy ne sait point où trouver les noms des auteurs des deux pièces que vous m'indiquez et peut-être ne se sont-ils jamais fait connaître. Je suis ravi que vous ayez répété avec succès l'expérience de l'abbé Nollet. Il m'adressa une lettre pour répondre à la politesse que je lui avais faite en ne voulant pas mettre un libelle contre lui dans le Journal des savants sans le lui avoir communiqué. J'observe toujours les bienséances même à ceux à qui je ne les devrais pas.

Je ne suis point étonné que vous n'ayez pas vu à Genève le passage de Vénus, mais heureusement il a été bien vu et en plusieurs endroits. Nous avons déjà deux observations d'Amérique et deux de Laponie qui sont complètes, sans compter celles qui ont réussi en partie, et je crois que nous tenons la parallaxe [2].

---

1. Ms. suppl. 513, fol. 224-225.
2. Il s'agit de la parallaxe solaire, c'est-à-dire de l'angle sous lequel, depuis le centre du Soleil, on voit le rayon de la Terre perpendiculaire à la direction Soleil-Terre. La parallaxe solaire permet de déduire la distance de la Terre au Soleil.

Je connais M. David et ses ouvrages, je n'ai d'autres sentiments à son égard, si ce n'est un déplaisir qu'il soit du pays de Gex qui est dans le ressort du présidial de Bourg, et tient par conséquent de trop près à ma patrie.

J'ai reçu une lettre de l'abbé Sigogne contre la palingénésie de mon cher ami Bonnet, mais je n'en ferai point usage, à moins qu'il n'y eut quelque bonne réponse à lui faire. Faites lui mes plus tendres compliments, et donnez moi des nouvelles de son aimable malade. J'avais bien envie de vous aller voir tous cet automne avec M. l'intendant, mais j'étais engagé dans le Dauphiné, et c'était voyager trop pour un seul automne; je vous garde pour 1770.

J'ai passé à Monquin près de Bourgoin, j'ai eu le bonheur de dîner chez M. et Mad. Renou[1], de voir ses herbiers, de lui parler de botanique car anche io son pittor. J'ai longtemps été comme lui à rêver dans mon lit et à apprendre par cœur les classes et les genres de Linneus (*Linné*)[2]; il m'a paru déjà très fort; mais il ne se propose pas d'écrire sur une matière où ce n'est pas assez d'avoir étudié toute sa vie. Il ne parle point de quitter ce pays-là. Il y est aimé, il s'y rend sociable, il mange chez les honnêtes gens et descend même pour recevoir les visites des dames, mais il s'est éloigné de la ville pour n'être pas excédé tous les jours.

J'ai vu à Lyon M^les. de la Vergne qui sont bien aimables. Si vous avez occasion de leur faire rendre mes compliments, je vous en prie, ainsi qu'à M. le dr. d'Épine (*Despine?*) de Chambéry.

Dites-moi un peu je vous prie où en est l'impression du livre de M. DeLuc, et quand il espère la finir; dites-moi aussi quelque chose de ses affaires domestiques; comment se sont elles arrangées. Je voudrais bien que l'Académie fut à portée de lui procurer des secours. Mais elle n'a ni fonds ni crédit pour en avoir.

J'ai fort peu vu Mad(*ame*) Necker, je ne l'ai point trouvée assez engageante, ainsi ce n'est point moi qui ai rempli les moments que vous vous plaignez de n'avoir plus. C'est la foule des importants et des beaux esprits dont elle est environnée. Je lui avais écrit, il n'y a pas longtemps, pour lui parler de Mad(*ame*) de Marron dont elle m'avait demandé plusieurs fois

1. Derrière ce patronyme se cache… Jean-Jacques Rousseau. Se réfugiant hors de France depuis sa condamnation en 1762, Rousseau y retourne en 1767 avec le nom d'emprunt Renou. En 1769, avec Thérèse, il s'installe plusieurs mois à la ferme Monquin, à proximité de Bourgoin.
2. Carl von Linné (1707-1778), naturaliste suédois qui a fondé les principes de la classification des espèces animales.

des nouvelles, et j'ai reçu une réponse dans laquelle on voit qu'elle ne croit guère à cette rivale étonnante qui a fait 4 tragédies de 1800 vers chacune en 8 mois de temps, à l'âge de 42 ans, sans avoir jamais su la mesure d'un vers autrement qu'à l'oreille par la lecture de Racine, et sans s'être doutée des règles de la poésie ni du théâtre, dans le temps même qu'elle les observait à merveille.

J'ai été fort occupé depuis 15 jours à faire le calcul de l'orbite de la comète[1] qui a paru le mois passé. Ce n'est aucune des 55 que nous connaissons jusqu'à présent; mais c'est une comète qui approche du Soleil dans son périhélie 9 fois plus que la Terre et qui est par conséquent extrêmement excentrique. Elle aurait approché tout autant de la Terre, si elle fût arrivée 3 semaines plus tard; au lieu qu'elle a seulement approché de nous d'un tiers de la distance de la Terre. Je suis toujours avec le plus tendre attachement votre

Confrère et ami
Delalande

En m'écrivant à Bourg, voici une adresse convenue, franche, et qui n'exige point d'enveloppe, mais il faut croiser la lettre
à Madame
Madame Lefrançois directrice des postes
à Boug en Bresse

---

1. Les tables des anciennes comètes mentionnent sa découverte par Charles Messier (comète 1769 P1), le 8 août 1769 et son observation par Messier les mois suivants. Les principales caractéristiques de l'orbite cométaire sont: demi grand axe: 163,5 fois la distance Terre Soleil; excentricité: 0,99925; période: environ 2090 ans; inclinaison par rapport au plan de l'écliptique: environ 40°.

69
L → B
LETTRE DU 27 NOVEMBRE 1769 [1]

Monsieur Bonnet, conseiller d'État
membre de l'Académie Royale des sciences de Paris
et de toutes les Académies d'Europe
Genève

Paris
le 27 nov(embre) 1769

J'ai été bien honteux, mon illustre ami, mon cher et respectable confrère, de ne trouver qu'à mon retour à Paris, au mois de novembre, votre lettre du 12 juin avec votre exemplaire de la Palingénesie [2]. Je suis enchanté de cette marque de votre souvenir, je vous en fais mille remerciements. Vous ne devez pas douter que je n'aie lu avec plaisir une grande partie de votre belle métaphysique. Je n'ai voulu laisser à personne autre le plaisir d'en faire l'extrait, quelque pressées que soient mes occupations, surtout depuis mon retour à Paris. J'ai trouvé le temps de vous rendre le devoir de l'estime et de l'amitié tendre que je vous porte.

La première édition de mon voyage d'Italie n'est qu'une ébauche anonyme que je n'ai pas osé présenter à des personnes de votre mérite. J'en prépare une seconde édition pour le temps où j'aurai achevé mon Astronomie qu'on commence à réimprimer, et je vous réserve l'hommage de celle-là qui vaudra beaucoup mieux. À l'égard de la *Connaissance des temps*, je l'ai envoyée à M. Saillant pour la faire passer à M. Chirol. Je suis trop heureux de pouvoir faire passer dans vos chères mains les petites choses qui sortent des miennes.

Notre réimpression de l'*Encyclopédie* se fait avec force, il y en a bientôt deux volumes de prêts, et je crois que cela fera tomber le projet de l'édition d'Yverdon.

---

1. Ms. Bonnet 66, fol. 157-158.
2. Le terme *Palingénésie* est employé par les philosophes pour désigner la reconstitution du monde après l'apocalypse. C'est la philosophie de «l'Éternel Retour». Le mot employé (en grec), signifie «régénération».

J'apprends avec douleur que votre aimable épouse est encore souffrante ; je ne doute pas cependant que l'âge qui nuit à la beauté ne soit utile à ce genre de maladie, et je me plais à espérer que nous nous réjouirons un jour tous ensemble le verre à la main de sa santé, et de notre ancienne amitié.

Je suis avec la plus respectueuse considération et le plus tendre attachement

Monsieur et cher confrère

Votre très humble et très
ob(*éissant*) serviteur

70
B → L
LETTRE DU 4 DÉCEMBRE 1769 [1]

M^r. de la Lande, de l'Académie Royale des Sciences
Paris,

Genthod, le 4e X^bre 1769

Votre obligeante réponse, mon cher et digne ami, m'a fait le plus grand plaisir. Elle m'a renouvelé les témoignages de votre tendre amitié et vous savez tout ce que j'en fais.

La peine que vous voulez bien prendre de faire l'extrait de la <u>Palingénésie</u> m'est une nouvelle preuve de vos sentiments pour moi et dont je suis extrêmement touché. Je n'aurais pas osé vous demander un pareil service ; non seulement parce que je connaissais vos grandes occupations ; mais surtout encore, parce que je savais que les objets dont je m'occupe, ne sont pas de ceux dont vous aimez le plus à vous occuper. J'éprouve donc actuellement un sentiment presque pénible en songeant que mon ami suspend des occupations agréables, pour se livrer à un travail qui ne lui peut paraître intéressant que lorsqu'il l'envisage du côté du cœur. Mon cœur est bien fait aussi pour l'apprécier.

Vous m'avez bien surpris, mon bon ami, en m'apprenant que vous n'avez reçu mon paquet du 12e de juin que dans le mois de novembre. Mes commissionnaires de Paris m'avaient écrit que ce paquet avait été remis le 22e de juillet dans votre domicile de Paris. Je ne comprends point comment il ne vous est parvenu qu'en novembre.

1. Ms. Bonnet 73, fol. 95.

Ceci me fait naître un soupçon, que je viens vous prier de m'éclaircir. Vous n'ignorez pas que quoique j'aie combattu votre illustre ami Mr. de Buffon, je n'ai jamais cessé de l'admirer. J'ai voulu lui donner une preuve directe de mes sentiments en lui faisant hommage de la Palingénésie, et en accompagnant l'envoi d'une lettre telle que mon cœur me l'avait dictée, et dont vous seriez sûrement très satisfait. Mr. de Buffon était dans ses terres en Bourgogne quand mon paquet fut porté dans sa maison de Paris le 22e de juillet. Mes commissionnaires, Mrs. du Four (*Dufour*), Mallet et Le Royer, banquiers m'écrivirent qu'ils avaient envoyé chez Mr. de Buffon, pour savoir si ses gens avaient eu soin de lui expédier le paquet en Bourgogne, et qu'on leur avait répondu, qu'il y avait été expédié 15 jours après la remise à Paris. Cependant je n'ai pas eu le plus léger signe de vie de votre respectable ami, et comme je connais sa politesse, j'ai lieu de conjecturer qu'il y a eu ici quelque négligence de domestique ou quelque retard pareil à celui que vous avez éprouvé. Veuillez donc demander de ma part à notre illustre confrère, si mon paquet lui est enfin parvenu, et renouvelez lui les assurances sincères de mon respect.

Vous apprendrez avec plaisir qu'on a fait en 5 mois 5 éditions de la Palingénésie et une traduction allemande. J'étais fort éloigné, je vous assure, d'augurer un tel succès. Des personnes que je respecte m'ont sollicité d'imprimer à part le morceau sur le CHRISTIANISME, et de le mettre un peu plus à la portée du commun des lecteurs. Je ne me suis déterminé qu'avec peine, parce que ce morceau n'avait été calculé que pour les Philosophes qui doutent de bonne foi. Je n'ai donc pas entrepris de le refondre ; mais j'y ai fait ci et là des notes explicatives et j'ai changé les Partitions etc. On commencera demain à réimprimer cela, et vous pouvez l'annoncer dans le Journal des savants.

L'Abbé Spallanzani, si célèbre par ses Limaçons, va publier une traduction italienne de ma Contemplation de la Nature, qu'il a enrichie de notes très curieuses et d'une savante préface sur les progrès et l'utilité de l'Histoire naturelle. Il publiera ensuite un grand ouvrage sur les Reproductions animales, qui paraîtra probablement dans le courant de l'année prochaine et qui étonnera beaucoup les Physiologistes.

On a fait à Florence une très bonne traduction italienne de mes Considérations sur les corps organisés. On va traduire dans la même langue à Venise les Recherches sur les feuilles des plantes qui l'ont été en Allemand, et les planches de cette traduction allemande ne le cèdent point à celles de l'original, qui étaient de la main du célèbre S. Wandelaar. Cette Contemplation de la Nature que vous vous êtes plu à extraire, encore par amitié pour l'auteur, a été aussi traduite en Allemand et en Anglais, et ces traductions ont paru assez exactes à des connaisseurs.

J'ai fait remettre votre billet à notre bon ami, le Démocrite moderne[1]; il ne manquera pas de vous répondre.

J'attendrai donc votre nouvelle édition du <u>Voyage d'Italie</u>, et vous pouvez compter sur l'empressement que j'aurai à la lire. Saillant prendra une bonne voie pour me faire tenir la <u>Connaissance des Temps</u> en l'adressant à mon libraire Chirol.

Sans doute que votre édition de l'<u>Encyclopédie</u> devrait faire tomber celle d'Yverdon; il n'en sera rien néanmoins, car j'apprends que l'entrepreneur Felice ne cesse point de travailler avec ses associés.

Ma femme, qui est très sensible à votre obligeant souvenir, est toujours fort travaillée de ses maux; elle ne désespère pourtant pas de choquer le verre avec ce cher astronome que j'embrasse de tout mon cœur…

71

L → LS

LETTRE DU 15 DÉCEMBRE 1769[2]

Monsieur Le Sage, professeur de mathématiques
membre des Académies de France, d'Allemagne, etc.
cour S(*aint*)-Pierre
Genève

Paris le 15 décembre 1769

Monsieur et très cher confrère,

J'ai reçu à Paris le 12 décembre la seconde copie de la lettre que j'avais reçue à Bourg et à laquelle je me proposais de répondre incessamment. Je vous remercie bien de m'avoir envoyé des nouvelles de M. Mallet; je vous prie de lui dire qu'il est le maître de garder encore le pendule invariable, jusqu'à ce qu'il ait fait ses vérifications, et qu'ensuite, je le prierai de me le renvoyer à moi-même à Paris, ou bien je lui donnerai une adresse à Milan où je voudrais faire faire cette observation par le P. de Lagrange.

J'ai un véritable regret de n'avoir pas été à Genève; j'ai été trop pressé par mon retour à Paris, mais ce sera pour l'automne prochain. Je ferai

---

1. Il s'agit de Le Sage, auteur du mémoire *Démocrite newtonien* dont il est question aux lettres 23, 30 et 36.
2. Ms.suppl. 513, fol. 226.

le voyage de Gex avec M. l'intendant. Ce n'est point moi qui ai souffert le galimatias de M. de la (?), il a tellement sollicité en mon absence le lieutenant de police, le chancelier, M. de Guignes, secrétaire du journal, que celui-ci a accepté sa lettre, mais il m'a bien promis de n'y plus retourner.

Sur ce que vous m'écrivîtes mon cher confrère de votre méthode pour réduire le phénomène de la cohésion à la même loi que celui de la gravitation, je crois que votre Mémoire serait fort bien reçu à l'Académie, et je vous conseille de me l'envoyer. Si nos géomètres en jugeront autrement, je vous proposerais de le faire imprimer dans les Recueils de Bouillon, à moins qu'un extrait dans notre journal, de 8 pages *in* 4°, ne fut suffisant pour votre objet. C'est tout l'espace dont je puis disposer, et cela, pour mes bien bons amis, et quand j'ai une envie extraordinaire de les servir.

Je vous prie de dire à notre cher ami Bonnet que j'ai reçu sa lettre du 4 décembre, que j'ajouterai à mon extrait tout ce qu'il me demande, que la palingénésie peut bien avoir été remise chez moi, à Paris, dès le 22 juillet, mais que j'étais parti de Paris le 7e, et qu'on ne m'a point renvoyé de livres à Bourg. M. de Buffon arrivera bientôt de Montbard, et je m'acquitterai de la commission.

Si l'entrepreneur Felice, de l'encyclopédie de Verdun (*d'Yverdon*) corrige l'*Encyclopédie* en la réimprimant, il pourra bien avoir de l'avantage sur l'édition de Paris qui ne sera qu'une simple réimpression, et où il y a bien des défectuosités, mais pour laquelle on fera ensuite des suppléments considérables.

Je vous envoie un billet pour remettre à Mrs. Philibert et Chirol au moyen duquel ils seront payés sans difficulté du dernier mémoire de 33# 7s, que je leur dois.

Je suis avec tout l'attachement imaginable,
Mon cher confrère

Votre très humble et très
obéissant serviteur
Delalande

72
L → M
LETTRE DU 5 AOÛT 1770[1]

(*Reçue*) de M. de la Lande, le 8 août 1770, de Bourg

Monsieur Mallet
Astronome célèbre
Genève

                                Bourg en Bresse, le 5 août matin 1770

Monsieur et cher confrère,

Je ne sais si je vous ai accusé la réception du pendule qui m'est arrivé en bon état, il y a déjà quelque temps, mais les derniers jours de mon séjour à Paris ont été si remplis que j'ai négligé bien des devoirs ; j'ai cependant donné à M. de la Condamine le résultat du nombre des vibrations et il vous en fait dire bien des remerciements.

J'ai vu à l'Académie, entre les mains de M. Messier, le plan de votre observatoire, je serais charmé d'en avoir une courte notice pour la mettre avec les autres observatoires connus, dans la préface de mon Astronomie[2].

Je me prépare à vous aller voir à la fin de ce mois, rapidement à la vérité, mais du moins j'aurai le plaisir de vous embrasser, de vous demander des nouvelles de votre voyage, de voir un confrère dont je fais le plus grand cas sans l'avoir jamais vu. La même raison me fera passer jusqu'à Bâle, pour y voir MM. Bernoulli. Comme je verrai Berne en passant et que je n'y ai aucune relation, je vous prie, mon cher confrère, de vouloir bien par vous ou par vos amis M. Bonnet, Le Sage, DeLuc, me procurer deux lettres de recommandation pour des gens de lettres qui veuillent bien me faire connaître les personnes les plus remarquables de la ville, et voir les choses qui méritent attention. Je prendrai ces lettres-là chez vous en passant à Genève.

---

1. Ms. Bonnet 359, fol. 59-60.

2. Cette mention apparaît effectivement dans la préface de l'édition de 1771 de son *Astronomie*, vol. 1, p. XLVII. En juin 1771, au moment de solliciter la construction d'un observatoire sur le bastion de Saint-Antoine à Genève, Mallet soumet aux autorités les plans de l'édifice : s'agit-il de ces mêmes plans vus par Lalande l'été 1770 ? L'autorisation de construire, assortie d'un soutien financier du gouvernement, arrive finalement en mai 1772.

Dites-moi aussi, je vous prie, si le voyage de Suisse par Lausanne, Yverdon[1], Berne et Bâle peut se faire commodément avec un cabriolet et deux chevaux, ou s'il n'est pas plus sûr d'y aller simplement à cheval.

Pouvez-vous me trouver à Genève le *Système de la nature*[2], deux exemplaires, à un prix raisonnable? Comme 6# ou 9# chacun, dans ce cas, je vous prierai de me les garder jusqu'à mon passage.

Mille tendres compliments à mon cher ami Le Sage, à M. DeLuc, à M. Bonnet; j'ai à lui parler de la part de M. Duhamel sur les nouvelles observations, faites à l'occasion, des abeilles, et dont je vais faire un extrait pour le *Journal des savants*; est-il à la campagne actuellement?

Pardon, mon cher confrère, si je vous donne tout cet embarras et si je vous prie de vouloir bien me répondre sur tous ces points d'ici à une quinzaine de jours.

Je suis avec le plus tendre attachement et les sentiments les plus distingués

Monsieur et cher confrère

Votre très humble et très obéissant
Serviteur
Delalande

1. À Yverdon où il rencontre de Felice, Lalande constate de lui-même l'avancement du projet d'Encyclopédie.

2. Ouvrage célèbre du Baron d'Holbach, athée militant, qui sera l'un des membres fidèles de la loge des Neuf Sœurs, fondée par Lalande en 1776. L'ouvrage porte comme sous-titre : *Des lois du monde physique et du monde moral.*

73
L → M
LETTRE DU 30 SEPTEMBRE 1774 [1]

(*Reçue le*) 15 octobre 1774, De la Lande

Monsieur Mallet,
astronome célèbre,
Cours S(*aint*)-Pierre
Genève

Bourg le 30 sept 1774

On m'a envoyé à Bourg, mon cher confrère, les observations que vous m'avez fait l'amitié de m'envoyer à Paris, je vous en remercie, et j'en ferai à la rentrée de l'Académie le meilleur usage possible. Je me fais un grand plaisir de vous voir cet automne à Genève. Ce sera vers le 15 d'octobre, et je prends la liberté de vous l'annoncer de peur de vous manquer, comme il y a deux ans.

Si vous avez observé la dernière opposition de Saturne, je vous prie de me l'envoyer, comparée avec mes Tables, pour m'en servir dans les calculs que je fais sur l'anneau de Saturne.

Mille compliments à mon ami Le Sage que je me fais un grand plaisir de revoir.

M[le] de Saussure m'avait promis de demander à M. son frère[2] des notes sur mon voyage d'Italie. Savez-vous si elle a eu égard à ma prière?

Voyez-vous notre ami Bonnet, comment se porte-t-il et son aimable moitié?

Je suis avec autant de considération que d'attachement
Monsieur et cher confrère

Votre très humble et très obéissant
serviteur
Delalande

1. Ms. suppl. 359, fol. 61-62.
2. Judith de Saussure et son frère, Horace-Bénédict. Ce sont les neveux de Jeanne-Marie Bonnet, épouse de Charles.

74

L → B

LETTRE DU 1 er NOVEMBRE 1774 [1]

Monsieur Bonnet de la Rive,
de l'Académie Royale des sciences
Genève

Bourg le 1 er nov(*embre*) 1774

Je vous envoie, mon cher et illustre confrère, le portrait et le Mémoire que vous avez bien voulu accepter. Je forme bien des vœux pour que la santé de votre chère compagne vienne enfin vous tirer de la situation douloureuse où je vous ai vu. Je la partage d'autant plus que j'ai actuellement chez moi une mère qui m'est chère qui soufre de la poitrine et qui m'inquiète beaucoup.

Je pars pour Paris dans 12 jours. Avez-vous quelque commission à me donner?

Quand vous verrez M. Trembley le jeune et aimable astronome, rappelez-lui je vous prie qu'il m'a promis un extrait des éphémérides allemandes.

Vous voyez quelques fois d'aimables voisines, Mad. et M le Macé, chez qui j'ai eu le plaisir de souper le lendemain de notre entrevue. Je vous prie de les assurer de mes devoirs.

Savez-vous de qui est la brochure intitulée Rousseau justifié envers sa patrie 1775, 79 pages [2], et quel est l'ami à qui il écrivait les lettres touchantes qui y sont rapportées; où est M. De Luc?

Je suis avec autant de respect que d'attachement
Monsieur et aimable confrère

Votre très humble et très obéissant
Serviteur
Delalande

---

1. Ms. Bonnet. 32, fol. 212-213.
2. *J.-J. Rousseau justifié envers sa patrie*, ouvrage de Jean-Pierre Bérenger, « dans lequel on a inséré plusieurs lettres de cet homme célèbre qui n'ont point encore paru ». Bien que la date d'édition indique 1775, cette brochure paraît le 14 septembre 1774 (E. Rivoire, *Bibliographie historique de Genève au XVIII e siècle*, Genève, vol. 1, 1897, p. 227).

75
B → L
LETTRE DU 22 NOVEMBRE 1774 [1]

Mr. de la Lande, de l'Académie Royale des sciences
Paris,

Genthod, le 22 Novembre 1774

Enfin, mon cher et célèbre confrère, je tiens de votre amitié non seulement un de vos écrits, mais encore votre portrait. L'un et l'autre m'ont fait grand plaisir et je vous en remercie fort. Le graveur vous a bien rendu, et il est impossible de vous méconnaître. L'aimable poète l'a bien secondé. J'ai regretté que votre intéressant écrit sur les comètes fut si court. Je vois assez comment des gens qui ne s'étaient pas donné la peine de vous entendre, ou qui ne pouvaient vous entendre, avaient pris une si chaude alarme. Au reste, vous n'avez pas besoin que je vous dise que je souscris entièrement à la manière de penser du sage et profond Lambert sur les rencontres dont il s'agit. Je n'ai jamais lu d'ouvrages philosophiques qui m'aient plus intéressé que le Système du Monde de cet illustre académicien. Quelle immense perspective n'étale-t-il point à nos yeux étonnés ! Quelles hautes idées ne nous donne-t-il point du GRAND ÊTRE qui a conçu et réalisé un tel plan par un seul acte de sa volonté ! Mais à quoi songe-je de vous parler d'un ÊTRE dont la notion sublime est bannie de vos cahiers et peut être encore de votre cœur ! Mon ami ! si je souhaitais moins votre vrai bonheur, je ne toucherais point à ceci. Mais vous connaissez mon amitié, et votre athéisme m'afflige. Seriez-vous donc parvenu par une suite de raisonnements métaphysiques bien enchaînés, à vous démontrer qu'il n'existe pas de Dieu ? Je ne puis le présumer, et en supposant que vous doutez encore, vous serez donc absolument indifférent de fixer vos doutes, et de vous assurer s'il existe ou non une Première Cause intelligente ? Seriez-vous assez malheureux pour avoir quelque motif secret de désirer qu'il n'existe point de Dieu, et que tout se termine à la mort ? Je ne le pense pas. Quel mal l'idée de l'existence d'un être souverainement puissant, sage et bon peut-elle faire à l'Homme de bien ? Que deviendrait même la vertu sans cette idée ! Combien serait-elle fragile ! Que deviendrait encore la Société et quelle sûreté y aurait-il dans le commerce de la vie ! Mais les conséquences nombreuses de l'athéisme sont si dangereuses, si saillantes, que vous ne sauriez vous les dissimuler. Vous aimez les Hommes ; vous

1. Ms. Bonnet 74, fol. 167.

seriez enchanté de les rendre heureux : soyez donc conséquent avec les sentiments de votre cœur, et ne prêchez pas sur les toits une doctrine qui ne saurait se concilier avec l'amour des Hommes. Je vous le disais un jour : un auteur que vous aimez écrivait : l'honnête théiste a tout le bonheur de l'athée, et un bonheur que l'athée ne saurait avoir. Cet auteur n'appelait pas Bonheur ces plaisirs qu'on ne goutte jamais sans mélange d'amertume.

Ce ne serait pourtant pas par les conséquences si funestes de l'athéisme que je voudrais argumenter avec vous : si l'athéisme était une fois démontré vrai, il faudrait bien en digérer les conséquences, et s'arranger comme l'on pourrait avec cette triste doctrine. Je ne voudrais vous présenter que les notions les plus certaines et les plus lumineuses qu'une saine métaphysique nous donne de la Matière et du Mouvement. Vous ne pouvez pas lire beaucoup sur ce grand sujet : j'ai essayé de concentrer dans 25 petites pages toute la somme des arguments qui établissent l'existence d'une Première cause ; et dans cette discussion ci-contre, je n'ai attaqué aucun athée ancien ou moderne. Vous savez que je déteste de polémiquer et que je n'ai jamais pensé qu'il put être utile aux progrès du vrai. J'ai cherché sincèrement la vérité ; je l'ai exposée avec candeur, et je n'ai jamais oublié que l'incrédule honnête avait des droits bien acquis sur mon cœur. Je n'espère pas trop, mon bon ami, que vous ayez un moment à donner à cette lecture, et moins encore à une méditation qui roule sur des objets si différents de ceux qui vous occupent. Mais, je serai toujours très empressé à vous être utile, quand j'aurai quelque espérance de l'être. M^r. Trembley vous enverra le plus tôt possible ces extraits des éphémérides allemandes que vous souhaitez.

La brochure intitulée, Rousseau justifié est attribuée à Bérenger, Natif de Genève et fameux pour ses écrits en faveur des Natifs contre nos Représentants, ce dont ils s'étaient vengés en le bannissant à perpétuité, sous peine de mort[1]. Sept autres chefs des Natifs avaient été enveloppés dans cette sentence, où l'on n'avait observé aucune des formes prescrites par nos lois. Je n'ai point lu encore cette justification de Rousseau. J'en ignorais même l'existence. J'aurais bien des choses à vous dire sur tout cela.

Mes aimables voisines ont été bien sensibles à votre bon souvenir, et me chargent de vous présenter leurs honneurs.

---

1. Suite à une échauffourée mortelle en février 1770, les chefs du parti des Natifs, dont Bérenger, sont bannis par le gouvernement avec l'appui des Représentants.

Recevez mes vœux pour le rétablissement de cette jeune parente qui vous est chère. Ma femme est un peu mieux actuellement, et vous remercie de la part que vous voulez bien prendre à ses maux. Elle a fort regretté de n'avoir pu dîner avec vous, et espère de s'en dédommager. Vous avez ses bien sincères compliments.

Mr. Deluc était encore à Genève, il y a quelque temps ; mais il est peut-être parti depuis pour Montpellier. Il a été chargé par la Reine d'Angleterre d'accompagner une de ses Dames d'honneur pour laquelle elle s'intéresse beaucoup et qui va consulter la Faculté de médecine de Montpellier.

Vous connaissez à présent mieux que jamais, la sincérité des sentiments avec lesquels je serais (*sic*) toujours,

Monsieur mon cher et célèbre confrère,

Votre ami

76
L → M
LETTRE DU 12 DÉCEMBRE 1774 [1]

Reçue le 19 x^{bre} 1774 (*par Mallet*)

Monsieur Mallet, citoyen de Genève
Professeur d'astronomie,
Cour S(*aint*)-Pierre
Genève

Paris, le 12 décembre 1774

J'ai reçu, mon cher confrère, avec bien de la reconnaissance votre lettre du 28 nov(*embre*) avec votre obs(*ervation*) du 14 avril. Voici celle de M. Messier à Paris

calculée par M. Méchain : 6 h 26' 0" à l'hôtel de Clugny
7 h 35 59
conjonction vraie : 5 47 3 à l'observatoire 2 s 6° 37' 59''.

Les tables : 59'' de moins

5° 1' 10'' latit(*ude*) vraie en conjonction
5 28 56 latit(*ude*) de l'étoile
17'' 1/2 que les tables donnent de trop

---

1. D. O. autogr. 25/30, 2 fol. L'inventaire de la BGE date la lettre du 18.12.1774, ce qui est erroné.

J'écrirai avec grand plaisir à M. Bernoulli, et je suis bien charmé d'avoir eu de ses nouvelles.

Faites je vous prie mes plus tendres remerciements à M. Trembley de l'ample extrait qu'il a bien voulu m'envoyer des éphémérides de Berlin, je lui en ai beaucoup d'obligation, je lui écrirai au premier moment. Mille compliments à notre ami Le Sage, à M. de Saussure et à son aimable prodige [1]. J'oubliais de vous prévenir que M. Lexell de Pétersbourg m'a demandé aussi les observations d'Aldebaran, pour les calculer; ainsi à l'exception de la vôtre de Genève, je pense que vous pourriez vous dispenser d'en calculer d'autres.

J'ai remis à M. Durand libraire des tables des éphémérides, séparées, qu'il vous enverra dans son premier envoi à M. Philibert. Je vous prie de vouloir bien les collationner avec vos originaux, et m'envoyer l'errata.

La comète a cessé de paraître le 8 novembre à Limoges, où M. Montagne l'a suivie avec assiduité, elle était du côté de Fomalhaut ; M. Méchain l'a calculée comme vous le verrez dans le *Journal des Savants*.

Bien des compliments à notre confrère M. Pictet, travaille-t-il toujours à l'observatoire ?

Je présenterai aujourd'hui à l'Académie le recueil d'observations que vous m'avez fait l'amitié de m'envoyer à Bourg.

Je suis avec le plus tendre attachement et la considération la plus distinguée Monsieur et cher confrère

Votre très humble et très obéissant serv(*iteur*)

Delalande

---

1. Peut-être Albertine De Saussure, fille d'Horace-Bénédicte, née en 1766.

77
L → M
LETTRE DU 22 JANVIER 1775 [1]

Monsieur Mallet,
  Correspondant de l'Académie royale des sciences
et astronome célèbre,
Genève

Paris, le 22 janvier 1775

J'ai appris, mon cher confrère, que vous aviez intention de faire une machine parallactique, comme M. le Président de Saron vient d'en faire exécuter une beaucoup plus commode et où il y a beaucoup de changements utiles. Je crois devoir vous observer, que si vous êtes toujours dans l'idée d'en avoir une, vous pourriez la faire exécuter par le même artiste, qui en faisant plusieurs à la fois pourrait les donner à bien meilleur compte ; celle que je vous propose avec tous les changements serait de 25 louis d'or sans lunette parce que la machine est faite pour recevoir celles de Dollond. Les cercles qui portent les divisions de déclinaison et les heures, sont de 10 pouces de rayons, la hauteur de la machine est la même que les pieds d'Angleterre ; la lunette est portée sur un axe, comme les lunettes méridiennes et se retourne pour pouvoir en faire la vérification.

La personne dont je vous parle est M. Méniers, le plus habile de nos artistes.

J'ai peine à croire que vous ne vous soyez pas trompé sur la latitude de la Lune, avez-vous employé l'inflexion des rayons ? La moindre différence dans l'observation en produit ici une très grande sur la latitude parce que l'étoile passa très près du centre de la Lune.

Je vous prie d'engager M. de Saussure à mettre ses notes pa(r écrit) car je travaillerai à ma nouvelle édition dès que j'en aurai les matériaux. Faites encore mes remerciements à M. Pictet des extraits qu'il a bienvoulu m'envoyer. Je suis occupé à (revoir ?) avec M. Lambert l'article 2540 dans

---

1. Ms. suppl. 359, fol. 63-64.

lequel je ne crois pas encore m'être trompé; la démonstration de sa form(*ule*) me paraît renfermer des suppositions qui ne sont pas démontrées. Mille compliments à mon cher ami Le Sage, à M. Bonnet et à M. Trembley.

Je suis avec le plus tendre attachement,
Monsieur et cher confrère

Votre très humble et très
Obéissant serviteur
Lalande

78
L → M
LETTRE DU 14 MAI 1776 [1]

Monsieur Mallet
astronome de l'Académie Impériale de Saint-Pétersbourg
cour S(*aint*)-Pierre
Genève

Paris, le 14 mai 1776

Monsieur et cher confrère

Je suis honteux de n'avoir point encore répondu à la lettre par laquelle vous me fîtes l'amitié d'accompagner les 53 Tables de nutation que vous avez pris la peine de calculer; nous allons en imprimer une partie dans quelques jours dans la *Connaissance des temps* 1772 avec le reste de celles que vous m'aviez envoyées pour 1770. Si pour l'année prochaine vous vouliez reprendre les aberrations et les nutations de toutes les étoiles calculées jusqu'ici dans la *Connaiss(ance) des temps* pour 1770, afin de les donner pour 1780 comme vos dernières, cela nous procurerait le double avantage de reconnaître celles où il peut y avoir erreur, et de savoir le changement de 30 ans pour en conclure les aberrations dans toute autre année.

1. Ms. suppl. 359, fol. 65-66.

J'ai bien reçu le volume que M. Le Sage avait remis pour moi à M. de Saussure, j'ai été l'en remercier chez lui, et je lui ai témoigné le plaisir que j'avais de connaître le parent d'un si digne confrère. Dites-lui que le 6e volume des <u>Mémoires présentés</u> est bien commencé, mais que je ne sais du tout point quand il finira ; il n'y a personne qui ait le courage de presser, et l'imprimerie va comme celle d'un roi d'Espagne.

Je n'ai eu aucune nouvelle de M. Chirol depuis le commencement de l'année ; demandez-lui, je vous prie, s'il m'a envoyé quelque chose et par quelle voie ; c'est toujours par M. Fabri, subdélégué de Gex qu'il faudrait s'y prendre.

J'espère, mon cher confrère, vous voir ce mois de septembre à Genève, et même passer outre pour aller à Yverdon et à Bâle. Que dit-on de l'encyclopédie d'Yverdon pour laquelle je fais les éléments d'Astronomie ?

Je suis avec la considération la plus distinguée

Votre très humble et très ob(*éissant*) serv(*iteur*)
Lalande

Ne donnerez-vous pas quelque petite relation de la Sibérie ou Laponie, quand ce ne serait que dans notre *Journal des savants*, cela nous ferait grand plaisir ?

La pièce sur la Lune, que M. Euler avait annoncée avec tant d'emphase et de solennité, a été trouvée ici fort commune, et il paraît qu'elle ajoute peu à ce qu'on avait fait avant lui ; au point qu'il n'a eu que la moitié du prix. Je n'ai pas une extrême confiance aux résultats qu'il livrera pour la parallaxe du Soleil, parce que, n'ayant pas les rapports astronomiques dans la tête, il con... sans choix, sans goût, sans discernement, il fait entrer comme inconnue des choses qu'il faut supposer données ; et quand il dit n'être pas content de la manière dont on avait calculé l'observation de 1761, c'est que, certainement, il n'est pas au fait de ce qu'un astronome a besoin de chercher, et de la méthode qui convient dans cette recherche.

Trouve-t-on à Genève le *Système de la nature*[1] de M. de Mirabeau (*Mirabaud*), sait-on quel en est le véritable auteur ?

---

1. Œuvre du baron d'Holbach qui prend le pseudonyme Jean-Baptiste de Mirabaud, membre décédé de l'Académie des sciences.

79
L → M
LETTRE DU 18 JUIN 1776 [1]

18 juin 1776

J'ai reçu, mon très cher confrère, votre Mémoire sur les oppositions de l'année dernière. Le rapport en a été fait, et il est destiné à l'impression pour le volume des Mémoires présentés qui sera pour l'année 1776. Le volume de l'année 1773 qui est le 7e de la collection vient de paraître et, comme il contient un Mémoire de vous, vous pouvez charger quelqu'un de retirer l'exemplaire qui vous revient.

Je me propose de faire réimprimer toutes les Tables d'aberration qui ont paru jusqu'à présent en un seul volume. Si vous vouliez réduire à 1780 toutes celles qui ne sont que pour 1750, et y ajouter celles du catalogue de l'abbé de la Caille que vous n'avez point faites, c'est-à-dire, qui ne sont point comprises dans les 262 étoiles dont la Table est dans la *Connaissance des temps* de 1774 page 236 et suivantes. Il ne faut pas réimprimer des choses déjà connues à moins qu'on y ajoute un certain degré de perfection. Mandez-moi si vous pouvez vous charger de ce petit travail d'ici à l'hiver prochain. Dans le cas où vous le ferez, je vous prie de copier chaque Table sur un carré séparé, et d'un côté seulement, afin de m'éviter la peine de les recopier pour les ranger à leur place.

Je vous invite à augmenter un peu le recueil d'observations que vous envoyez chaque année à l'Académie, à moins que vous n'ayez une occasion de les faire imprimer toutes séparément, d'y joindre les satellites de Jupiter, les occultations d'étoiles, les ascensions droites des planètes, surtout de Mercure et de Vénus.

Il paraît que la longitude de Genève est de 15' et 15'' suivant les calculs de M. Méchain.

Je vous prie de remercier pour moi M. Trembley de l'extrait qu'il m'a envoyé pour les Éphémérides de Berlin. Je le ferai imprimer comme étant beaucoup meilleur que le mien. Si, pour le volume prochain, il veut prendre la même peine, je n'en donnerai point que je n'aie reçu le sien. Je le prie seulement d'y mettre très peu de calculs, on les craint dans un journal.

1. Ms. suppl. 359, fol. 67-68.

M. Pictet a fait un voyage bien intéressant en Angleterre. J'ai eu du regret de n'en pouvoir pas causer plus amplement avec lui ; mais j'espère m'en dédommager cet automne.

Je vous invite à ne pas oublier les taches du Soleil.

Je suis avec autant de considération que d'attachement
Monsieur et cher confrère

Votre très humble et
très obéissant serviteur
Delalande

80
L →?
LETTRE DU 5 OCTOBRE 1781 [1]

(*Extrait, peut-être par Mallet, d'une lettre de Lalande en date de Bourg en Bresse*)

5 oct 1781

.... Nous avons actuellement une comète [2] fort extraordinaire, elle est comme une étoile de la 6è grandeur, dans les pieds des Gémeaux, elle paraîtra au moins pendant 15 ans, mais elle va fort lentement et peut-être est ce une nouvelle planète qu'on verra toujours et qu'on a toujours vue sans la remarquer. Elle a 94°, 5' d'ascension droite et 23° 40' de déclinaison.

---

1. Ms. fr. 667, fol. 77.
2. En 1781, deux comètes furent observées à Paris, par Méchain, l'autre par Messier.

81
B → L
LETTRE DU 23 FÉVRIER 1782 [1]

Mr. de la Lande,
de l'Académie Royale des Sciences
Paris

Genthod
le 23 e Février 1782

Je conserve trop de reconnaissance, Monsieur mon cher et célèbre confrère, de la manière si obligeante et si honorable dont vous avez bien voulu de vous-même faire l'Extrait de plusieurs de mes écrits dans le Journal des savants pour que je ne me fasse pas un plaisir d'en placer la collection complète dans votre Bibliothèque. Le libraire Fauche, de Neuchâtel en Suisse, a donc été chargé de ma part de vous faire parvenir franco cette collection par la diligence de Paris. Les éditeurs auxquels il est associé font à la fois deux éditions de mes œuvres, l'une in-quarto, l'autre in-octavo. Je vous envoie la première comme la plus soignée et celle que j'ai revue moi-même. Elle a déjà cinq volumes ou plutôt sept, car les tomes IV et V sont divisés chacun en deux parties. Mon portrait que vous aviez souhaité, se trouve au-devant du premier volume, et il a été exécuté par deux très habiles artistes. Il y en a un autre à la tête de la petite édition où je ne suis pas représenté, comme dans celui là, méditant profondément sur un grand sujet de philosophie. Celui-ci n'est qu'un simple profil, mais très ressemblant : si vous le désirez, je vous le ferai parvenir.

Je ne vous ferai pas l'histoire de cette entreprise typographique à laquelle je n'avais consenti qu'après une très longue et très forte résistance. Vous la trouverez dans la préface générale qui est à la tête du premier volume et que je vous prie de lire. Elle ne vous arrêtera pas longtemps ; elle est assez courte ; mais elle dit tout ce que j'avais à dire de plus essentiel. Les Avertissements, plus courts encore, que j'ai mis au devant de chaque écrit principal, vous donneront une idée de ce que j'ai fait pour le perfectionnement de ces divers écrits. Vous jugerez mieux encore de l'étendue de mes nouvelles additions, si j'ajoute que celle de ces sept premiers volumes vont à plus de douze cents pages quarto. L'insectologie et la Contemplation de la nature en particulier ont été doublées. Les Considérations sur les

1. Ms. Bonnet 76, fol. 48-49.

<u>corps organiques</u> ont aussi été très augmentées. Il fallait bien que j'insérasse dans ces deux derniers ouvrages le précis d'une multitude de découvertes plus ou moins importantes qui avaient été faites depuis leur première publication en 1762 et 1764, et je m'en suis acquitté avec toute la clarté et toute la précision dont je suis capable. Enfin, j'ai ajouté un nouveau supplément à mon livre <u>Sur l'usage des feuilles dans les plantes</u> qui parut *in quarto* en 1754, et j'ai composé de nouveaux mémoires relatifs à ceux que j'avais publiés en divers temps dans le <u>Journal de Rozier</u>, ou que l'Académie avait publiés elle-même dans les <u>Savants étrangers</u>.

Comme je sais que vous êtes toujours très occupé, je n'ose, mon cher confrère, me livrer à l'espérance que vous pourrez parcourir tous les volumes que je mets sous vos yeux. Ce serait assurément exiger trop de votre amitié que de vous prier de parcourir au moins mes principales additions. Je veux vous soulager et dans cette vue, je me réduirais à ne vous recommander que la <u>Contemplation de la nature</u> où j'ai en quelque sorte concentré les divers sujets dont je me suis occupé au détail dans mes autres écrits.

J'y ai ajouté de nouveaux chapitres qui sont indiqués par ce signe ++ et qui roulent tous sur des objets intéressants. Mais c'est surtout dans les notes que j'ai répandu le plus de nouveautés et de nouveautés intéressantes. La composition de ces nombreuses notes est ce qui m'a le plus occupé, parce que je voulais que la manière dont elles seraient faites pût m'en faire pardonner le nombre et l'ampleur. Mon texte trop serré ne permettait pas les interpolations. Je l'ai donc laissé tel qu'il était, parce que j'aurais craint de le gâter en y introduisant des détails.

C'est dans les notes que vous lirez le précis des belles découvertes de mon célèbre ami l'abbé Spallanzani sur les animalcules des infusions, sur les vers spermatiques, sur la fécondation artificielle de divers animaux et même d'une chienne, sur les reproductions animales, sur la digestion, etc. Vous n'avez pas oublié que j'avais tâché d'établir dans mes premiers écrits la préexistence du germe à la fécondation et que tout se réduisait à un simple développement. J'avais rassemblé là-dessus, il y a bien des années, un grand nombre de faits et de considérations qui me paraissaient concourir en faveur de cette doctrine. J'avais été ainsi entrainé à combattre les brillantes hypothèses de l'illustre Buffon et à montrer qu'elles ne s'accordaient point avec les décisions les plus claires de notre maîtresse commune, la Nature. J'avais tiré des faits diverses conséquences immédiates, ou médiates, qui étaient devenues des principes, à la lueur desquels j'avais tenté d'expliquer d'une manière satisfaisante la reproduction des êtres vivants. J'eus le plaisir quelques années après de voir feu mon respectable ami Haller confirmer mes petites idées par sa belle découverte sur le poulet et se ranger de mon avis, quoiqu'il eut d'abord incliné vers l'épigenèse. Mais, les nouvelles découvertes de l'abbé Spallanzani, faites tout récemment, ont bien mieux confirmé encore les vérités que je soutenais, et ont porté la préexistence des germes jusqu'à la démonstration rigoureuse, puisqu'il est parvenu à observer le germe dans la femelle de divers amphibies avant la fécondation. Il a plus fait encore, avec une goute de sperme qui n'était pas la cinquantième partie d'une ligne, il a fécondé artificiellement l'œuf et a fait développer le germe en entier comme dans les fécondations naturelles. Il a démontré encore de la manière la plus rigoureuse que les fameuses molécules organiques que M. de Buffon s'obstine à n'abandonner point, ne sont point du tout des molécules organiques, mais qu'elles sont de vrais animalcules qui naissent, croissent et multiplient dans les liqueurs séminales qui se corrompent et qui y succèdent graduellement aux vers spermatiques habitants naturels des liqueurs, et qu'il a démontré aussi être de vrais animaux contre l'opinion de M. de Buffon. L'abbé Spallanzani a donc aussi adopté ma manière de philosopher sur les reproductions des êtres vivants. Vous en jugerez mieux si vous prenez la peine de lire en entier la note 1 du chap(itre) VI de la part(ie) II des Considérations sur les corps organisés, page 411. Prenez encore la peine de lire en entier la note 1 du chap(itre) VIII de la part(ie) I, page 90. Ces deux notes vous apprendront des faits extrêmement intéressants et que vous aimerez à savoir. Il me serait bien agréable que vous pussiez trouver le temps de parcourir les principales notes des considérations. Vous seriez frappé de la convergence singulière d'une multitude de faits bien sus, bien constatés, vers la préordination des êtres.

L'éloquence du Pline français[1] avait entraîné vers ces opinions une multitude de lecteurs, et même de grands physiologistes. Il n'y a plus moyen aujourd'hui de défendre ces opinions et j'aime à croire que si l'inventeur lui-même voulait bien revoir après M. Spallanzani, il conviendrait de bonne foi que ce n'a pas été sans fondement que l'observateur italien et moi nous nous sommes élevés si fortement contre les hypothèses si évidemment désavouées par la nature. Vous teniez vous même, mon bon ami, à ces hypothèses, au moins ais-je cru m'en apercevoir dans nos entretiens. Vous voudrez bien me lire et juger.

Que vous dirais-je, enfin! Les corps jaunes des femelles des quadrupèdes si célébrés par M. de Buffon lui sont encore enlevés par l'observateur italien. Voyez Corps organisés part. II, chap. VII, page 464, note 2. Voyez à

_____
1. Buffon

présent si j'ai eu tort de terminer cette note comme je l'ai fait. Je vous le répète, ça a toujours été à regret que j'ai critiquée votre illustre confrère : personne n'admire plus sincèrement que moi ce beau génie, l'un des plus grands ornements de la France.

Je suis actuellement occupé de la révision de mes écrits de philosophie rationnelle qui formeront encore trois volumes *in quarto*. Cette partie de la collection n'exigera pas autant d'additions ni à beaucoup près que la partie d'histoire naturelle que je viens de finir. Je revois dans ce moment l'Essai analytique sur les facultés de l'âme, dont on va commencer la réimpression.

Parlons à présent de vous, mon cher confrère, comment vous êtes-vous porté ? Quel nouvel ouvrage avez-vous sur le métier ? Vous êtes sans contredit un des membres les plus laborieux de l'Académie et un de ceux qui payent à la grande société les plus forts contingents.

A propos de vos ouvrages, vous ne m'avez jamais envoyé votre Voyage d'Italie dont vous m'aviez promis la seconde édition. Je crois avoir quelque droit de vous la demander. Je n'ai jamais eu de vous que votre portrait et votre petite brochure sur les comètes.

Après avoir perdu mon ancien et illustre ami M. Tronchin, l'Académie vient de perdre encore le célèbre Pringle. Ces deux célèbres médecins avaient bien dignement servi leur art et le public. Vous donnerez sans doute la place de Pringle au grand navigateur qui préside actuellement la Société Royale d'Angleterre [1], et votre choix ne surprendra personne. J'ignore quel est le savant qui a remplacé M. Tronchin : il aurait pu l'être à juste titre par un autre de mes compatriotes et de mes amis qui jouit de la réputation la mieux méritée, je parle de l'illustre auteur de la belle découverte des Polypes [2].

Il est temps que je finisse cette longue épitre et ce ne sera pas sans vous renouveler, monsieur mon cher et célèbre confrère, les témoignages de mon inviolable attachement.

P.S. Je n'ai publié les lettres qui occupent la seconde partie du T(*ome*) V, que parce que plusieurs avaient déjà été imprimées et qu'on m'avait paru désirer que j'en publiasse un plus grand nombre. On aime beaucoup les lettres ; c'est qu'on se plaît à voir les auteurs en chemise. Celles-ci montrent la naissance et les progrès de bien des découvertes intéressantes.

1. Joseph Banks.
2. Abraham Trembley.

82
L → B
LETTRE DU 10 JUILLET 1782 [1]

Paris, le 10 juillet 1782

J'ai reçu hier, mon cher et illustre confrère, les 7 volumes de votre belle collection, avec votre lettre du 23 février. J'ai été bien sensible à cette marque de souvenir et d'amitié. J'avais déjà annoncé dans le *Journal des Savants* la nouvelle entreprise. Je vais en parler avec plus de détail. Nous avons élu le 15 mai M. Bernoulli à la place de son frère. Vous étiez sur les rangs car on a présenté Mrs Bernoulli, Priestley, Bonnet, Camper, Schesle (*Scheele*) et Wargentin. Vous étiez en bonne compagnie ; les mathématiciens l'ont emporté à la pluralité des voix.

Le portrait n'y était point, je l'attendrai avec impatience.

Je me souviens encore du plaisir que me fit la *Contemplation de la nature*. Je la portai à un ami qui mourut et je l'avais perdue. Je la relirai avec empressement.

Je fais à présent 3 ouvrages : un volume d'Ephémérides pour dix ans, la partie astronom(*ique*) de la nouvelle Encyclopédie, et une édition de mon voyage d'Italie. Je me ferai un plaisir de vous la présenter ; mais ne pourriez-vous point engager M. de Saussure à me donner quelques corrections ou quelques additions. Faites-moi l'amitié de le lui demander ou de lui faire demander par un ami commun. Je vous en aurai une véritable obligation.

J'ai aujourd'hui 50 ans, je ne m'en porte pas moins bien. Je suis fort heureux, fort content. Je vous ai bien plaint dans les troubles de votre patrie. Donnez-moi des nouvelles de votre âme, de votre santé, de vos affaires domestiques et civiles [2], et ne doutez pas, je vous prie, du tendre et éternel attachement avec lequel, je serai toujours

Votre très humble serviteur, confrère et ami

Lalande

---

1. Ms. Bonnet 36, fol. 136-137.
2. Lalande évoque ici la crise politique de 1782. Après le coup d'État de la bourgeoisie représentante en avril 1782, la France, le Piémont et le canton de Berne interviennent militairement, assiégeant Genève et menaçant de l'investir par les armes. Le 2 juillet, les citoyens et bourgeois insurgés capitulent devant l'ultimatum des Puissances garantes.

83
B → L
LETTRE DU 11 AOÛT 1783 [1]

Mr de Lalande, de l'Académie royale des sciences
Paris

de ma Retraite, le 11 Août 1783

Voici, Monsieur mon cher et célèbre ami, trois nouveaux volumes de la collection générale de mes œuvres, qui contiennent mes écrits de philosophie rationnelle. Il s'y trouve bien des additions et divers morceaux que je n'avais point encore publiés et qui roulent la plupart sur des matières importantes. Je les ai placées à la fin du dernier volume. Je ne puis vous donner de tout cela qu'une légère idée, mais qui suffira, j'espère, pour diriger votre vue. Les Avertissements qui sont à la tête de chaque volume suppléeront en partie à la brièveté de ma notice. Toutes les additions que j'ai faites à l'Essai analytique sur l'âme sont en forme de notes, qui toutes ou presque toutes sont assez courtes. Je vais vous indiquer les plus essentielles.

Parag(raphe) 46. Je traite ici de ce qu'on doit entendre par le mot de Force, dont l'idée très métaphysique demandait à être développée, surtout dans le rapport à l'âme.

§ 86. On s'était mépris sur l'emploi fréquent que je fais dans l'ouvrage des mots de fibres, de faisceaux de fibres et il importait fort que je fisse cesser cette méprise qui pouvait porter sur mes principes eux-mêmes. Je détermine donc de la manière la plus précise dans cette note, le sens que j'attache à ces mots ; et si après une telle explication, on se méprend encore, ce ne sera sûrement pas ma faute.

§ 119. Il s'agit ici de la question très abstraite si les lois de l'Univers, de l'âme et du corps sont arbitraires ? J'essaie de montrer clairement qu'elles ne pouvaient l'être. Je touche en passant aux lois du mouvement, et je montre qu'elles ne pourraient non plus être arbitraires.

§ 510. Je tâche d'établir dans cette note que des considérations vraiment psychologiques qui me paraissent avoir échappé aux philosophes qui m'avaient précédé, que l'âme est douée d'une activité qu'elle exerce hors d'elle ou sur son corps ; ce que je fais sentir en rappelant ce que j'avais exposé dans les chapitres VII et XIII sur la nature de l'attention et du désir.

1. Ms. Bonnet 76, fol. 107-108.

J'en tire une objection nouvelle et très forte contre le système célèbre des causes occasionnelles, et contre la fameuse Harmonie préétablie.

§ 524. Je montre ici dans quel sens il faut entendre le terme de filles intellectuelles qui reviennent en plusieurs endroits du livre et qui avaient été mal saisies par divers lecteurs qui ne tenaient pas assez mes principes.

§ 575. J'expose dans cette note quelques idées sur le perfectionnement futur dont les facultés corporelles et intellectuelles des êtres mixtes sont susceptibles et sur les différences primitives originelles qui peuvent se rencontrer entre les âmes, ainsi que sur les effets divers qui peuvent résulter de ces différences.

§ 604. Cette note touche à un de nos principes fondamentaux sur la mécanique de nos idées, et en particulier sur la réminiscence ou sur le rappel des idées les unes par les autres.

§ 742. J'esquisse ici trois hypothèses qu'on peut former sur l'état de l'âme après la mort et me borne à quelques réflexions sur ces hypothèses.

§ 817. Je fais dans cette note la petite histoire de la manière assez singulière dont l'ouvrage a été composé. Je fais à ce sujet quelques réflexions pratiques.

§ 822. Cette note est importante, parce qu'elle est un nouveau développement de cette théorie de la mémoire que j'avais exposée dans le Chap(itre) XXII. Ceci me conduit à des considérations psychologiques sur quelques-unes des causes physiques auxquelles tiennent certaines maladies de l'esprit.

Je viens au tome VII ou à la Palingénésie philosophique. J'ai donné à cet ouvrage une forme nouvelle, qui m'a paru plus propre à faire saillir la marche, le but et l'enchaînement des idées de l'auteur. Il s'y trouve un chapitre sur les preuves de l'existence de Dieu, qui manquait essentiellement aux premières éditions. Si vous prenez la peine, mon célèbre confrère, de lire et de méditer un peu ce chapitre si important, je ne désespère pas que vous ne soyez content du choix de mes preuves et de la manière claire et précise dont je les ai exposées. Ce chapitre est le 11e de la part(ie) XVII. Le chapitre VIII de la part(ie) XXI ne se trouvait pas non plus dans les premières éditions du livre ; mais il était avec le précédent dans une édition séparée des Recherches sur le christianisme. J'y ai concentré mes idées sur la grande matière du témoignage. J'ai ajouté ça et là quelques notes intéressantes de physiologie ou ge(?). naturelle, dont vous pouvez voir l'indication à la suite de la table des chapitres.

Je passe au tom(e) VIII : l' avertissement qui est au devant de ce volume, vous donnera l'histoire de cet enfant bâtard, de sa jeunesse, que je ne me suis déterminé à légitimer qu'environ trente ans après sa naissance.

Le reste du volume est occupé par divers écrits, la plupart absolument neufs, ou que je n'avais jamais publiés. Le plus considérable est celui que j'ai intitulé Philatethe [1] et où je recherche en sceptique raisonnable s'il est quelques vérités qui puissent servir de fondement à une morale philosophique. Un coup d'œil que vous jetez sur les autres écrits vous apprendra bientôt quels sont ceux qui méritaient le plus votre attention.

Je mets le paquet sous le couvert de Mr. Amelot, secrétaire d'Etat, avec lequel je sais que vous avez des liaisons, et qui a l'Académie dans son département. Veuillez donc le faire retirer de l'Hôtel de ce ministre à son arrivée. Le même courrier vous porte ma lettre et ce paquet.

Je compte que le libraire Hardouin n'aura pas manqué de vous remettre la grande estampe de mon portrait qui devait se trouver à la tête du tome 1er de mes œuvres et qui manquait à votre exemplaire. S'il ne l'avait pas fait, ce serait une grande négligence; car il s'était chargé de la distribution de l'estampe auprès de mes amis de Paris. Il demeure rue des Prêtres St Germain l'Auxerois.

Je n'avais pas manqué d'écrire à Mr. de Saussure au sujet de la petite commission que vous me donniez par votre billet du 10ᵉ de Juillet de l'année dernière, et que vous aviez chargé le jeune Trembley de me rappeler. Je ne doute pas que Mr. de Saussure n'y ait satisfait au moins en partie. Il a été extrêmement détourné par nos affaires publiques et par un voyage dans les Alpes de la Suisse.

Je recevrai avec bien de la reconnaissance l'exemplaire que vous me promettez de votre seconde édition du *Voyage d'Italie*. Le grand succès de ce livre était bien propre à vous exciter à en donner une nouvelle édition.

J'ai encore, mon digne ami, à vous témoigner ma juste gratitude de l'obligeant portrait que vous avez bien voulu donner des premiers volumes de mes œuvres dans le Journal des savants. J'y ai bien reconnu votre amitié pour l'auteur, et je vous en tiens d'autant plus de compte que je n'ignore pas le nombre et la variété de vos occupations. Je suis même étonné que vous puissiez suffire à tant de travaux, et que votre santé n'en soit pas altérée. Ménagez-la davantage néanmoins et recevez tous les vœux de l'amitié.

---

1. *Philalèthes* ou *philalètes*, qui se traduit par : ami ou chercheur de la vérité, du grec *philos*, ami et *aléthia*, vérité est en franc-maçonnerie, le nom donné au *Rite des philalèthes* et à ses pratiquants. Ce régime de maçonnerie philosophique ou mystique est fondé en 1773 par le marquis Charles-Pierre-Paul Savalette de Langes au sein de la loge « Les Amis réunis » dont il est vénérable et membre fondateur. Ce rite perdure jusqu'à la mort de son fondateur en 1797.

J'étais bien persuadé de l'intérêt que vous preniez à nos violentes crises politiques; grâce aux Puissances bienfaisantes qui nous ont secourus, l'autorité légitime a repris ses droits, la législation a été perfectionnée, la souveraineté de l'État assurée sur les bases les plus solides, la tranquillité publique et particulière mise pour toujours à l'abri des cruelles atteintes auxquelles elle était exposée par la prépondérance de la multitude et de ses chefs sortis volontairement du Gouvernement à la malheureuse révolution de 1768. J'y suis resté à la révolution de 1782, et j'ai déféré ainsi à l'invitation des plénipotentiaires des Puissances médiatrices. J'ai donc repris dans le Grand Conseil, la place que j'y occupais dès 1752. Ne croyez point à ces émigrations considérables de nos concitoyens représentants, dont parlent sans cesse les papiers anglais. Jusqu'à présent, il n'y a eu qu'un très petit nombre d'émigrants, et les fabriques principales, ainsi que le commerce, prospèrent autant qu'ils aient jamais fait. J'oserais bien répondre que cette nouvelle Genève qui devait être fondée en Irlande ne le sera point [1]. Nos gens ne pourraient y travailler en horlogerie que sur le pied de 18 carats, et une loi qui affecte les trois royaumes oblige d'y travailler à 22. Cette loi à laquelle tient si essentiellement le crédit public ne sera pas abrogée ou modifiée pour complaire aux proscrits qui se sont réfugiés en Irlande.

Quoique vous ne m'ayez rien écrit sur mon entrée dans la première Académie du monde [2], je suis bien sûr, mon cher et bon ami, que vous y avez pris l'intérêt le plus réel. Je ne réussirais pas à vous peindre la surprise que me causa le 23e de mai, la nouvelle si imprévue de mon élection. Je ne savais pas même qu'il y eut une vacance, et je n'imaginais pas le moins du monde je serais jamais préféré à ces grands chimistes dont les belles découvertes font tant de bruit dans l'Europe savante. Mais j'étais le doyen des correspondants de l'Académie; j'étais son correspondant depuis 43 ans, et voilà sans doute ce que cette illustre compagnie a le plus apprécié. Peut-être encore qu'elle m'a tenu compte de n'avoir jamais fait, ni fait faire la plus légère démarche pour obtenir une distinction qui a excité plus d'une fois les plus fortes brigues. Je ne vous dis point toute ma

1. Le retour au pouvoir de l'oligarchie s'accompagne de la proscription des chefs des Représentants. Un grand nombre de Genevois actifs dans l'horlogerie décident de s'exiler et tentent de fonder à Watford, en Irlande, une *New Geneva*. Le projet ayant échoué, une partie de ces émigrés s'installe à Constance en 1785 à l'invitation de Joseph II pour y fonder une manufacture d'horlogerie. En 1789, la plupart des proscrits et des émigrés reviennent à Genève.
2. Académie des sciences de Paris où Bonnet est élu en 1783 associé étranger, alors qu'il est membre correspondant depuis 1740.

reconnaissance ; vous connaissez ma manière de sentir et de penser et tous les sentiments qui m'attachaient à l'Académie depuis un si grand nombre d'années. Vous connaissez aussi ceux qui m'attachent à vous mon cher et illustre ami et confrère et qui ne finiront qu'avec la vie de....

84
L → B
LETTRE DU 24 SEPTEMBRE 1783 [1]

(L'écriture de cette lettre est celle d'un secrétaire)

Monsieur Bonnet,
des Académies de Londres, Pétersbourg, Stockholm etc.
Genève

Bourg en Bresse Le 24 septembre 1783

J'ai reçu, mon cher et illustre confère, votre lettre du 11 août peu de temps après les volumes que vous m'annonciez. J'ai été charmé d'avoir une nouvelle occasion de rendre hommage à votre gloire et vous verrez bientôt dans le Journal des savants l'annonce que j'ai donnée de cette partie de vos ouvrages.

J'ai envoyé plusieurs fois chez le libraire Hardouin pour avoir votre portrait, il me l'avait promis. Je suis parti cependant sans l'avoir reçu. Mais, à mon retour, je ne le négligerai pas ; je veux qu'il soit sous mes yeux, comme j'espère que vous avez le mien.

J'ai reçu, en effet, de Monsieur de Saussure une réponse très obligeante dont je vous prie de lui faire un remerciement. J'ai eu l'indiscrétion de lui demander un petit Mémoire sur l'histoire naturelle d'Italie et des notes sur mon livre, (*à ?*) suppos(*er ?*) qu'il en ait faites. Je n'en suis pas pressé parce que je ne commencerai mon impression que l'hiver prochain. Mais je voudrais bien que vous l'engagiez à me rendre ce service.

J'ai eu le plaisir de rendre témoignage à l'excellent livre qu'il vient de publier, de deux façons différentes, une fois comme censeur royal, le ministre me l'ayant renvoyé pour avoir mon avis et une fois comme auteur du *Journal des savants*. J'ai eu même le plaisir d'influer, sans que vous m'en eussiez chargé, sur le choix de l'Académie lorsqu'elle vous a proclamé l'un des 8 savants les plus illustres de l'Europe. Ces sortes de

1. Ms. Bonnet 37, fol. 244-245.

places ne sont jamais sollicitées par ceux qui les méritent, mais elles le sont vivement par les académiciens qui s'intéressent à eux. J'ai intrigué et cabalé pour vous parce que d'autres intriguaient et cabalaient pour MM. Black, Priestley, Camper et John Hunter avec qui vous étiez en concurrence. Dans l'élection du 17 mai, vous voyez que vous étiez en bonne compagnie, mais votre ancienneté devait vous mériter la préférence, indépendamment de votre réputation. Je vous avoue que le même motif m'avait fait solliciter vivement dans l'élection précédente pour M. Wargentin, célèbre astronome suédois, quoique vous fussiez présenté avec lui et que M. LeMonnier voulut l'écarter, mais son âge exigeait, ce me semble, qu'on se pressât de le récompenser de ses travaux.

Je ne vous fais pas compliment de votre entrée dans le gouvernement de Genève, parce qu'un homme de votre mérite était digne d'y être appelé par la voie du peuple et non par celle des députés[1]. Mais c'est toujours un bonheur pour ceux qu'on opprime d'avoir des despotes philosophes et je voudrais que vous y fussiez le monarque.

Vous ne me donnez point des nouvelles de votre aimable compagne; vous savez pourtant les inquiétudes que j'ai toujours eues sur sa santé et je vous prie de lui faire part de mes reproches. En me donnant de ses nouvelles, faites-moi le plaisir de m'en donner de Monsieur Mallet; êtes-vous parvenu à lui faire rendre son observatoire? L'interruption des observations est ce qui m'a fait le plus détester les troubles de Genève[2].

Je vous prie de remercier mon ami Le Sage du Mémoire qu'il m'a envoyé et de dire à Monsieur Senebier que j'ai fait faire par Monsieur Ducarla un extrait de son livre pour le *Journal des savants*. Je vous remercie bien sincèrement mon cher et respectable ami de l'intérêt que vous prenez à ma santé et à mes travaux. Vous pouvez être rassuré, je travaille peu et je me porte à merveille. À l'âge de cinquante un an, j'ai toute la force de vingt ; je ne travaille jamais l'après dîner et comme j'ai mes entrées à tous les spectacles, j'en profite agréablement pour me distraire du travail qui pourrait me fatiguer. Au sortir du spectacle, je vais ordinairement souper avec des femmes aimables, mais je me retire de bonne heure et mon ouvrage du matin n'en souffre point. Enfin je suis à tous égards

---

1 En rappelant à Bonnet que, dans une république, la légitimité politique se construit sur la base d'un vote démocratique, Lalande se montre critique à l'égard d'un régime politique dont le conservatisme s'est accru à la suite de la « révolution » de 1782.

2. Mallet avait installé son observatoire dans les casemates des fortifications. Au moment du siège de la ville à l'été 1782 puis avec l'intervention des troupes des Puissances médiatrices, il doit déménager ses instruments. Ce n'est qu'en 1786 qu'il semble avoir réactivé un laboratoire dans sa maison de campagne à Avully.

l'homme le plus heureux que l'on puisse trouver. J'entre dans ces détails pour satisfaire votre aimable sollicitude à mon égard. Je vous souhaite le même bonheur et vous prie de recevoir les assurances du tendre et respectueux attachement avec lequel je serai toute ma vie votre serviteur et ami

Lalande

85

B → L

LETTRE DU 17 DÉCEMBRE 1783 [1]

Mr. delaLande, de l'Académie fr(ançaise) des Sci(ences)
Paris

Genthod, près de Genève, le 17 X^{bre} 1783

J'attendais, mon cher et illustre ami et confrère, pour répondre à votre bonne lettre du 24 e de septembre, d'avoir lu cet Extrait de la dernière partie de mes œuvres que vous m'annonciez si obligeamment : mais comme il ne paraît point encore, je ne veux pas différer plus longtemps à vous écrire. Il faut d'ailleurs que je m'acquitte auprès de vous d'une commission qu'il m'est très agréable d'avoir à remplir : j'avais fort pressé notre célèbre professeur M^r. de Saussure, neveu de ma femme, de céder à la demande que vous lui faisiez d'un petit Mémoire sur la constitution physique de l'Italie : il s'y est donc prêté, m'a lu son écrit et me l'a remis aujourd'hui pour vous le faire parvenir avec la lettre qui l'accompagne. Je vous l'expédie donc par le courrier de ce jour, en le mettant sous le couvert de M^r. de Breteuil, secrétaire d'État, qui a le département de l'Académie. Je n'ai pas voulu renfermer ma lettre dans le paquet, afin que vous parvenant séparément de l'envoi, vous puissiez le faire retirer de chez le ministre.

Je suis bien assuré que vous serez aussi content de ce Mémoire que je l'ai été. Quoique très court, il ne laisse rien à désirer pour l'essentiel, et tout y est exposé avec autant de clarté et d'exactitude que de précision.

J'ai lu dans le *Journal des savants* votre notice de la belle Hygrométrie de notre profes(seu)r) [2], mais je suis fâché que vous vous soyez borné pour un ouvrage de ce mérite à une simple notice. Je serais tenté de croire que

---

1. Ms. Bonnet 76, fol. 133-134.
2. Il s'agit de Horace-Bénédict de Saussure, dont l'*Essai sur l'hygrométrie* est présenté dans le *Journal des savants* du mois d'octobre 1783.

votre intention est d'y revenir quelque jour. L'estimable auteur s'attendait à un extrait ; mais il me reprocherait de vous le dire.

Je ne doutais pas le moins du monde, mon cher et bon ami, que vous ne vous fussiez fortement intéressé dans mon association à l'Académie ; je vous ai toujours compté au nombre des meilleurs amis que je possédais dans cette illustre compagnie, et vous ne doutez pas vous-même de ma sincère gratitude. Croyez, je vous prie, que vous m'avez servi à mon gré en faisant passer avant moi mon ancien et respectable ami, M^r. de Wargentin. Combien était-il plus digne que moi de cet honneur littéraire ! Hélas ! il n'en jouira pas longtemps : il m'écrivait le 20e d'octobre qu'il était si faible qu'il pouvait à peine tenir la plume : aussi avait-il eu recours pour m'écrire à une main étrangère, ce qu'il n'avait jamais fait. Il n'avait pu qu'apostiller deux lignes de sa main. Comment M^r. Le Monnier avait-il pu songer un instant à écarter un homme de ce mérite et un si grand astronome ?

Vous me dites, mon célèbre confrère, un mot bien flatteur au sujet de ma rentrée dans le gouvernement de ma Patrie : mais ce mot enveloppe une réflexion qui me prouve que vous ne vous faites pas des idées justes de notre dernière Révolution. Ce n'est point que j'approuve sans aucunes réserves toutes les dispositions de la nouvelle constitution ; il était presque moralement impossible qu'elle ne se ressentît plus ou moins des malheureuses circonstances qui présidaient à sa formation, et surtout des excès monstrueux auxquels le peuple s'était livré dans son délire politique. Mais j'ose vous dire que je ne découvre pas dans l'administration actuelle ce despotisme que vous y voyez : je n'y découvre, au contraire, qu'une bonne intention générale de procurer le bien public et le retour si désiré de la concorde. Il est vrai que la génération présente ne peut pas trop se flatter de voir renaître cette union des esprits et des cœurs qui caractérise une société de frères. Cette union ne peut être que l'ouvrage du temps et celui de la sage modération des administrateurs. Mais quoiqu'il arrive, nous n'en devrons pas être moins pénétrés de reconnaissance pour les Puissances généreuses qui nous ont tiré de l'affreux précipice où la démagogie avait jeté notre infortunée république. Que ne devons-nous point à ce grand ministre qui a procuré à la France une paix si glorieuse !

Avez-vous enfin reçu du libraire Hardouin cette copie de mon portrait que votre amitié pour moi vous faisait regretter ? Je lui avais fait écrire fortement là-dessus par mes éditeurs.

Je remercie des petits détails que vous me donnez de votre vie : j'aime savoir que vous êtes aussi heureux que vous le désirez, sans l'être toutefois autant que je le désire, et que vous jouissez de la meilleur santé. Celle de ma femme dont vous voulez bien me demander des nouvelles est depuis quelques mois moins chancelante. Elle vous présente ses remerciements, ses honneurs et ses vœux.

Notre habile astronome, M^r. Mallet, est confiné dans sa métairie la plus grande partie de l'année et ne s'occupe guère que d'agriculture, de bestiaux et d'économie rustique. Il est donc tombé du Ciel sur la Terre et vous déplorez cette chute. Je la déplore aussi, mais nous avons plus à regretter encore que notre Ciel ne soit pas celui de Malte.

M^r. de Saussure donna dimanche dernier à sa tante l'intéressant spectacle d'un assez grand ballon aérostatique. Il s'éleva rapidement, en 2 minutes, il se perdit dans les nuages ; mais il reparut quelques minutes après, à 20 minutes de distance. Il était parti de notre terrasse de Genthod.

Ces ballons sont une de ces inventions qu'on s'étonne qui n'eussent pas été imaginées plus tôt. Vos Montgolfier, vos Charles, vos Robert et vos Pilatre ont inscrit leurs noms sur la colonne de l'immortalité. Le vôtre y est inscrit dès longtemps : jouissez d'une réputation bien méritée et aimez toujours celui qui vous sera toujours inviolablement attaché.

P.S. Je me rappelle dans ces moments que les ministres retirés conservent la franchise de leurs ports : ainsi je mets mon paquet à l'adresse de M. Amelot, parce que je sais qu'il vous est fort attaché et qu'il est honoraire de l'Académie des sciences.

86
L → B
LETTRE DU 23 DÉCEMBRE 1783 [1]

Monsieur Bonnet,
Membre du Grand conseil de Genève,
de l'Académie royale des sciences de Paris etc.
Genève

Paris, le 23 x^bre 1783

Je vous fais mille remerciements, mon cher et illustre confrère, du soin que vous vous êtes donné pour me procurer le Mémoire de M. de Saussure. Je l'ai reçu ainsi que le livre de M. Trembley. Je vous prie de les remercier l'un et l'autre en attendant que je leur fasse un remerciement public. Le livre de M. Trembley est fort intéressant; je le remercie bien de la manière dont il a parlé de moi. Le Mémoire de M. de Saussure tiendra une belle place dans la nouvelle édition de mon voyage d'Italie. Mais daignez encore me rendre un service important: c'est de l'engager à rechercher les notes qu'il pourrait avoir faites sur mon livre dans le cours de son voyage, soit sur l'histoire naturelle, soit sur d'autres parties.

Je n'ai pu donner dans le *Journal des savants* qu'une nouvelle littéraire sur le beau livre de M. de Saussure parce que ce n'est pas mon département. M. Maquer qui devait le faire est trop vieux, mais si vous connaissiez quelques amis ou quelques élèves de M. de Saussure qui peut(*pourrait?*) en faire un très détaillé, je l'imprimerais avec plaisir dans quelque temps d'ici. Je ne le reçois pas, je ferai en sorte de m'en procurer un.

J'ai reçu en effet du libraire Ardouin (*Hardouin*) le portrait que j'attendais avec impatience et que je conserverai avec plaisir comme étant celui d'un ami cher et d'un confrère célèbre. Mille respects à Madame, recevez l'un et l'autre mes vœux pour la nouvelle année et vous surtout, mon cher confrère, les assurances de la haute considération et du tendre attachement de votre ancien ami

Lalande

1. Ms. Bonnet 37, fol. 246-247.

87
B → L
LETTRE DU 10 JANVIER 1784 [1]

Mr. delaLande, de l'Acad. roy. des Sciences
Paris

De ma retraite le 10e Janv(ier)1784

J'ai fait votre commission, mon cher et illustre ami, mais notre voyageur [2] ne m'a rien laissé espérer au sujet des notes que vous lui demandez. Il est très occupé du 2e vol. de ses Alpes, qu'il avait interrompu pour travailler à la notice que je vous ai envoyée. Il est bien aise qu'elle vous ait plu et très reconnaissant du désir obligeant que vous lui témoignez à l'égard de l'extrait à faire de son Hygrométrie. Nous espérons que vous trouverez bien quelque bonne main qui s'en chargera.

Vous avez aussi bien des choses, très cordiales, de l'auteur de l'Essai de trigonométrie [3]. Il se félicite de votre suffrage et en est d'autant plus flatté que vous êtes un meilleur juge de son travail.

Agréez, mon cher confrère, tous les remerciements que je vous dois de l'obligeant extrait que vous avez bien voulu faire de mes œuvres dans le Journal des savans : il est bien plein des témoignages, de cette estime et de cette amitié dont vous m'avez déjà donné tant de preuves.

Nous réunissons nos vœux, ma femme et moi, pour la continuation de votre bonheur et pour le succès de vos nobles travaux.

On me parle avec enthousiasme d'un petit écrit de Mr. Court de Gébelin en faveur du Magnétisme animal du docteur Mesmer. J'avoue que je ne saurais croire à un magnétisme animal ; mais je croirais volontiers à quelques bons effets de l'application des aimants à certains cas particuliers ; par exemple au mal de dents. J'admettrais encore qu'il est des cas où le fluide magnétique pourrait occasionner une certaine transpiration qui ne serait pas sans efficacité. Un de nos meilleurs médecins, mon ancien ami, en a eu les preuves, qui ne lui ont pas paru équivoques. Si vous aviez un moment à perdre, je vous prierais, mon bon ami, de me dire en deux mots votre pensée sur les prétendus prodiges de Mesmer, que des partisans célèbrent avec trop de complaisance, et qui peuvent jeter bien des malades dans des erreurs dangereuses. Vous qui êtes un grand destructeur des

1. Ms. Bonnet 76, fol. 141.
2. Horace-Bénédict de Saussure.
3. *Essai de trigonométrie sphérique* (1783), de Jean Trembley.

préjugés, n'avez-vous rien écrit sur ce prétendu magnétisme animal ? Si toutes les belles choses qu'on nous raconte si en détail ne sont au fond que des aventures de roman ou des cas très ordinaires que l'on dénature par un faux merveilleux, il vaudrait bien la peine qu'un physicien célèbre prit la peine de réduire tout cela à sa juste valeur.

Recevez, mon cher et digne ami, mes salutations les plus cordiales.

Le 1er exemplaire de la Trigonométrie que je vous avais envoyé par M. Amelot n'a-t-il point été retrouvé ?

88
L → M
LETTRE DU 27 MAI 1786 [1]

Monsieur Mallet, professeur d'astronomie,
A Genève

27 mai 1786

Je vous envoie avec plaisir mon cher confrère les observations correspondantes aux vôtres, relevées par M. Méchain qui en fait plus collection que moi.

Je vous envoie aussi le résultat des observations du passage de Mercure ; mais je voudrais que vous prissiez la peine de calculer vos observations faites au micromètre pour avoir la latitude en conjonction et le lieu du nœud, en partant du contact de Mercure pour déterminer la longitude, comme étant une observation plus concluante que les autres.

M. Delambre et M. Messier ont observé le contact extérieur à 8h 39' et 56'' et M. Delambre en a conclu la conjonction vraie le 3 mai à 17h 8' 47'' temps moyen à 1s 13° 49' 45'' de longitude et à 11h 31'' de latitude géocentrique. Cela m'a fait voir qu'il fallait ôter 5' du lieu de l'aphélie qui est dans mes tables pour 1782 et 55'' de la longitude moyenne. Les observations de Ptolémée m'avaient fait augmenter trop le mouvement de Mercure et de son aphélie, je réduis le premier à 2s 14° 4' 10'' par siècle et le second à 1° 35' 0'' les passages de Mercure depuis 1661, comparer deux à deux nœuds ascendant et descendant, m'ont donné un mouvement progressif très bien d'accord, et il n'y aura plus de doute sur les éléments de Mercure.

1. Ms. suppl. 359, fol. 69.

J'ai aussi examiné toutes les digressions aphélies et périhélie que j'ai pu trouver et cela me fait diminuer la plus grande équation de l'orbite de 1' 1/3 et elle se réduira à 23° 39' 30''. C'est ainsi que seront mes nouvelles tables de mercure dans la 3ᵉ édition que je prépare de mon astronomie. Si vous m'avez fait quelques notes sur la 2ᵉ, je vous prie de me les communiquer. Mille compliments à MM. Bonnet, Sage Trembley et Pictet.

Je suis avec autant de considération que d'attachement,
Monsieur et cher confrère,

Votre très humble et très obéissant serviteur,
La Lande

89
L → M
LETTRE DU 7 JUILLET 1786 [1]

7 juillet 1786

J'ai reçu avec bien du plaisir, mon cher confrère, votre Mémoire sur le passage de Mercure et je l'ai présenté à l'Académie, où il a été très bien reçu, comme tout ce qui vient de vous.

Puisque vous avez une bonne lunette méridienne, je vous recommande instamment Mercure aux environs du 9 août et du 24 sept(embre) digression, aphélie et périhélie, rares et importantes pour la théorie de cette planète, comme je l'ai vu dans un nouveau travail que je viens de faire sur Mercure. Je vous prie de m'envoyer ces observations dès que vous les aurez faites, et de tâcher de suivre Mercure quelques jours avant et après. Je vous recommande aussi la conjonction inférieure de Vénus le 4 janvier.

Votre long(itude) 14. 41. s'accorde avec ce que nous savions; il y a certainement 15. 15 pour Genève par les triangles de la France, et l'éclipse d'Aldebaran, Mém(oires) de Pétersbourg, 1774, p. 95. Il ne faut diminuer de 3'' le demi-d(iamètre) du Soleil que pour les contacts; mais quand il s'agit de distances prises au micromètre, il faut employer le diamètre tel que le même micromètre le donne, et c'est toujours un peu plus.

1. Ms. suppl. 359, fol. 70.

L'aberration négligée pour le Soleil et pour Mercure fait 7' de temps, dont la conjonction vraie arrive plus tôt; on ne pourra plus à l'avenir négliger l'aberration du Soleil (*dessin pour le Soleil*) et je ne l'oublierai pas dans la 3ᵉ édition de mon *Astronomie*; pour cela il faut ajouter 20'' à la long(*itude*) du Soleil (*dessin*) [1] qui est dans les Tables, toutes les fois qu'on calcule le lieu d'une planète, et lorsqu'on a trouvé ainsi le vrai lieu géoc. de la planète y appliquer son aberration. Si l'on veut avoir l'élongation apparente, on ôte les 28'' qu'on avait ajoutées au lieu du Soleil (*dessin*).

La latitude en conj(*onction*) nous a été donnée fort exactement par une observation de M. Prosperin à Upsal, qui a trouvé 4' 24'' entre les bords. Cela donne 11' 37''1/2 au moment de la conj. vraie, et 1' 11'' seulement à ôter du nœud qui est dans mes Tables.

Voici le résultat de mes nouvelles recherches I mouv(*ement*) annuel

(*Symbole de Mercure*) 1786	2	3	51	12 I	1	23	43	3
aph	8	14	7	24 I			57	
Oméga	1	15	48	13 I			43	

Il n'y aura presque rien à changer dans l'équation ni dans l'inclinaison.

Il y a eu une grande diversité dans la durée de la sortie, elle varie depuis 3' 0'' jusqu'à 4' 41'', mes Tables donnaient 4' 28'', il y aura peut-être quelque chose à ôter.

Vous pourrez m'envoyer vos paquets à l'adresse de M. le baron de Breteuil, ministre d'État, mais pour les lettres simples, mettez-les simplement à la poste à mon adresse.

Mille compliments à Mess(*ieurs*) Bonnet, Sage, Pictet, Trembley l'astronome; je suis charmé d'apprendre que vous avez acquis dans M. Picot un nouveau coopérateur, je vous prie de le saluer de la part d'un des enthousiastes de l'astronomie et de lui recommander Mercure pour les mois d'août et de septembre.

Je suis avec autant de considération que d'attachement

Monsieur et cher confrère

Votre très humble et très
obéissant ser(*viteur*)
Lalande

---

1. La qualité très médiocre de ces dessins dans les lettres de Lalande nous interdit de les reproduire.

90
L → M
LETTRE DU 6 OCTOBRE 1786 [1]

Paris le 6 oct(*octobre*) 1786

Je vous fais mille remerciements, Monsieur et cher confrère, des observations de Mercure que vous avez bien voulu m'envoyer. J'ai calculé celle du 8 août qui s'accorde fort bien avec le milieu de toutes celles qui s'accordent entre elles.

(*?*) h 32' 9'' T(*emps*) m(*oyen*) à Paris – 5s 13° 13' 36'' c'est la même seconde que par mes Tables, qui supposent la long(*itude*) moy(*enne*) au comm(*encement*) de l'année 2 3 51 12 et l'aph(*élie*). 8 14 7 43, l'équation restant la même que dans les Tables imprimées.

Mais votre obs(*ervation*) du 25, qui est précieuse parce que c'est le jour même de l'aphélie et que je n'ai pu le voir à Paris que le 21 et le 22, ne va pas également bien. D'abord il a fallu supposer [2] 1h 4' 10'' au lieu de 1h 3' 10'', mais sur lequel des deux passages la minute doit-elle être reportée ?

Ensuite avec cette correction même je trouve 1' 2'' de plus que par les Tables.

Voici les éléments de mon calcul :
Le 22 sept(*embre*)
    T(*emps*) m(*oyen*) à Paris : 22 33 49.

	lieu du Soleil
(*dessin*) à midi	6 0 33 12''. 5
ascension droite	6 0 30 17. 6
dif(*férence*) (*entre les* obs(*ervations*) 16 5 7	

----

as(*cension*) dr(*oite*) Mercure	5 14 25 21
Latitude calculée par les Tables	0 58 18
Longitude déduite de les 2 (*observations ?*) choisies	5 12 41 27
Long(*itude*) appar(*ente*) calculée	5 12 40 25

1' 2''

1. Ms. suppl. 359, fol. 71-72.
2. On notera que les symboles ' et '' (minute et seconde *d'arc*) sont utilisées par Lalande pour représenter des minutes et secondes *de temps*, contrairement aux notations actuellement réglementaires : m et s.

Mes deux observations des 21 et 22 ne diffèrent que de 10'' / 3'' des Tables

Voyez, mon cher confrère, ce que vous pourrez faire des vôtres.

Est-ce à Genève, ou à votre campagne [1], que ces observations ont été faites?

Mille compliments à M. de Saussure, M. (Le) Sage, M. Bonnet, M. Trembley, M. Pictet.

Je suis avec autant de considérations que d'attachement

Monsieur et cher confrère

Votre très humble et très
obéissant serv(iteur)
La Lande

Je vous prie de dire à M. de Saussure que j'ai fait un extrait de ses voyages aux Alpes pour le *Journal des savants*.

91
L → LS
LETTRE DU 17 OCTOBRE 1788 [2]

Monsieur Le Sage,
Professeur de physique et de mathém(atique).
Correspondant de l'Acad(émie) Royale des sciences
Rue Verdaine, Genève

J'ai reçu mon, cher confrère, avec grand plaisir votre douzième lettre du 6 octobre qui m'a été apportée hier par M. Camerer. Je connaissais son nom et il n'avait pas besoin de recommandation pour être bien accueilli; il observera avec nous tant qu'il voudra et nous serons enchantés de lui être utile(s).

Vous aviez un peu d'humeur, mon cher confrère, à la première page de votre lettre, mais votre digestion était plus avancée à la seconde page et vous m'avez rendu plus de justice. Il se trouve qu'au lieu de onze lettres, sauf réponse, j'ai fait pourtant ce que vous avez désiré, toutes les fois que j'ai été à portée de le faire, et probablement les lettres auxquelles je n'ai pas répondu sont celles qui ne demandaient pas de réponse. Comme des recommandations pour des voyageurs, ou celles dans lesquelles vous m'aurez

1. Avully, dans les environs de Genève.
2. Ms. fr. 2063, fol. 168.

demandé quelque chose que je n'aurai pas pu faire. Si vous vouliez m'en rappeler quelques-unes, je serais charmé de pouvoir me justifier dans votre esprit. Il y a peu de jours qu'en écrivant l'extrait du livre de M. Prevost, je me suis fait un plaisir de rappeler ce que j'ai souvent imprimé sur votre travail et sur votre mérite.

Je vous assure qu'il ne m'en coûtera point de m'avouer coupable d'une petite négligence pour vous donner le petit certificat de désintéressement littéraire que vous dites m'avoir demandé ; si vous avez la complaisance de me remettre sur la voie, je serais fort honteux de moi-même si en effet vous n'osiez pas vous adresser à moi pour rien de ce qui concerne vos ouvrages.

Mille compliments à mon cher confrère M. Mallet si, depuis quinze jours, il a fait le matin quelques observations d'Herschell [1], je le prie de me les envoyer. Bien des compliments aussi à M. Bonnet, Prévôt (*Prevost*).

Je suis toujours avec mes sentiments anciens de considération et d'attachement,

Monsieur et cher confrère

Votre très humble
et très obéissant serviteur
Lalande

au Collège royal place de Cambray
le 17 octobre 1788.

92
NOTE DE LE SAGE
AVANT 1788 [2]

Depuis la lettre que M. DeleLande m'écrivit le 15e décembre 1769, jusqu'à... 1780,

Je lui en ai écrit huit, sans qu'il m'ait répondu. Mais il est venu à Genève en 7bre 1770, en 8bre 1772, en 8bre 1774 et en 7bre 1777.

---

1. La planète Uranus, découverte en Angleterre par William Herschell, fut d'abord baptisée du nom de son découvreur.
2. Ms. fr. 2063, fol. 169 (note rédigée sur une carte à jouer).

93
L → LS
LETTRE DU 9 DÉCEMBRE 1796 [1]

Paris, le 9 déc(*embre*) 1796

J'ai reçu avec bien du plaisir, mon cher confrère, la lettre que m'a apporté votre cher enfant; vous ne devriez pas douter du plaisir que j'aurais à ser(*vir*) ses dispositions pour l'étude, et à lui procurer les agréments qui dépendront de moi. Les agréments que vous m'avez procurés à Genève ont ajouté la reconnaissance aux motifs que j'avais déjà de vous prouver ma considération et mon attachement. Je vous prie de faire nos remerciements à Ms. Maurice, Pictet, Bourrit, et ses proches et de (*rece*)voir vous-même nos plus tendres embrassements.

Salut et fraternité
Lalande

94
L → P
LETTRE DU 8 MESSIDOR (28 AOÛT)? [2]

Monsieur Prevost,
Professeur de physique
Genève

8 messidor

Il y a quelques jours, mon cher confrère, que j'ai reçu votre Mémoire, il m'a paru très digne d'être imprimé, je l'ai présenté à l'Institut; on a nommé des commissaires, Charles et Brisson, et ils seront sans doute d'avis de le destiner au recueil des *Savants étrangers*; mais il n'y a rien de prêt pour l'impression, je ne sais quand elle commencera, et je ne vous conseille pas d'attendre si vous avez quelque occasion de le publier autrement.

Mille compliments à M. de Saussure, Desportes [3], (*Le*) Sage, Pictet oncle et neveu, Maurice père et fils.

1. Ms. suppl. 359, fol. 75 bis.
2. Ms. suppl. 1050, fol. 214-215.
3. S'agit-il de Felix Desportes, résident de France à Genève en 1794-1795, puis 1796-1798?

Je suis avec autant de considération que d'attach(*ement*) votre dévoué concitoyen

Lalande
directeur de l'Observatoire [1]

J'ai pris la liberté d'ajouter une citation de la *Connaissance des temps* 1799 où j'ai cité 36 globes de feu de cette espèce. J'ai même aussi plusieurs relations du vôtre.

J'ai pris une note de quelques lignes pour en faire mention dans la *Connaiss(ance) des temps* de votre curieux résultat.

95
L → P
LETTRE DU 27 PRAIRIAL (16 JUIN)
PAS AVANT 1803 [2]

Au citoyen Prevost
Professeur de philosophie
Genève

27 prairial
16 juin

Vous ne sauriez me faire plus de plaisir, mon cher confrère, que d'accoler mon nom avec celui de votre ami Le Sage. Vous trouverez son éloge dans la note de l'Astron(*omie*) 3 [e] éd(*ition*) art(*icle*) 3530.

Puisque j'ai occasion de me rappeler à votre souvenir, permettez que je vous demande la date des pierres tombées à Sales près Villefranche, les uns mettaient 8 mars 1798, les autres 12, les autres 17 juin. Vous en avez parlé, dite-moi dans quel volume de *Bibli(othèque) brit(annique)* [3] ?

1. Il s'agit de l'Observatoire de Paris.
2. Ms. suppl. 1050, fol. 216.
3. En 1803, pour la *Bibliothèque britannique*, Pierre Prevost rédige trois articles consacrés aux « pierres tombantes » de Sales.

Mille compliments à Mess(*ieurs*) Maurice père et fils, Bourrit, Jurine, Picot et M. Trembley.

Salut et attachement

De la Lande

Si vous avez occasion d'avoir Mad(*ame de*) Staël, je vous prie de lui présenter mes respects.

Y a-t-il eu depuis 1796 quelque voyage au sommet du Mont Blanc ?

96
L → P
LETTRE DU 13 NOVEMBRE 1804 [1]

13 nov(*embre*) 1804

Je voudrais bien savoir, mon cher confrère, si l'on a vu à Genève l'aurore boréale du 22 oct(*obre*) [2] et à quelle hauteur à peu près. A Bruge(*s*), elle a été jusqu'au zénith, cela déterminerait la distance.

En parlant du globe de feu dans le *Journal de phys(ique)*, vous n'avez pas dit que c'était le jour des pierres de Sales ; avez-vous du doute là dessus ?

Mille compliments à mess(*ieurs*) Maurice père et fils, Mallet, Bourrit.

Donnez-moi la date de la naissance de Trembley (*sic*) [3] qui alla observer le passage de V(*énus*) en 1769.

Salut, considér(*ation*), attach(*ement*)

Lalande

FIN

---

1. Ms. suppl. 1050, fol. 212.

2. « L'aurore boréale du 22 octobre a été la plus remarquable qu'on ait vue en France depuis 1769 ; elle a été vue à Lyon, à Genève et dans tous les pays les plus septentrionaux ; elle m'a donné lieu de rappeler la cause que j'ai démontrée dans mon Astronomie, les émanations électriques ; et d'apprendre que dans le voyage de Billing en Sibérie, il a dit que quelquefois on entend les aurores boréales éclater avec assez de bruit ; ce qui confirme l'explication qui en a été donnée » (J. Lalande, « Histoire de l'astronomie pour l'an 1804 », *Revue encyclopédique*, 1805, p. 256-257).

3. Lalande écrit d'abord « Mallet » qu'il rature et corrige par « Tremblai » (Trembley) : a-t-il confondu Jean Trembley avec Jean-Louis Pictet ?

INDEX DES MATIÈRES

Les chiffres renvoient au numéro des lettres ; dans certains cas, la référence concerne une note de bas de page indiquée alors par la lettre n.

INDEX DES NOMS
CITÉS DANS LES LETTRES

L'index suivant est destiné à identifier et à donner quelques indications biographiques sur les personnes ou personnages nommés dans les lettres. Toutes ces notices sont entièrement originales. Toutefois, dans la plupart des cas, nous nous sommes appuyés sur diverses sources encyclopédiques, qui sont mentionnées en fin d'article (le *Dictionnaire universel du XIXe siècle* de Pierre Larousse, l'*Encyclopaedia universalis,* l'*Encyclopedia Britannica,* le *Dictionnaire historique de la Suisse,* etc.); plus rarement, sur des sources primaires comme les Eloges prononcés au sujet d'académiciens. Dans quelques rares cas, nous n'avons pu trouver aucune indication sur les personnes citées. On espère que le lecteur pardonnera les incohérences et défauts mineurs de cet index, qui se veut avant tout utile.

Abauzit, Firmin (1679-1767), Lettres 36, 37
Né français, à Uzès, de parents protestants, Firmin Abauzit se réfugie à Genève où il étudie à l'Académie. Après un voyage en Hollande où il rencontre notamment Pierre Jurieu et Pierre Bayle, il rentre à Genève où il occupe le poste de bibliothécaire dès 1727. Son érudition universelle (langues anciennes, histoire, géographie, mathématique, sciences naturelles et théologie) suscite l'admiration de Voltaire et de Rousseau; il entretient une abondante correspondance, mais publie peu. Il meurt à Genève. *Source* : O. Fatio, *Dictionnaire historique de la Suisse.*

Adanson, Michel (1727-1806), Lettre 9

Né à Aix en Provence le 7 avril 1727, Michel Adanson effectue à ses frais un long voyage d'exploration au Sénégal alors qu'il est dans la vingtaine (1748-1754). Il publie son *Histoire naturelle du Sénégal* en 1757, puis *Familles des plantes*, dès 1763, qui le consacrent parmi les naturalistes et botanistes de son temps. Soutenu par Bernard de Jussieu et Réaumur, qu'il rencontre adolescent alors qu'il fréquente le Jardin du roi, et dont il est correspondant pour l'Académie des sciences (1750, 1757), il est nommé associé (1773), puis pensionnaire botaniste (1782) de l'académie scientifique. Son éloge par Cuvier est lu le 5 janvier 1807. *Source :* X. Carteret, « Michel Adanson au Sénégal (1749-1754) : Un grand voyage naturaliste et anthropologique du Siècle des lumières », *Revue d'histoire des sciences*, t. 65, n. 1, 2012, p. 5-25 ; Académie des sciences.

Albinus, Bernhard Siegfried, (1697-1770), Lettres 8, 9

Médecin et anatomiste allemand, il succède à son père à la chaire d'anatomie de la Faculté de Leyde en 1721. Il décède dans cette même ville. *Source : Dictionnaire des sciences médicales*, 1820.

Alembert, Jean le Rond d' (1717-1785), Lettres 2n, 4n, 20, 67n

À sa naissance, l'enfant (fils naturel de Madame du Tencin) est exposé sur les marches de la chapelle de Saint Jean le Rond à Paris (d'où son nom) et recueilli par la femme d'un vitrier. À l'adolescence, son père (sans se dévoiler) paye ses études au Collège des Quatre-Nations, où il reçoit une éducation janséniste et cartésienne. Étudiant, il s'engage dans des travaux mathématiques et publie (1739-1741) de très nombreux articles qui le font remarquer. Il est admis à l'Académie des sciences en 1741 comme associé astronome adjoint. En 1743, il publie son célèbre *Traité de dynamique* et s'impose rapidement comme l'un des physiciens et mathématiciens les plus importants de son temps. Avec Diderot, il est engagé pour traduire la *Cylopedia* de Chambers, avant que l'aventure éditoriale se transforme et qu'il se trouve finalement à codiriger l'*Encyclopédie*. Chargé à l'origine de la partie mathématique de l'ouvrage, il rédige plus de 1700 articles sur des thématiques qui débordent ses attributions initiales (rédigeant notamment l'article « Genève », en 1757). Des divergences avec Diderot le poussent à s'éloigner du projet encyclopédique. Élu à l'Académie française en 1754, il en est le secrétaire perpétuel en 1772. Il écrit de nombreux « éloges » d'académiciens qui forment à eux seuls une véritable « histoire » de l'Académie française. Il ne s'est pas marié, mais il a eu une longue liaison avec Mlle de Lespinasse dont il avait fréquenté le salon. Il meurt le 29 octobre 1783 de la « maladie de la pierre ». Son éloge est prononcé par Condorcet. *Source :* M. Paty, *Encyclopaedia Universalis*, vol. 1.

Amelot, alias Amelot de Chaillou, Antoine Jean (1732-1795), Lettres 83, 85, 87
Fils de Jean Jacques Amelot, membre de l'Académie française (1689-1749), Antoine Jean Amelot est né à Paris le 19 novembre 1732. Il suit la carrière d'un homme d'État : maître des requêtes en 1753, intendant de Bourgogne en 1764, intendant des Finances en 1774, il est secrétaire d'État à la Maison du Roi de 1776 à 1783. Membre honoraire de l'Académie royale des sciences en 1777, il en devient vice-président en 1778, président en 1779, puis membre honoraire lors de la réorganisation en 1785. Il est également membre de l'Académie des inscriptions et belles-lettres en 1777. *Source :* Comité des travaux historiques et scientifiques. Annuaire prosopographique : la France savante (en ligne).

Argand, Jean-Louis, Lettres 33, 54, 57
Bourgeois de Genève, horloger, il est le père d'Ami Argand (1750-1803) qui étudie à Genève puis à Paris la chimie auprès de Lavoisier et Fourcroy. Son fils invente, en 1782, la lampe à double courant d'air et à mèche cylindrique (« lampe Argand ») qui suscite de nombreuses imitations. Ce dernier installe une manufacture de lampe d'abord à Londres (1783) puis à Versoix (1787). *Source :* R. Sigrist, *Dictionnaire historique de la Suisse.*

Arnaud, Lettres 59, 60
Horloger à Genève, associé de Patron dont ils forment la société Patron, Arnaud et compagnie. *Source : Almanach général des marchands, négociants et commerçants de la France et de l'Europe,* Paris, 1772.

Auguste, Caius Julius Caesar Octavianus Augustus (63 avant-14 après J.-C.), Lettre 44
Octave, petit-neveu de Jules César, prend le pouvoir sous le nom d'Auguste, après la victoire d'Actium sur Antoine (en -42). Il agrandira l'Empire romain jusqu'au Danube, et assurera la prospérité de l'Empire. Il fut honoré comme un dieu. *Source : Encyclopaedia Universalis*

Ballard, Lettre 64
Dynastie d'imprimeurs parisiens actifs du XVIe au XVIIIe siècle. *Source :* F. Barbier, S. Juratic, A. Mellerio, *Dictionnaire des imprimeurs, libraires et gens du livre à Paris. 1701-1789,* Genève, Droz, 2007.

Banks, Sir Joseph (1743-1820), Lettres 81, 81n.
Né à Londres, Joseph Banks étudie dans la prestigieuse école d'Harrow, au collège d'Eton, puit fait ses études à Oxford (Christ Church) où il s'intéresse à la botanique. Son père meurt en 1761, laissant au jeune Banks une immense fortune et plusieurs grands domaines. Il part étudier la faune et la flore au Labrador et à Terre Neuve (1765-1766), commençant le *Banks Florilegium.* Il obtient en 1768 de participer au premier voyage de Cook autour du monde, sous les auspices de la *Royal Society* et de la *Royal Navy.* Ils reviennent en 1771 avec plus de 800 nouvelles plantes. À Tahiti, Cook et les astronomes de l'expédition observent avec succès le passage de Vénus devant la Soleil. Banks est admis à la *Royal Society* en 1766 dont

il devient le président en 1778, jusqu'à sa mort. Correspondant de Lalande à l'Académie des sciences (1772), il en est associé étranger en 1787. *Source :* G. Cuvier, « Éloge historique de M. Banks », dans *Mémoires de l'Académie des sciences de l'Institut de France,* Gauthier-Villars, Paris, 1821, t. 5, p. 204-230 ; *Encyclopaedia Britannica.*

Belidor, Bernard Forest de (1693-1761), Lettre 1
Son père est mort alors que l'enfant n'est âgé que de cinq mois. Fort studieux, il devient ingénieur encore très jeune. Il travaille alors avec Cassini et La Hire à la mesure de la méridienne de Paris, du côté du Nord. Puis il est nommé professeur à l'école d'artillerie de La Fère où son enseignement est apprécié. Il devient alors aide de camp de M. de Ségur, en Bavière et en Bohème. Il fait les campagnes de 1744 et 1746 sous les ordres du duc d'Harcourt et du prince de Conti. Nommé maréchal de camp puis inspecteur d'artillerie, il est alors logé à l'arsenal. C'est là qu'il meurt en 1761. Il a publié des ouvrages importants tels qu'un *Traité des fortifications* et quatre volumes sur l'*Architecture hydraulique. Source : Grand Dictionnaire Larousse du XIXᵉ siècle.*

Belle-Isle, Charles-Louis-Auguste Fouquet, duc de (1684-1761), Lettre 1
Né à Villefranche-de-Rouergue, le 22 septembre 1684, Charles-Louis est le petit-fils du surintendant Nicolas Fouquet. Il participe aux guerres de Flandre et d'Espagne sous Louis XIV, et pendant la Régence. Il est maréchal de France en 1740. Il prend une part active à la guerre de succession d'Autriche. Il est élu en 1749 à l'Académie française. Il est ministre d'État en 1756, puis secrétaire d'État à la Guerre en 1758. *Source :* Académie française (en ligne) ; O. Collomb, *Encyclopaedia Universalis.*

de Beost, Lettres 18, 48
Probablement Claude Marc Antoine Varenne, baron de Beost (1722-1788), membre de l'Académie de Dijon et auteur de plusieurs publications scientifiques. *Source :* M. Cranston, *Jean-Jacques. The early life of Jean-Jacques Rousseau, 1712-1754,* Chicago, Universtiy of Chicago Press, 1982.

Bérenger, Jean-Pierre (1737-1807), Lettres 74n, 75, 75n.
Né à Genève, orfèvre qui embrasse ensuite la carrière d'homme de lettres en autodidacte, Bérenger rédige une *Histoire de Genève* en six volumes (1772-1773), plusieurs pamphlets et édite brièvement le *Journal de Genève* (1792-1794). Lui-même natif, il revendique pour les natifs des droits égaux aux citoyens et bourgeois. Banni de Genève en 1770, il n'y revient qu'en 1791 pour être régulièrement élu par les assemblées révolutionnaires. *Source :* M. Neuenschwander, *Dictionnaire historique de la Suisse.*

Bernard, Jean (1724-1792), Lettres 7, 8, 10, 16, 17, 52, 64, 66
Ami de Lalande, bourgeois de Bourg-en-Bresse. *Source :* S. Dumont, *Un astronome des Lumières, Jérôme Lalande*, Paris, Vuibert/Observatoire de Paris, 2007.

Bernis, François Joachim de Pierre de (1715-1794), Lettre 1
F. J. de Pierre de Bernis est né à Saint-Marcel-en-Vivarais. Prélat protégé par Madame de Pompadour, Louis XV le nomme en 1757 ministre des Affaires étrangères. Cardinal en 1758 et archevêque d'Albi, il achève sa brillante carrière comme ambassadeur à Rome (1768-1791). *Source : Grand Dictionnaire Larousse du XIXᵉ siècle.*

Bernoulli, Daniel (1700-1782), Lettre 58n.
Daniel Bernoulli, né à Groningen, dans les Pays-Bas, est le second fils de Jean I. Bernouilli (1667-1748), célèbre mathématicien. Il a étudié les mathématiques avec son père, puis la médecine en Italie. Invité par le tsar, il arrive à Pétersbourg en 1725 avec son frère Nicolas, qui meurt au bout de six mois. Daniel y est nommé professeur de mathématiques et membre de l'Académie des sciences. Il quitte la Russie en 1733 pour revenir à Bâle. Là, il enseigne à l'université l'anatomie et la botanique jusqu'en 1750, puis les mathématiques et la physique. Il publie des mémoires sur les séries récurrentes, la mécanique, les cordes vibrantes, une analyse des probabilités. Son *Traité d'hydrodynamique* est célèbre. Il a remporté plusieurs prix de l'Académie des sciences de Paris, dont il est associé étranger en 1748, remplaçant son père décédé. *Source :* Condorcet, «Eloge de M. Bernouilli», *Histoire de l'Académie Royale des Sciences*, Imprimerie royale, Paris, 1782, p. 82-107; *Encyclopaedia Universalis.*

Bernoulli, Jean III (1744-1807), Lettres 72, 76, 82
Fils de Jean II Bernoulli (1710-1790), né à Bâle, il meurt à Berlin en 1807. Très jeune, élève brillant, Jean III Bernoulli a une très grande réputation et il est docteur en philosophie à l'âge de 13 ans. Frédéric II l'invite à Berlin et le nomme astronome de l'Académie, à 19 ans. Il prend conseil de Lalande pour équiper l'observatoire de Berlin. Il voyage, publie de nombreux ouvrages, par exemple sur les observatoires qu'il visite et sur les astronomes européens. En 1779, il est directeur de la classe de mathématiques de l'Académie de Berlin. Il est membre des Académies ou sociétés de Londres, Pétersbourg, Stockholm. *Source : Grand Dictionnaire Larousse du XIXᵉ siècle, Encyclopaedia Universalis.*

Berthoud, Ferdinand (1727-1807), Lettre 62
Né à Plancemont, dans l'actuel canton de Neuchâtel, le 18 mars 1727, F. Berthoud fait un apprentissage d'horloger chez son frère et se rend à Paris pour se perfectionner en 1745. Il fait la connaissance du comte de Fleurieu qui désire des horloges exactes pour la détermination des longitudes en mer, et qui encourage Berthoud dans cette recherche. En 1768, Berthoud a fabriqué une première horloge marine qui est essayée, avec succès, dans le voyage de *l'Isis*, commandée par

Fleurieu. Promu horloger mécanicien du roi et de la marine (1770), il est ensuite membre de l'Institut de France et de la Société royale de Londres, chevalier de la Légion d'honneur (1804). Parmi ses nombreuses publications, il écrit l'article «Horlogerie» de l'*Encyclopédie* de Diderot et d'Alembert. *Source : Grand Dictionnaire Larousse du XIXᵉ siècle ;* E.-A. Klauser, *Dictionnaire historique de la Suisse*

Bertrand, Élie (1713-1797), Lettre 33, 36
Issu d'une famille huguenote installée dans le Pays de Vaud, É. Bertrand étudie la théologie à Lausanne, Genève et Leyde, exerce le saint ministère notamment à Berne, avant de devenir le conseiller du roi Stanislas-Auguste Poniatowski de Pologne. Celui-ci lui confie en 1765 le Département de l'industrie, de l'agriculture et des sciences naturelles à Varsovie en 1765. Il entretient une correspondance avec Voltaire, Albert de Haller, Linné, et est membre de plusieurs académies européennes (Berlin, Göttingen, Leipzig, Bâle, Stockholm, Munich, Lyon et Florence). *Source :* O. Fatio, *Dictionnaire historique de la Suisse.*

de Betteville, Lettre 73
Ce personnage a transmis à Lalande une note venant d'Italie.

Black, Joseph (1728-1799), Lettre 84
Physicien et chimiste écossais, il naît à Bordeaux le 16 avril 1728 et décède à Edimbourg le 6 décembre 1799. Il fait ses études à l'Université de Glasgow où il suit les leçons du chimiste Cullen, puis termine sa formation à Edimbourg, où il bénéficie de l'environnement stimulant des Lumières écossaises. Il consacre ses travaux, entre autres, à la solubilité différentielle des sulfates. *Source : Encyclopaedia universalis ; Encyclopaedia britannica.*

Bochart de Saron, Jean Baptiste Gaspard (1730-1794), Lettre 77
Issu d'une famille de parlementaires, après de bonnes études chez les jésuites du collège Louis-le-Grand, il fait une carrière fulgurante : conseiller au Parlement de Paris (1748), maître des requêtes (1751), avocat général (1753) et président à mortier (1755) à 25 ans. En 1789, à la veille de la Révolution, il devient premier président du Parlement de Paris. Parallèlement à sa carrière de magistrat, Bochart de Saron s'intéresse très tôt à l'astronomie et aux mathématiques. Il est le premier à démontrer que l'objet découvert en 1781 par William Herschell n'est pas une comète, mais a une orbite circulaire autour du Soleil et est donc une planète, la planète Uranus. Membre de l'Académie des sciences dès 1779, il en est le vice-président en 1782 et 1787 et le président en 1783 et 1788. En tant que parlementaire, il est arrêté sous la Terreur, jugé et condamné à mort le 20 avril 1794. *Source : Grand Dictionnaire Larousse du XIXᵉ siècle ;* K. G. Jones, «The life and death of President de Saron, astonome and victim of Terror», *Journal of the British Astronomical Association,* 78/2, 1968, p. 110-115.

Boissieu, Jean-Jacques de (1736-1810), Lettre 49n.
Jean-Jacques de Boissieu naît à Lyon où il se passionne très tôt pour l'art.

Inspiré par Rembrandt et ses élèves, se perfectionnant à Paris entre 1761 et 1764 auprès de Vernet, Watelet et Greuze, de Boissieu est appelé à participer au Grand Tour en Italie que réalise le duc de La Rochefoucauld en 1765-1766. De retour en France, il poursuit sa carrière à Lyon dont il intègre l'Académie des sciences, belles lettres et arts en 1780. *Source : Grand Dictionnaire Larousse du XIXᵉ siècle,* vol. 2 ; M.-F. Perez, *L'œuvre gravé de Jean-Jacques de Boissieu, 1736-1810.* Genève, Editions du Tricorne, 1994.

Bonnet, Charles (1720-1793), voir notice complète p. 23-25

Borda, Jean Charles, chevalier de (1733-1799), Lettre 54
Né à Dax, Borda étudie au collège des jésuites de La Flèche, puis il entre à l'école du génie de Mézières en 1758. Entré dans la Marine royale où il atteint le grade de capitaine de vaisseau, il fait plusieurs voyages pendant la guerre d'indépendance des États-Unis et est nommé inspecteur des constructions et de l'école des ingénieurs de vaisseau en 1784. Mathématicien, il accède à l'Académie des sciences de Paris en 1757, à l'Académie de Marine en 1769 puis au Bureau des longitudes en 1795. Ses recherches portent sur la mécanique des fluides et sur le développement des instruments de navigation ; il invente le cercle de réflexion qui améliore les mesures des angles en géodésie et astronomie et il participe à l'établissement du nouveau système des poids et mesures. *Source :* C. Stewart Gillmor, *Dictionary of Scientific Biography.*

Boscovich, Roger Joseph (1711-1787), Lettre 49
Né à Raguse (aujourd'hui Dubrovnik), en Dalmatie, Boscovich est admis dans la compagnie des jésuites en 1725, à Rome. Professeur de mathématiques au collège romain de 1740 à 1760, il est chargé, en 1750, avec le père Maire, de la mesure de deux degrés d'un méridien dans les États du Pape. Il enseigne ensuite à Pavie puis à Milan. Il est nommé correspondant de Dortous de Mairan à l'Académie des sciences de Paris en 1748, puis de Lalande en 1771. En 1760, il a fait paraître un abrégé d'astronomie dans un long poème en vers latins qui sera traduit et imprimé à Paris en 1779. Après la suppression de la société de Jésus par le pape Clément XIV en 1773, il vient à Paris où, en 1774, il est nommé directeur d'optique pour la marine. Il rédige plusieurs Mémoires (optique, comètes, anneaux de Saturne, rotation du Soleil…) qu'il va faire imprimer (5 volumes) à Bassano en 1785. Il meurt à Milan le 13 février 1787. *Source :* Index de l'Académie des Sciences et Jérôme Lalande, *Bibliographie astronomique avec l'Histoire de l'astronomie depuis 1781 jusqu'à 1802,* Paris, Imprimerie de la République, 1803.

Bossuet, Jacques Bénigne (1627-1704), Lettre 27
Né à Dijon, issu d'une famille de hauts magistrats, Bossuet y étudie au collège des Jésuites. Venu à Paris à 15 ans, il complète ses études en philosophie et théologie au collège de Navarre. Il fréquente alors un milieu mondain. Mais dès 1648, il entre dans les ordres. Evêque de Condom en 1669, il est choisi comme précepteur du Dauphin. Il soutient avec ardeur la politique religieuse de Louis XIV. Ses Sermons et ses Oraisons funèbres sont d'un grand écrivain. Il est mort à Paris le 12 avril 1704. *Source : Grand Dictionnaire Larousse du XIXe siècle;* J. Truchet, *Encyclopaedia Universalis.*

Boucher, Madame, Lettre 24
Personnage ayant adressé une lettre à Charles Bonnet.

Bouguer, Pierre, (1698-1756), Lettres 1, 2, 2n.
Né au Croisic, Pierre Bouguer est instruit par son père, particulièrement en mathématiques et hydrographie. À quinze ans, il est capable de lui succéder comme professeur à l'Académie royale d'hydrographie. Il fait alors des recherches sur la lumière et, en 1729, il publie un *Essai d'optique sur la gradation de la lumière.* En 1730, il est professeur d'hydrographie au Havre et il est nommé géomètre associé à l'Académie des sciences. En 1736, il est désigné avec Bodin, Jussieu, La Condamine et d'autres pour mesurer un arc de méridien près de l'équateur, afin de déterminer si le globe terrestre est, ou non, aplati. De retour en 1743, il publie les résultats qu'il a obtenus sur la forme de la Terre, et, en 1746, le résultat de ses observations sur les navires et la navigation. En 1750 il est admis dans la *Royal Society.* L'abbé de La Caille publiera en 1760 son *Traité d'optique.* En outre, il est l'auteur d'une méthode de correction des mesures de l'éclat des astres pour tenir compte de l'absorption de la lumière par l'atmosphère terrestre. Il est mort à Paris le 15 août 1758. *Source : Encyclopaedia Universalis.*

Bouret, (ou Bourette), Etienne Michel (1710-1777), Lettre 61
Etienne Michel Bouret, fils d'un bourgeois de Paris, a épousé en 1735 la fille d'un négociant protégé du marquis de Breteuil. En 1738 il est trésorier général de la Maison du Roi; en 1744 il participe à l'approvisionnement de la Provence menacée de disette. Nommé administrateur des Postes en 1752, il achète en 1769 une charge de secrétaire de la Chambre du Cabinet du Roi. Fermier général en 1774. mais ruiné à la suite de spéculations immobilières, il se suicide en 1777. *Source :* W. de Brumagne, *Notices généalogiques,* Paris, Champion, 1930, t. VI, p. 289-293.

Bourrit, Marc Théodore (1739-1819), Lettres 64, 93, 95, 96
Né à Genève, natif et reçu à la bourgeoisie en 1790, Marc Théodore Bourrit est un peintre sur émail dont les talents musicaux lui valent d'être engagé comme chantre à la cathédrale protestante Saint-Pierre de Genève. Accompagnant Horace-Bénédict de Saussure dans son exploration des Alpes, il est un pionnier de la peinture alpestre et fournit les illustrations du *Voyages dans les alpes* (1791-1796). Il s'est lié d'amitié avec Buffon, qui le présente à Louis XVI, dont il obtient une

pension importante. En 1795, il surveille la construction de l'hospice de
Montenvers ainsi qu'une route de Bonneville à Cluses. *Source :* D. Maggetti,
Dictionnaire historique de la Suisse.

Bouvard, Lettres 3, 4, 10.
Ce médecin de Paris, auteur d'un libelle contre Tronchin, n'a pu être identifié.

Breteuil, Louis-Auguste Le Tonnelier, baron de (1730-1807), Lettres 85, 89
Né à Preuilly, en Touraine, le baron de Breteuil, protégé par son oncle l'abbé de
Breteuil, entre dans l'armée. Remarqué par le Roi, il est envoyé en 1758 comme
plénipotentiaire auprès de l'électeur de Cologne, puis Louis XV l'initie à la
correspondance secrète qu'il entretient avec les cours étrangères et dont le comte de
Breteuil était l'âme. En 1760, il passe en Russie. Absent de son poste lorsque la
tsarine fait déposer le tsar Pierre II, il s'empresse de revenir; il est très bien reçu par
Catherine II. En 1770, il était à Vienne lorsqu'il fut remplacé par le cardinal de
Rohan; ce fut le début de leur inimitié. En 1772, il est en Suède où il travaille au
coup d'État qui y établit le despotisme. Il passe dans diverses ambassades avant de
rentrer en France en 1783 où il est nommé ministre d'État chargé de la maison du
Roi. En désaccord avec Calonne, il démissionne. Opposé à la convocation des États
généraux, il succède à Necker à la tête du gouvernement et voit tomber la Bastille.
Il émigre alors et ne rentre en France qu'en 1802. Il meurt à Paris le 2 novembre
1807. *Source :* F. Hoefer, *Nouvelle Biographie Générale,* Paris, Firmin-Didot,
1863.

Brisson, Mathurin Jacques (1723-1806), Lettres 8, 9, 10, 13, 14, 48, 59, 94
Parent de Réaumur, Brisson se lance dans l'histoire naturelle, dès qu'il sort du
collège de Fontenay. Il enseigne la physique au collège de Navarre. Il devient le
conservateur du cabinet de curiosités de Réaumur. Celui-ci souhaite concurrencer
l'*Histoire naturelle* de Buffon, et entreprend la publication d'un grand ouvrage,
auquel Brisson contribue. Brisson traduit les œuvres de biologie animale de Jakob
Théodor Klein en 1756. En 1759, il entre comme adjoint botaniste à l'Académie des
sciences. Son *Ornithologie,* publiée en 1760, est une étape importante dans l'étude
des oiseaux. Cet ouvrage est antérieur, il faut le noter, à l'*Histoire naturelle des
oiseaux,* de Buffon. Le 29 janvier 1779, il devient pensionnaire botaniste à l'Académie des sciences, puis pensionnaire de la classe de physique en 1785, et enfin
membre résidant de la première classe de l'Institut de France le 18 frimaire an IV
(9 décembre 1795) dans la section de physique expérimentale. Une attaque d'apo-
plexie en 1806 annihile complètement sa mémoire; il n'arrive même plus à parler
français, ne gardant que quelques mots de son patois poitevin natal. *Source :* Académie des sciences; Comité des travaux historiques et scientifiques. Annuaire
prosopographique : la France savante (en ligne).

Buffon, Georges Louis, Leclerc, comte de (1707-1788), Lettres 9, 11, 11n., 12, 13, 14, 22, 27, 38, 39, 39n., 40, 40n., 41, 45, 70, 81, 81n.

Né à Montbard (Côte d'Or) le 7 septembre 1707, Buffon est fils d'un conseiller au parlement de Dijon. Après des études secondaires au collège des jésuites de Dijon, il étudie le droit (1723-1726), puis la botanique et les mathématiques à Angers (1728-1730), puis, après un voyage en Italie, s'intalle à Paris (1732). Ses premiers travaux lui ouvrent les portes de l'Académie des sciences en 1733 comme adjoint mécanicien. En 1739, il succède à Dufay comme intendant du Jardin du roi. Il commence la rédaction de son *Histoire naturelle*, qui l'occupera toute sa vie, et dont les trois premiers volumes paraissent en 1749. Son *Histoire des animaux domestiques* (1753-1756) intéresse l'agriculteur, l'homme du monde et le savant. Suivent *Histoire des oiseaux* (1770-1781), *Histoire des minéraux* (1783-1785) aux idées qui paraissent aujourd'hui bizarres et, son chef d'œuvre, *les Epoques de la nature* (1788). Membre de l'Académie française dès 1753 et des plus grandes académies européennes, il devient comte par la grâce de Louis XV. Il est l'artisan de l'agrandissement du Jardin des plantes. Il meurt à Paris le 16 avril 1788. *Source :* Nicolas de Condorcet, *Éloge de M. le comte de Buffon,* dans *Éloges des académiciens de l'Académie royale des sciences, morts depuis l'an 1783,* chez Frédéric Vierge, Brunswick et Paris, 1799, p. 365-442 ; J. Roger, *Encyclopaedia Universalis.*

Bute, John Stuart, comte de (1713-1792), Lettre 41

Né à Edimbourg, d'une famille écossaise issue de la maison de Stuart, et nommée d'après l'île de Bute, dont la famille était propriétaire. Chef du parti tory, il est nommé secrétaire d'État par le roi George III sur lequel il a une grande influence. En qualité de premier ministre (1762-1763), il négocie le traité de paix avec la France à l'issue de la guerre de Sept ans. À la fin de sa vie, il se retire des affaires pour se consacrer exclusivement à la botanique ; il compose les *Tables de botanique,* ouvrage remarquable sur la flore britannique par le luxe de l'exécution. *Source : Grand Dictionnaire Larousse du XIXᵉ siècle ; Encyclopaedia britannica.*

Calandrini, Jean-Louis (1703-1758), Lettre 2

D'une ancienne famille toscane, Jean-Louis Calandrini est fils d'un pasteur. En 1722 il soutient une thèse sur les couleurs conçues dans un cadre théorique newtonien. En 1724, il obtient une chaire à l'Académie de Genève ; Gabriel Cramer et Calandrini y assument tour à tour la tâche d'une chaire de mathématiques. Calandrini utilise cette alternance pour effectuer un grand voyage de formation à Bâle, Leyde, Paris et Londres. Mathématicien, il s'est intéressé notamment à la trigonométrie et à la théorie des dérivées. En 1734, Calandrini succède à M. De la Rive comme professeur de philosophie. Mathématicien et philosophe, il forme aussi des naturalistes notamment Abraham Trembley ou Charles Bonnet. Dans les dernières années de sa vie, il assume un rôle politique et il entre au Petit Conseil de Genève en 1750. Il devient trésorier de la ville (1752), puis syndic en 1757. On peut noter que le genre botanique *calandrinia* a été nommé en son honneur. *Source :* R. Sigrist, *Dictionnaire historique de la Suisse.*

Mme Calandrini, Lettre 42
Née Renée Lullin, veuve du précédent.

Camerer, Johann Wilhelm von (1763-1847), Lettre 91
Né le 27 février 1763 à Würtemberg, théologien protestant, Camerer est directeur et professeur de mathématiques au Gymnasium de Stuttgart. Ses publications portent sur les mathématiques, l'astronomie et aussi sur la définition du mètre. *Source : Allgemeine deutsche Biographie,* vol. 3, Leipzig, 1876.

Camper, Petrus ou Pierre (1722-1789), Lettres 82, 84
Petrus Camper fait à Leyde de brillantes études de philosophie et de dessin, puis est reçu docteur en médecine à 24 ans. Après avoir voyagé en Europe, il est nommé professeur de philosophie, médecine et chirurgie à Franeker en 1750, puis s'installe à Amsterdam où il occupe la chaire de chirurgie et d'anatomie, ensuite de médecine, avant d'être nommé professeur de chirurgie, anatomie et botanique à Groningue de 1763 à 1773. Il continue ses recherches et prend part activement à la vie politique de son pays. Ses travaux portent sur quantité de questions d'anatomie. Camper a été membre associé de l'Académie française des sciences, Condorcet et Vicq d'Azyr ont fait son éloge. *Source :* F. Hoefer, *Nouvelle biographie universelle,* 1862; Bouillet, Chassaing, *Dictionnaire universel d'histoire et de géographie,* 1878.

Cantwell, Andy (1705-1764), Lettre 3
Médecin irlandais, formé à Montpellier et exerçant à Paris, il publie un mémoire contre l'inoculation en 1755. *Source : Grand Dictionnaire universel du XIXᵉ siècle.*

Cassini, Jean Dominique (Cassini 1ᵉʳ) (1625-1712), Lettre 55
La biographie de Cassini, fondateur de la dynastie, créateur de l'observatoire de Paris, est trop connue pour que nous nous y étendions longuement. Il est né à Perinaldo, dans le comté de Nice, et mort à Paris. Alors qu'il témoigne dans sa jeunesse de grandes aptitudes dans le domaine scientifique et en particulier dans l'astronomie, il est attiré à Bologne par le marquis Cornelio Malvasia, astronome amateur fortuné, où il passe une vingtaine d'années, pendant lesquelles il enseigne l'astronomie ptolémaïque à l'université de Bologne. En 1669, à la suite d'une négociation diplomatique et financière, il arrive en France, invité par Colbert, pour diriger les travaux de l'observatoire de Paris qui vient d'être créé; il est aussitôt reçu comme membre de l'Académie des sciences. Parmi ses principaux succès, il découvre notamment quatre satellites de Saturne, ainsi que la division (dite de Cassini) des anneaux de Saturne. *Source :* R. Taton, *Dictionary of Scientific Biography.*

Charles, Jacques (1746-1823), Lettre 85

Physicien et chimiste, il fait construire par les frères Robert le premier ballon à hydrogène, qui s'élève dans les airs au-dessus de Paris le 27 août 1783. *Source :* J. Fourier, «Éloge historique de M. Charles», *Mémoires de l'Académie des sciences de l'Institut de France,* Paris, Gauthier-Villars, 1829, t. 8, p. LXXIII-LXXXIII.

Chappe d'Auteroche, abbé Jean (1728-1769), Lettres 12, 56, 62

Issu d'une famille noble d'Auvergne, Chappe fit d'abord ses études au collège jésuite de Mauriac, puis au collège Louis-le-Grand. Remarqué pour ses succès en mathématiques et astronomie, il est recommandé à Cassini III par le principal du collège. À l'Observatoire, Cassini le fait travailler à la carte de France. Puis, l'abbé Chappe traduit la première partie des tables astronomiques de Halley, publiée en 1752. Il entre à l'Académie des sciences comme adjoint astronome en 1759. L'année suivante, il est désigné pour aller en Sibérie observer le passage de Vénus sur le Soleil le 6 juin 1761 à Tobolsk où il arrive le 10 avril et observe ce passage. Au retour, il passe l'hiver à Pétersbourg et revient par mer. En 1768, il donne en trois volumes (plus des cartes) une relation de ce voyage. Ce qu'il a écrit des mœurs de la Russie a fâché Catherine II qui a fait publier une rectification. Cette même année, Chappe quitte la France pour Cadix où il s'embarque pour le Mexique, ayant été désigné pour observer en Californie le second passage de Vénus devant le Soleil (3 juin 1769). Son observation est un succès, mais les membres de l'expédition sont victimes d'une épidémie qui sévit dans la région; il y eut peu de survivants. Chappe d'Auteroche est mort le 1er août 1769 à San Lucar, au Mexique. Ses observations ont été rapportées à l'Académie des sciences l'année suivante. *Source :* J.-P. Grandjean de Fouchy, «Éloge de M. l'abbé Chappe», *Histoire de l'Académie royale des sciences - Année 1769,* Paris, Imprimerie royale, 1772, p. 163-172; Michaud, *Biographie universelle ancienne et moderne,* t. 8, 1813.

Chirol, Bathélémy (1731-1803), Lettres 61n., 66, 67, 69, 70, 71, 79

Né à Genève, fils naturel d'un natif et reçu à l'habitation en 1756, il est libraire associé dès 1767 avec Claude Philibert. Il reprend seul le fonds de librairie en 1775 qu'il vend en 1785. Avec Philibert, il est l'éditeur de Charles Bonnet. *Source :* J. R. Kleinschmidt, *Les imprimeurs et libraires de la République de Genève. 1700-1798,* Genève, 1948.

Chizzola, Luigi, comte (1730-1790), Lettre 56

Né à Brescia en Italie, publie sur les techniques agricoles et les œuvres d'art de sa ville d'origine. *Source : Enciclopedia bresciana;* J. Lalande, *Voyage en Italie.*

Clairaut, Alexis Claude (1713-1765), Lettre 7

Fils d'un mathématicien, Alexis Clairaut naît à Paris où il est très tôt formé aux mathématiques par son père et pour lesquelles ils témoignent un talent précoce. Premier mémoire sur les quatre courbées géométriques à 12 ans, première lecture d'un compte rendu à l'Académie des sciences à 13 ans, premier traité sur les courbes à double courbure à 16 ans, publié en 1731 et qui lui vaut d'être admis avant l'âge légal à l'Académie des sciences. Avec Maupertuis, il participe en 1736 à une expédition en Laponie pour calculer un degré de méridien. En 1737, il entre à la Société royale de Londres. En 1743, il publie son traité *Théorie de la figure de la Terre*, dans lequel se trouve le théorème, connu sous le nom de théorème de Clairaut. Sur les indications de Clairaut, Jérôme Lalande et Mme Lepaute effectuent les calculs du passage au périhélie de la comète de Halley, événement annoncé à la rentrée de l'Académie des sciences en novembre 1758, pour la mi-avril 1759. *Source : Encyclopaedia Universalis* ; S. Dumont, *Un astronome des Lumières, op. cit.*

Cook, James (1728-1779), Lettre 62

James Cook est né à Marton-in-Cleveland où son père est valet de ferme. Jusqu'à l'âge de 12 ans, il fréquente l'école primaire du village, puis travaille avec son père. Après un apprentissage dans un village côtier, qui éveille son attrait pour la mer, le jeune homme est engagé comme apprenti dans la marine marchande dans la mer du Nord. En autodidacte, il étudie la nuit les mathématiques. En 1752, il choisit la marine militaire où il réussit, en 1757, à obtenir le commandement d'un navire. En Amérique du Nord durant la Guerre de Sept ans, il se fait remarquer pour ses talents de cartographe. En 1766, il transmet à la *Royal society* ses observations sur une éclipse de soleil. Deux ans plus tard, alors que la *Royal society* et l'Amirauté préparent une expédition scientifique dans le Pacifique en vue du transit de Vénus, Cook se voit attribuer le commandement de l'*Endeavour*. Ce sera le premier (1768-1771) des trois grands voyages (1772-1775 et 1776-1779) qui le consacreront comme un explorateur d'exception au service des sciences les plus variées. *Source :* A. J. Villiers, *Encyclopedia Britannica.*

Court de Gébelin, Antoine (1725-1784), Lettre 85

En son temps, Antoine Court, dit de Gébelin, a été un savant respecté, auteur d'une œuvre littéraire abondante dans le domaine de l'histoire des religions et des langues anciennes. Originaire d'une famille protestante, peut-être né à Genève vers 1725, le jeune Antoine fait ses études à Lausanne où il devient pasteur en 1754. Installé à Paris dès 1760 et jusqu'à sa mort, il entre en maçonnerie dès 1771, rejoignant notamment la célèbre loge des Neuf Sœurs, dont il est secrétaire en 1778. C'est là qu'il côtoie non seulement Lalande, mais aussi Voltaire, Franklin, Greuze, Houdon et bien d'autres personnages. Il quitte la loge pour fonder son propre groupe. *Source : Encylopaedia Universalis.*

Daubenton, Louis Jean Marie (1716-1800), Lettres 12, 15

Né à Montbard, près d'Alésia, en 1716, il est pionnier dans le domaine de l'anatomie comparée. Après des études à Reims, Daubenton a une carrière de naturaliste et de médecin. Il travaille avec Buffon à l'*Histoire Naturelle des Animaux*. Membre de l'Académie des Sciences depuis 1744, il est professeur au Collège de France dès 1778, puis à l'Ecole vétérinaire de Maisons-Alfort. Il est par ailleurs l'un des contributeurs majeurs à l'*Encyclopédie* de Diderot et d'Alembert pour laquelle il écrit plus de 900 articles sur l'histoire naturelle. Sous la Révolution, lorsque le Cabinet du roi et le Jardin des plantes sont transformée en Muséum d'Histoire Naturelle, il en devient le premier directeur. *Source :* Comité des travaux historiques et scientifiques. Annuaire prosopographique : la France savante (en ligne).

De la Rive, Horace Bénédict (1687-1773) et Madame De la Rive (Marie-Jeanne Franconis, 1693-1763), Lettres 9n., 20, 27, 31, 38, 39, 40
Père et mère de Jeanne-Marie De la Rive (1728-1796), épouse de Charles Bonnet. Le patronyme De la Rive est parfois associé à celui de Charles Bonnet, selon l'usage dans les familles oligarchiques de Genève. Ces personnages, père et mère de Madame Bonnet, sont cités de façon allusive dans un grand nombre de lettres de Lalande ou de Bonnet. Horace-Bénédict De la Rive, membre du Conseil des Deux-Cent dès 1714, puis du Petit Conseil de 1731 à 1767, achète en 1725 la propriété des seigneurs de Genthod. Il y aménage les jardins, fait construire une esplanade et la demeure qui reviennent par la suite à son gendre, Charles Bonnet. *Source :* H. Naef, « Une commune, Genthod », *Heimatschütz - Patrimoine,* 1943, p. 130-139.

Delambre, Jean-Baptiste Joseph (1749-1822), Lettres 88, 94
Né à Amiens le 19 septembre 1749, il y suit une formation élémentaire avant d'accéder grâce à une bourse au collège du Plessis à Paris où il étudie l'histoire et la littérature. Il prend des cours privés pour se former en mathématiques. En 1771, il est chargé de l'éducation du fils de M. d'Assy, receveur général des finances. Intéressé par les sciences, Delambre assiste aux cours de Jérôme Lalande au Collège de France. Celui-ci, enthousiasmé par les connaissances du jeune homme, l'embauche pour travailler avec lui et obtient de M. d'Assy l'aménagement d'observatoire dans son hôtel, bien équipé en instruments, à l'usage de Delambre. Il fait beaucoup de calculs, établit des Tables d'Uranus, des satellites de Jupiter, qui obtiennent un prix de l'Académie des sciences. Il en devient membre en 1792, à la veille de sa suppression. Méchain et lui mesurent, de 1792 à 1798, le méridien de Dunkerque à Barcelone, pour l'établissement du Système métrique. En 1795, il est élu astronome du Bureau des longitudes et membre de l'Institut. En 1803, Delambre est secrétaire perpétuel de l'Académie des sciences pour les sciences physiques et mathématiques. Le premier Consul le nomme Inspecteur général des études ; ainsi, il organise les lycées de Moulins (1802) et de Lyon (1803). En 1807, il succède à Lalande dans la chaire d'astronomie du Collège de France. En 1814, il publie un *Traité d'Astronomie.* Puis, malade, ses cours sont confiés à Mathieu. Il achève sa vie en rédigeant une *Histoire de l'astronomie.* Il meurt à Paris le 19 août 1822. *Source :* Simone Dumont et R. Dumont, *L'Astronomie,* juillet-août 1949 ; I. Bernard Cohen, *Dictionary of Scientific Biography.*

Delisle (ou de l'Isle ou de Lisle) Joseph Nicolas (1688-1768), Lettres 55, 66

Né à Paris le 4 avril 1688, Joseph Nicolas Delisle commence ses études avec son père dont il est le troisième fils; puis il les achève au collège des Quatre Nations dont il sort en 1706. Ayant observé l'éclipse de Soleil de 1706, il s'intéresse à l'astronomie, fréquente l'Observatoire où il calcule pour Cassini II et s'instruit auprès de Cassini I devenu aveugle. Dès 1712, il commence des observations astronomiques régulières et est admis comme élève à l'Académie des sciences en 1714, dont il est associé en 1719. Il est ensuite nommé professeur de mathématiques au Collège royal où il formera des élèves tels que Godin, La Caille... En 1724, il fait un voyage en Angleterre pour rencontrer Newton et il en revient newtonien convaincu. L'année suivante, il part avec des membres de sa famille pour la Russie, invité par Pierre le Grand puis par Catherine Iʳᵉ qui lui a succédé. Il fonde l'observatoire de Pétersbourg et une école d'astronomie. Ses travaux concernent l'astronomie et aussi la géographie. Revenu en France en 1747, il retrouve sa chaire au Collège royal et installe un observatoire à l'hôtel de Cluny, voisin du Collège. Le Roi lui donne le titre d'astronome géographe, attaché au dépôt de la marine. Ayant des relations dans tous les observatoires, il avertit les astronomes des événements à ne pas manquer, principalement le passage de Vénus devant le Soleil en 1761. Parmi ses élèves, il faut compter Jérôme Lalande. Il est aussi géographe et publie quelques cartes, comme son frère Guillaume décédé en 1726. Après 1761, il se retire, remplacé au Collège royal par Lalande. *Source:* J.-P. Grandjean de Fouchy, «Eloge de M. De L'Isle», *Histoire de l'Académie royale des sciences — Année 1768*, Imprimerie royale, Paris, 1770, p. 167-183; N. I. Nevskaja, «Joseph-Nicolas Delisle (1688-1768)», *Revue d'histoire des sciences*, t. 26, n°4, 1973. p. 289-313.

Deluc (ou De Luc, DeLuc), Jean André (1727-1817), Lettres 19, 35, 36, 37, 42, 48, 49, 49n., 53, 65, 68, 72, 75

Né le 8 février 1727 à Genève dans une famille aisée de l'horlogerie, Jean André Deluc reçoit une excellente éducation dans le domaine scientifique. Il commence à explorer les Alpes et le Jura avec son frère dès 1754. Dans les années 1760, il s'intéresse au thermomètre qu'il améliore en remplaçant l'esprit-de-vin par le mercure. Pionnier dans l'exploration de la haute montagne, il conçoit également un baromètre portatif. Politiquement, il s'engage du côté des Représentants contre l'oligarchie au pouvoir; il entre au Conseil des Deux-Cents en 1770. En 1773, il quitte Genève pour l'Angleterre où il devient lecteur de la reine Charlotte. Il se consacre désormais à la publication de ses recherches, cherchant à concilier des considérations théologiques avec les données scientifiques, notamment géologiques. Séjournant en Allemagne de 1798 à 1804, il y reçoit le titre de professeur honoraire de philosophie et de géologie (Université de Göttingen). En 1803, il est associé dans la 1ʳᵉ Classe de l'Institut. Il meurt à Windsor en 1817. *Source:* R. Sigrist, *Dictionnaire historique de la Suisse.*

Démocrite (vers 460-370 avant J.-C.), Lettre 70
Démocrite est né à Abdère, ville grecque de Thrace, sur la mer Egée. Disciple
de Leucippe, ayant semble-t-il beaucoup voyagé en Orient, Démocrite est l'auteur
d'une œuvre prolifique et encyclopédique. Il est aujourd'hui considéré comme le
fondateur de l'atomisme, philosophie matérialiste qui considère l'univers comme
constitué d'atomes et de vide. Il fait aujourd'hui figure de père de la physique
moderne. *Source : Encyclopaedia Universalis.*

Demours, Pierre (1702-1795), Lettre 1
Originaire d'Avignon, médecin spécialisé dans le traitement des maladies
oculaires et zoologiste, Demours réalise de nombreuses traductions de l'anglais
vers le français. Il est membre associé de l'Académie des sciences dès 1763 et
membre de la *Royal Society* de Londres. *Source :* L.-G. Michaud, *Biographie universelle ancienne et moderne,* 1843-1865 ; Comité des travaux historiques et
scientifiques. Annuaire prosopographique : la France savante (en ligne).

Derham, William (1657-1735), Lettre 45
Né le 26 novembre 1657 à Stoughton, près de Worcester, William Derham a
achevé ses études au Trinity College (Oxford) en 1679. Ordonné prêtre en 1681, il
est vicaire de Wargrave l'année suivante, puis recteur à Upminster (1689-1735). Il
a publié *Physico-Theology* (1713), *Astro-Theology* (1714), et aussi sur le baromètre
et sur les taches du Soleil (1703 et 1711), sur un instrument pour observer le passage
d'un astre au méridien, sur le mouvement du pendule dans le vide, sur les météores
(*Ignis Fatures,* 1729) sur les « étoiles appelées nébuleuses » (1733), sur les
vibrations du pendule, et sur beaucoup d'autres sujets. En 1716, W. Derham est
chapelain du prince de Galles, chanoine de Windsor. Le 3 février 1730 il est élu
membre de la *Royal Society. Source : Grand Dictionnaire universel du* XIX ^e *siècle ;
Encyclopaedia Britannica.*

Descartes, René (1596-1650), Lettre 40
René Descartes est né à La-Haye-en-Touraine (Indre et Loire), commune qui
maintenant porte son nom. Le décès prématuré de sa mère le conduit, auprès de sa
grand-mère, à des études (retardées par sa santé fragile) au collège (des Jésuites) de
La Flèche. Il obtient en 1616 son baccalauréat et sa licence en droit civil et
canonique, à l'université de Poitiers. Il part vivre à Paris et il y mène une vie
studieuse mais solitaire. En 1618 il s'engage en Hollande, à l'école de guerre du duc
de Nassau, puis dans l'armée du duc de Bavière, engagée dans la guerre de 30 ans.
Renonçant à la vie militaire dès1620, il voyage, revient en France, et c'est de cette
période que datent quelques petits traités aujourd'hui perdus. Cherchant la solitude,
il décide de s'installer vers 1629 dans les Provinces-unies. À la suite du procès de
Galilée, il compose son *Traité du monde et de la lumière* (1633). Son œuvre
fameuse, le *Discours de la méthode,* est publiée en 1637. D'une rapide liaison, il a
une fillette qui meurt en septembre 1640, laissant Descartes désespéré. Continuant
sa lutte contre les incompréhensions de l'Eglise, il est accusé d'athéisme (c'est la
querelle d'Utrecht). En septembre 1649, il accepte l'invitation de la reine Christine

de Suède à devenir son tuteur; à Stockholm, la rigueur du climat et l'horaire matinal de ses entretiens avec la reine ont raison de sa santé; il y décède en février 1650. Descartes est certainement l'un des fondateurs de la philosophie moderne; son influence fut considérable, notamment au cours du Siècle des Lumières. Mais on ne doit pas oublier son œuvre durable de mathématicien et de physicien. *Source: Encyclopaedia Universalis.*

Desmarets, Nicolas (1725-1815), Lettre 49
Géographe et collaborateur de l'*Encyclopédie*, il voyage en Italie avec le duc de Louis-Alexandre de La Rochefoucauld d'Enville en Italie, en 1765-1766. Il dirige pour l'*Encyclopédie méthodique* les 4 premiers dictionnaires de *Géographie physique*. Il a également été inspecteur puis inspecteur général des manufactures et membre de l'Académie des sciences dès 1771. *Source:* I. Laboulais-Lesage, «Voir, combiner et décrire: la géographie physique selon Nicolas Desmarest», *Revue d'histoire moderne et contemporaine*, 51-52/2, 2004, p. 38-57.

Despine (Joseph?) (d'Epine) (1737-1830), Lettre 68
S'agit-il de Joseph Despine, premier médecin royal des thermes d'Aix-les-Bains?

Dixon, Jeremiah (1733-1779), Lettre 62
Astronome anglais, il a participé avec Charles Mason, à l'expédition, organisée par Londres en 1761, pour observer le passage de Vénus devant le Soleil au cap de Bonne-Espérance. Puis Dixon a été envoyé au Maryland et en Pennsylvanie pour y mesurer un arc de méridien. En 1769, il observe le passage de Vénus devant le Soleil en Norvège, alors que Mason l'observe en Irlande. *Source:* D. Howse, «Dixon, Jeremiah (1733–1779)», *Oxford Dictionary of National Biography*, Oxford, OUP, 2004.

Dollond, John (1706-1761), et Peter (1730-1820), Lettres 2n., 77
La famille Dollond, issue de réfugiés français huguenots, s'était installée à Londres à l'occasion de la révocation de l'édit de Nantes. En 1752 John abandonne le commerce de la soie et se joint à son fils aîné Peter qui commence à fabriquer des instruments d'optique en 1750. Ils ont fourni la plupart des astronomes européens en instruments et leur technique de correction des aberrations chromatiques était en effet essentielle à la qualité de ces instruments. *Source: Encyclopedia Britannica*; G. Clifton, «Dollond family», *Oxford Dictionary of National Biography*, Oxford, OUP, 2004.

Ducarla-Boniface, Marcellin (1738-1816), Lettre 82
Ducarla-Boniface est né en 1738 à Vabres (Castrais). Intéressé dans sa jeunesse par l'astronomie, il rédige *Des grands mouvements de la matière* en 1775. De séjour à Genève, il rencontre ensuite de Saussure qui l'encourage dans ses travaux. Se rendant à Paris en 1781, il y rencontre d'Alembert, Diderot, Condorcet et Lalande. Il publie de nombreux ouvrages, dont une *Cosmogonie* en 1779 (Genève, 3 vol.) et mémoires insérés dans le *Journal des savants* et le *Journal*

encyclopédique. Source : Michaud, *Biographie universelle ancienne et moderne. Supplément,* vol. 63 ; *Grand dictionnaire universel du XIXe siècle.*

Duhamel (ou Du Hamel) du Monceau, Henri-Louis (1700-1782), Lettres 8, 11, 12, 13, 14, 19, 22, 23, 26, 33, 39n., 40, 41, 72

Esprit encyclopédique, Duhamel du Monceau est physicien, chimiste, naturaliste, botaniste et surtout un agronome. Après des études au collège d'Harcourt à Paris, il suit sans grand intérêt des études de droit. De retour à Paris, il suit les cours des savants du Jardin du roi (actuel Muséum d'histoire naturelle). Dès 1728, il est nommé adjoint chimiste de l'Académie royale des sciences, puis membre associé dans la classe de botanique en 1730, avant d'en être pensionnaire en 1738. Il est élu trois fois Président. Il laisse une œuvre importante dans le domaine de la construction et du service des navires, de la terre, de la culture de la conservation du froment, de la gestion des forêts.... Devenu inspecteur général de la marine en 1739, il crée en 1741 une école de marine qui deviendra en 1765 l'École des ingénieurs constructeurs, ancêtre de l'école actuelle. Émule de Réaumur, il reprend la direction de la *Description des arts et métiers,* ce qui en fait un adversaire, et un concurrent, de l'*Encyclopédie.* Ses nombreuses recherches de chimie et ses travaux d'agronomie l'opposent souvent à Buffon. *Source :* C. Viel, « Duhamel du Monceau, naturaliste, physicien et chimiste », *Revue d'histoire des sciences,* t. 38, n° 1, 1985, p. 55-71 ; Condorcet, « Éloge de M. Duhamel », *Histoire de l'Académie royale des sciences - Année 1782,* Paris, Imprimerie royale, 1785, p. 131-155.

Dufour Robert (1704-1782), Lettre 33, 38, 70

Citoyen de Genève, s'installe à Paris comme banquier avec Isaac Mallet d'abord, puis avec le fils de celui-ci, Jacques et Robert Le Royer. *Source :* S. Stelling-Michaud (éd.), *Livre du recteur de l'Académie de Genève. 1559-1878,* vol. III, Genève, Droz, 1972, p. 164.

Dupuis, Charles François (1742-1809), Lettre 34

Né à Trie-Château, dans l'Oise, C. F. Dupuis a d'abord étudié les mathématiques et l'histoire de l'Antiquité. En 1787 il est nommé professeur d'éloquence latine au Collège royal et, l'année suivante, il est admis à l'Académie des inscriptions. Pendant la Révolution, il est député à la Convention, puis au Conseil des Cinq-Cents. Il a participé à l'établissement du calendrier républicain et des écoles centrales. Son œuvre la plus connue est : *Origine de tous les Cultes ou religions universelles* (1795). *Source : Grand Dictionnaire universel du XIXe siècle*

Durade, Jean-Georges (1740-1825), Lettre 38

Citoyen de Genève, docteur en médecine, Durade obtient le prix de pysique l'Académie de Berlin en 1766 pour une étude publiée à Paris, *Traité physiologique et chymique sur la nutrition.* Ami de Bonnet qui le recommande à Lalande. *Source : Livre du recteur de l'Académie de Genève. 1559-1878,* éd. S. Stelling-Michaud, Genève, 1972.

Durand, probablement Pierre-Etienne-Germain (1728-179 ? ?), Lettres 41, 76
Libraire imprimeur français, il a notamment publié les œuvres de vulgarisation
scientifique de l'abbé Nollet. Associé avec le libraire Neveu, il a aussi publié des
anthologies poétiques et des ouvrages historiques. *Source :* Catalogue général de la
Bibliothèque nationale de France

Dymond, Joseph (1746-1796), Lettre 62
Astronome anglais envoyé par la *Royal Society* au nord de la baie d'Hudson,
pour y observer le passage de Vénus devant le Soleil en 1769, avec William Wales.
Source : R. Rosenfeld, « Astronomical Art and Artifact : William Wales and Joseph
Dymond, Astronomical Observations During the 1769 Transit of Venus from
Hudson's Bay - the Toronto Manuscript », *Journal of the Royal Astronomical
Society of Canada,* 106/4, 2012, p. 170-176.

*Enville, Marie Louise Elisabeth Nicole de la Rochefoucauld, duchesse d'
(1716-1797),* Lettres 36, 36n., 48
Fille aînée du duc de la Rochefoucauld, elle devient duchesse d'Enville (ou
d'Anville) en 1732, à la faveur de son mariage avec son cousin Jean-Baptiste de la
Rochefoucauld (1707-1746), marquis de Roucy, qui obtient le titre de duc par
lettres patentes du Roi. Au décès de son mari, la duchesse se dévoue à l'éducation
de son fils Paul-Alexandre (1743-1792). Dans son hôtel parisien, elle reçoit les
philosophes et les économistes, dont Turgot, Arthur Young ou Adam Smith. Sur les
terres du château de La Roche-Guyon, qu'elle administre au décès de son père en
1762, elle fait expérimenter les innovations agronomiques. Elle entretient une
longue correspondance avec Voltaire. Elle séjourne à plusieurs reprises à Genève
en 1762, 1763, 1765 et 1778 attirée par la réputation du médecin Théodore
Tronchin qui inocule ses enfants ; elle y tient également un salon fréquenté par les
savants genevois, dont Charles Bonnet, Horace Benedict de Saussure ou George-
Louis Le Sage. *Source : Grand Dictionnaire universel du XIXᵉ siècle.*

Euclide, (Alexandrie, IIIᵉ siècle avant J.-C.), Lettre 19
Mathématicien grec. Son œuvre est couronnée par les *« Eléments »* où de
quelques définitions, postulats et axiomes, il déduit des propositions de plus en plus
complexes. On y trouve, en particulier, le postulat (qui porte son nom) selon lequel
par un point du plan on ne peut mener qu'une parallèle à une droite donnée. *Source :
Encyclopaedia Universalis*

Euler, Leonhard (Léonard) (1707-1783), Lettres 38n., 42, 56, 62, 76
Leonhard Euler naît à Bâle où il reçoit de son père, pasteur, les premiers ensei-
gnements de mathématiques dont il a bénéficié durant sa formation académique.
Extrêmement doué, le jeune Euler entre à l'université de Bâle à 14 ans où Jean I
Bernoulli, ami de la famille, enseigne depuis 1707. Il termine ses études en philosophie en 1723. Deux fils de Jean I Bernoulli, Nicolas et Daniel, sont invités en
1725 à l'Académie de Pétersbourg nouvellement créée par le tsar Pierre 1ᵉʳ. En
1727, ils recommandent Euler pour le poste de professeur de physiologie :
à vingt ans à peine, il quitte Bâle pour la Russie où il poursuit, malgré la nature de

son premier poste, des travaux de mathématiques. En 1731, il obtient la chaire de professeur de physique puis celle de mathématiques, à la place de Daniel Bernoulli qui retourne à Bâle en 1733. En 1740, Leonhard Euler accepte l'invitation de Frédéric II qui vient d'accéder au trône et qui souhaite réformer l'Académie de Berlin. Euler est nommé directeur de la classe de mathématique et, en 1755, il est associé étranger de l'Académie des sciences de Paris. Il remplace aussi à Berlin le président Maupertuis lorsqu'il est absent et après sa mort en 1759. En conflit avec Frédéric II en 1766, Euler accepte l'invitation de Catherine II et retourne à Pétersbourg où il s'installe définitivement avec sa famille. *Source :* A. P. Youschevitch, *Dictionary of Scientific Biographies.*

Euler, Johann Albrecht (1734-1800), Lettre 62
Né à Saint-Pétersbourg, Albrecht est le fils aîné de Leonhard. Il fait ses études à Berlin où son père est venu en 1740, invité par Frédéric II, et retourne en Russie en 1766 avec son père. Albrecht est alors membre de l'Académie de Pétersbourg sur la chaire de physique et il en devient le secrétaire perpétuel en 1769. Ami de Lalande, qui a fréquenté la famille Euler à Berlin en 1751-1752, il est nommé associé étranger à l'Académie des sciences de Paris le 12 février 1784, succédant ainsi à son père décédé. *Source : Allgemeine deutsche Biographie,* Bd. 6, Leipzig, 1877.

Fabri (Fabry), Louis-Gaspard (1720-1802), Lettres 61, 64, 78
Subdélégué de l'intendance du pays de Gex depuis 1744, Fabry est chargé provisoirement des affaires du roi de France auprès de Genève en 1765. *Source :* F. Brandli, *Le nain et le géant. La République de Genève et la France au XVIIIe siècle. Cultures politiques et diplomatie,* Rennes, PUR, 2012.

Fatio de Duillier, Nicolas (1664-1753), Lettres 46, 46n, 49, 53
Astronome et géomètre, Fatio naît à Bâle au sein d'une famille protestante le 16 février 1664. Après que son père acquiert la seigneurie de Duillier, près de Genève, la famille s'installe sur les bords du Léman. Devenu bourgeois de Genève en 1678, Fatio de Duillier fait des études de mathématiques et de sciences naturelles au sein de l'Académie de la ville. Il s'intéresse très tôt au calcul de la distance Terre-Soleil et est accueilli dès 1682 par Jean-Dominique Cassini à l'observatoire de Paris. Parti en 1686 en Hollande puis en Angleterre, il fait la connaissance de scientifiques réputés ; il entre à la *Royal Society* en 1688. Proche de Newton, il attribue à ce dernier la primauté de l'invention du calcul infinitésimal, accusant Leibniz de plagiat. Fatio est un inventeur : il découvre notamment la manière de percer les rubis, qui est adoptée par le monde de la bijouterie et de l'horlogerie ou rédige un traité sur la manière de tirer parti de l'ensoleillement dans l'agriculture. Ses travaux pionniers sur la gravitation vont fortement influencer Georges-Louis Le Sage qui, en 1765, récupère une partie de ses nombreux manuscrits. *Source :* Fritz Nagel, *Dictionnaire historique de la Suisse* ; R. Sigrist, *La Nature à l'épreuve. Les débuts de l'expérimentation à Genève (1670-1790),* Paris, Garnier, 2011, p. 131-179.

Fauche, Samuel (1732-1803), Lettre 81
En apprentissage à Morat puis compagnon libraire chez Grasset à Lausanne, Samuel Fauche ouvre vers 1753 une librairie à Neuchâtel, sa ville natale. Il sert de couverture lors de la continuation clandestine de l'édition parisienne de l'*Encyclopédie*, en 1759. Il participe à la fondation de la Société typographique de Neuchâtel en 1769, mais il en est exclu dès 1772. Avec sa propre imprimerie dès 1773, il publie des ouvrages scientifiques, des auteurs français censurés et des contrefaçons. *Source :* A. Jeanneret-de Rougemont, *Dictionnaire historique de la Suisse.*

Fourcault, père (??-??), Lettre 9
Empailleur d'oiseaux, de l'ordre des minimes, il prépare les cabinets ornithologiques de Lyon au début des années 1760. *Source :* J.-M. Hénon, J. M. P. Mouton-Fontenile, *L'Art d'empailler les oiseaux,* an X (1802).

Frisi, Paolo (1728-1784), Lettres 51, 56
Né à Milan, instruit par les Barnabites, le père Paolo Frisi se tourne très tôt vers l'astronomie et les mathématiques. Elu membre correspondant de l'Académie des sciences de Paris en 1753, il est nommé professeur de mathématiques à l'Université de Pise en 1756, puis à l'Université palatine de Milan en 1764. Membres des plus prestigieuses académies européennes (*Royal Society*, Berlin, Pétersbourg, Stockholm, Copenhague, Berne), il adhère à l'*Accademia dei Pugni* et collabore activement à la revue par excellence des Lumières milanaises, *Il Caffè*. *Source :* *Encyclopaedia Britannica*; Ugo Baldini, *Dizionario Biografico degli Italiani,* vol. 50, Rome, Treccani, 1998.

Gibert, Jean-Baptiste (1727?-1784), Lettre 66
Imprimeur libraire installé au quai des Augustins, à Paris, au début des années 1760. *Source :* Catalogue général de la Bibliothèque nationale de France.

Green, Charles (1735-1771), Lettre 62
Fils d'un fermier du Yorkshire, il devient l'assistant de Bradley à l'observatoire Royal de Greenwich. À ce titre, il voyage à la Barbade (1763-1764), puis il entre dans la marine et accompagne Cook sur le *Endeavour* pour étudier le passage de Vénus devant le Soleil le 3 juin 1769. Il meurt de fièvre pernicieuse à Batavia. *Source :* MCroarken, «Green, Charles», in *Biographical Encyclopedia of Astronomers,* vol. I, New York, Springer, 2007, p. 437.

Grosley (Grolée), Pierre-Jean (1718-1785), Lettre 48
Fils d'avocat, Grosley fais ses études au collège de l'Oratoire de Troyes avant de rejoindre la Faculté de droit à Paris. Pendant ses études parisiennes, il fréquente les cafés littéraires et commence à écrire, notamment dans le *Journal de Verdun* et le *Mercure de France*. Reçu avocat, inscrit au barreau de Troyes, il retourne vivre dans sa ville natale dès 1740, ce qui ne l'empêche pas de voyager beaucoup. En 1745 et 1746, il accompagne l'armée française en Italie. Membre de l'Académie de Châlons-sur-Marne (1756), de la Société royale des Belles-Lettres de Nancy (1757), de la Société royale de Londres (1766), il est élu membre libre de

l'Académie des Inscriptions et Belles-Lettres en 1762. Grosley écrit pour *l'Encyclopédie* de Diderot et d'Alembert. En 1764 paraissent ses *Nouveaux Mémoires ou observations sur l'Italie et sur les Italiens,* en 3 volumes. *Source :* A. Nabarra, « Pierre Jean Grosley », *Dictionnaire des journalistes,* éd. J. Sgard, Oxford, Oxford Voltaire Foundation, 1999.

Guettard (ou Guetard), Jean-Étienne (1715-1786), Lettres 39, 40
Issu de l'une des plus anciennes familles d'Étampes, Jean Étienne Guettard suit l'enseignement des barnabites au collège d'Etampes. Il étudie la médecine à Paris, et devient le conservateur des collections d'histoire naturelle du duc d'Orléans. Il devient d'abord adjoint botaniste en 1743 à l'Académie des sciences, puis finalement pensionnaire de la classe de botanique et d'agriculture (au moment de la réorganisation de 1785). Il est l'élève de Réaumur. Guettard est connu pour avoir été le premier à signaler que les monts d'Auvergne étaient d'anciens volcans, mais il fit beaucoup d'autres travaux importants, tant en géologie et en minéralogie qu'en botanique. Linné nomma en son honneur le genre botanique *guettarda.* Un astéroïde porte son nom. *Source :* Condorcet, « Eloge de Monsieur Guettard », dans *Histoire de l'Académie royale des sciences — Année 1786,* Paris, Imprimerie royale, 1788, p. 47-62 ; F. Ellenberger, « Brève évocation de Jean-Etienne Guettard (1715-1786), à l'occasion du bicentenaire de sa mort », *Comité français d'histoire de la Géologie,* 1986, 2e série (t. 4), p. 85-90.

Guignes, Joseph de (1721-1800), Lettres 1, 2, 3, 3n, 4, 71
Né le 19 octobre 1721 à Pontoise, il meurt à Paris le 19 mars 1800. Joseph de Guignes est un rédacteur très actif du *Journal des savants* depuis le 18 juin 1752. Célèbre orientaliste, connaissant particulièrement le chinois, il devient secrétaire-interprète pour les langues orientales à la Bibliothèque royale et censeur royal. En 1767, il est nommé professeur de syriaque au Collège royal et, en 1769, garde des antiques du Louvre puis membre de l'Académie des inscriptions de Paris et de la Société royale de Londres. Il a publié, entre autres, une *Histoire des Huns, Turcs, Mogols et autres Tartares occidentaux* (1756-1758) et en 1759-1760, un mémoire dans lequel il prouve que les Chinois sont une colonie d'Egyptiens – ce qui a été réfuté. *Source :* Bouillet, Chassaing, *Dictionnaire universel d'histoire et de géographie,* 1878.

Haen, Anton de, (1704-1776), Lettre 3
Médecin de Vienne. Pionnier dans l'exploitation des investigations post-mortem, poussant ses étudiants au contact quotidien des patients, il correspond avec le médecin genevois Louis Odier au sujet des tables de la mortalité. De Haen a publié des arguments contre l'inoculation. *Source : Dictionnaire des sciences médicales,* vol. 5, 1822.

Haller, Albert de, ou Albrecht von Haller (1708-1777), Lettres 8, 9, 16, 17, 39, 40, 81

Né à Berne le 16 octobre 1708, Haller a étudié dès 1723 les sciences naturelles et la médecine à Tübingen, puis à l'université de Leyde, auprès du célèbre physiologiste Herman Boerhaave et d'Albinus. Il présente là sa thèse en 1727. Il étudie encore en Angleterre et en France ; puis il voyage en Europe en compagnie de son confrère et ami Johannes Gesner. Son passage en Suisse est l'occasion d'un poème célèbre, *Die Alpen.* En Suisse, en 1728, il remplace le professeur d'anatomie J. R. Mieg, puis en 1729, le jeune médecin s'établit à Berne. C'est là qu'il terminera sa vie. En 1735, il est nommé bibliothécaire de la ville de Berne, et la même année, il obtient des autorités la création d'un théâtre anatomique pour le perfectionnement des jeunes médecins. Sa grande réputation fait qu'il est invité dans plusieurs universités européennes. De 1736 à 1753, il est professeur d'anatomie, de botanique et de chirurgie à Göttingen, où il crée la première clinique d'obstétrique en Allemagne. Il est l'un des fondateurs de la Société royale des sciences (Allemagne), et il poursuit à Berne une carrière internationale – médicale et politique. Il laisse (notamment) un ouvrage monumental sur la physiologie humaine et contribue à la rédaction de l'*Encyclopédie.* Protestant, il s'oppose aux idées voltairiennes comme, d'ailleurs, à celles de Jean-Jacques Rousseau. Son œuvre poétique est faible, mais fut cependant admirée par Kant. *Source :* U. Boschung, *Dictionnaire historique de la Suisse.*

Hardouin, Robert-André (17??-179?), Lettres 83, 84, 85, 86
Libraire à Paris, rue des Prêtres St Germain l'Auxerois. Il fut libraire de Son Altesse sérénissime madame la duchesse de Chartres et de Son Altesse sérénissime Madame la duchesse Orléans. En 1777, il fut suspendu temporairement pour l'édition d'un ouvrage prohibé. À partir de 1780, il publie l'*Almanach du voyageur à Paris,* et *Le voyageur à Paris* en 1788 et 1790. *Source :* Catalogue général de la Bibliothèque nationale de France

Hennin, Pierre-Michel (1728-1807), Lettre 61
Fils d'un avocat au Parlement de Paris, Hennin entre au ministère des Affaires étrangères en 1749, se voit conférer une mission diplomatique en Pologne avant d'être nommé résident de France à Genève de 1765 à 1778. Membre de l'Académie des Inscriptions et Belles-Lettres, ami de Voltaire et passionné d'art, il entretient une importante correspondance avec les hommes de lettres et de science de son temps. *Source :* M. Piguet, *Dictionnaire historique de la Suisse.*

Hérissant, François-David (1714-1773), Lettre 64
Issu d'une vieille famille parisienne apparentée à l'astronome La Hire, Hérissant montre très jeune des dispositions pour la médecine ; il suit les cours de botanique de Jussieu et les cours de chimie de Boulduc et de Lémery au Jardin du roi. À l'Hôtel-Dieu, il est employé à suivre les pansements. Malgré son père, il continue à suivre des cours de médecine aux Écoles de Médecine ; sa première thèse traite de la respiration. En 1743, Réaumur l'appelle dans son laboratoire.

Nommé adjoint puis associé, enfin pensionnaire anatomiste à l'Académie royale des sciences en 1769, il s'est principalement intéressé au phénomène de la respiration, aux organes de la voix, à la structure des os, et à la formation de l'émail dentaire. *Source :* Grandjean de Fouchy, «Eloge de M. Hérissant», *Histoire de l'Académie royale des sciences, année 1763; Grand Dictionnaire universel du XIXe siècle.*

Horace, (Quintus Horatius Flaccus), (65-8 av. J.-C.), Lettre 48

Poète latin, ami de Virgile et de Mécène, protégé d'Auguste, il a laissé une poésie à la fois familière, nationale et religieuse, marquée par la morale épicurienne (*Satires, Odes*). Il est tenu par les humanistes, puis par les classiques français, pour le modèle des vertus poétiques d'équilibre et de mesure, notamment exposées dans l'*Epître aux Pisons,* plus connue sous le titre d'*Art poétique. Source : Encyclopaedia Universalis.*

Jallabert, Jean (orthographié aussi Jalabert)(*1712-1768*), Lettres 1, 2, 3, 5, 9, 10, 33, 36, 37, 42

Fils d'un théologien, Jean Jallabert est consacré pasteur en 1737. Il devient professeur à l'Académie de Genève la même année. Il voyage, afin de se perfectionner et d'acquérir des instruments scientifiques, à Bâle, Leyde, Londres, Paris. Il rencontre Daniel Bernoulli, s'Gravesande, les frères Muschenbroek, Réaumur Buffon, etc. Mais c'est surtout avec l'abbé Nollet qu'il garde le plus de liens, en raison de leurs expériences sur l'électricité. Parallèlement à sa fonction de professeur, et de bibliothécaire, il s'occupe d'astronomie, et propose même la création d'un observatoire (c'est Mallet qui concrétisera ce projet). Il renonce à la physique de laboratoire pour raisons de santé, et s'engage en politique. Jalabert succède à Cramer comme professeur de mathématiques (1750), puis occupe la chaire de philosophie (1752-1757). Jalabert entre en 1757 au Petit Conseil et abandonne alors sa charge universitaire. Devenu syndic en 1765, il se trouve au cœur du conflit social qui oppose à l'époque la république et l'œuvre de Jean-Jacques Rousseau C'est un accident de cheval qui entraîne le décès prématuré de Jean Jallabert. *Source :* L.-I. Stahl-Gretsch, Catalogue de présentation de l'exposition *Rousseau et les savants genevois*, Musée d'histoire des sciences, Genève (juin-septembre 2012), p. 32-35.

Jaucourt, Louis, chevalier de (1704-1780), Lettre 32

Né à Paris en 1804, le chevalier Louis de Jaucourt, médecin et philosophe d'une très grande érudition, est l'un des plus fidèles et principaux collaborateurs de l'*Encyclopédie* de Diderot, dans laquelle il rédige près de 17'000 articles dans des domaines très variés (religion, politique, littérature, médecine, science, etc.). Il est également l'auteur d'une *Vie de Leibniz* ainsi que d'un très grand nombre de mémoires. Il est membre des Académies de Berlin, de Stockholm et de Bordeaux. Il est mort à Compiègne en 1780. *Source : Encyclopaedia Universalis.*

Jurine, Louis (1751-1819), Lettre 94

Bourgeois de Genève, chirurgien et naturaliste de renom qui obtient de nombreux prix à Paris dans les domaines de la médecine et des sciences naturelles. Fait partie des relations amicales de Pierre Prevost. *Source :* V. Barras, *Dictionnaire historique de la Suisse.*

Krafft, Wolfgang Ludwig (1743-1814), Lettre 58

Né à Pétersbourg, fils du physicien et mathématicien allemand Georg Wolfgang, il est nommé professeur d'astronomie par l'Académie des sciences de Pétersbourg en 1767. Il suit le passage de Vénus en 1769 à Orenburg, dans l'Oural. *Source : Allgemeine deutsche Biographie,* Bd. 17, Leipzig, 1883.

La Caille, Nicolas Louis de (1713-1762), Lettre 79

Né à Rumigny, dans la Somme, La Caille fait ses études à Nantes puis au collège de Lisieux à Paris. À la mort de son père, il est aidé par le duc de Bourbon pour achever ses études au collège de Navarre où il s'intéresse aux mathématiques et à l'astronomie. En 1736, Fouchy présente le jeune homme, devenu abbé, à Jacques Cassini (Cassini II) qui l'accueille à l'Observatoire. Il participe aux travaux géodésiques pour la carte de France avec G. D. Maraldi, puis avec César François Cassini de Thury (Cassini III) pour la vérification de la méridienne de Paris. Nommé professeur de mathématiques au collège des Quatre Nations (situé dans le bâtiment dit collège Mazarin, maintenant siège de l'Institut) où il a un observatoire, il est en 1741 adjoint astronome à l'Académie des sciences. Sa mission (1750-1754) au cap de Bonne-Espérance est un grand succès ; ses observations de la Lune sont complétées par des observations correspondantes en d'autres lieux, dont celles de Lalande à Berlin, et il catalogue et nomme les constellations de l'hémisphère Sud. À son retour, il reprend ses observations des étoiles du Zodiaque. *Source* : J.-B. J. Delambre, *Histoire de l'astronomie au dix-huitième siècle,* Paris, Bachelier, 1827

La Condamine, Charles Marie de (1701-1774), Lettres 1, 2, 3, 4, 20, 36, 46, 60, 72

Né à Paris dans une famille de petite noblesse, La Condamine est soldat à 17 ans après des études au collège jésuite Louis-le-Grand. Quittant l'armée, il s'installe à Paris, s'intéresse aux sciences et entre comme adjoint chimiste à l'Académie des sciences en 1730. En 1731, il embarque sur un navire commercial pour un voyage autour de la Méditerranée au cours duquel il séjourne 5 mois à Constantinople. De retour à Paris, il publie des observations « mathématiques et physiques » sur son voyage. En 1735, avec Louis Godin et Pierre Bouguer, il est nommé par l'Académie des sciences pour l'expédition au Pérou qui doit mesurer un arc de méridien près de l'équateur. Après avoir parcouru pendant près de dix ans l'Amérique du Sud, il revient en France en 1745, avec une importante collection de spécimens qu'il remet à Buffon pour le Cabinet royal d'histoire naturelle. Les résultats de l'expédition montrent que la Terre est aplatie aux pôles. Également membre des académies de Londres, Berlin, Saint-Pétersbourg et Bologne, il est élu à l'Académie française en 1760. Il est l'un des défenseurs résolus de l'inoculation contre la variole qu'il promeut par plusieurs mémoires et par une *Histoire de l'inoculation de la petite vérole* (1773). *Source :* Y. Laissus, *Dictionary of scientific Biographies.*

La Virotte, Louis Anne (ou Delavirotte) (1725-1759), Lettres 3, 3n., 4
Médecin français, collaborateur du *Journal des savants*, encyclopédiste et censeur royal pour l'histoire naturelle, la médecine et la chimie. *Source :* F. Hoefer, *Nouvelle biographie générale,* 1862.

Lagrange (ou la Grange), Joseph Louis, comte de (1736-1813), Lettre 36, 37
Né à Turin le 25 janvier 1736, Lagrange étudie la physique et les sciences, plutôt que le droit selon le souhait de son père. Il publie un premier opuscule scientifique en 1754 et est nommé dès l'année suivante professeur de mathématique à l'école d'Artillerie de Turin. Ses travaux, qu'il communique aux diverses académies européennes, lui valent rapidement une grande renommée parmi les mathématiciens. Un séjour en France en 1763 lui fait notamment rencontrer d'Alembert avec lequel il se lie d'amitié. Membre de l'Académie des sciences de Berlin, il s'y établit pour remplacer Euler comme directeur de la classe de mathématiques en 1766m où il y restera jusqu'en 1787. Associé étranger de l'Académie des sciences de Paris depuis 1772, il y est pensionnaire vétéran en 1787 lorsqu'il vient s'établir dans la capitale française. Il épouse en secondes noces la fille de Pierre Charles Le Monnier et reste en France. Ses principaux résultats sont dans sa *Mécanique analytique* (1788). Pendant la Révolution, il enseigne à l'École Normale et à l'École Polytechnique. Il est élu au Bureau des Longitudes comme géomètre. Napoléon le fera sénateur et comte. Il meurt à Paris le 10 avril 1813. *Source :* J. Itard, *Dictionary of Scientific Biography.*

Lambert, Jean-Henri (1728-1777), Lettres 75, 77
Jean-Henri Lambert est né à Mulhouse le 26 août 1728 dans une famille pauvre de sept enfants. Il quitte l'école à 12 ans, mais continue de se former en autodidacte, jusqu'à ce qu'il devienne, à 17 ans, secrétaire de Johann Rudolph Iselin, directeur d'un journal à Bâle. Il continue d'étudier les sciences et la philosophie. En 1748, Iselin lui obtient la place de tuteur du fils du comte Pierre de Salis et d'autres jeunes gens, dans les Grisons. À Coire, il bénéficie de la bibliothèque du comte et se perfectionne, toujours en autodidacte, dans l'astronomie. En 1756, en compagnie de ses élèves, il commence un grand tour d'Europe perturbé par la guerre de Sept ans. Reconnu pour ses travaux et ses publications (il publie sur la photométrie en 1760), il reçoit plusieurs invitations, avant de se fixer en 1764 à Berlin où il rejoint Euler et continue ses travaux en mathématiques, astronomie, philosophie. *Source :* J. J. O'Connor et E. F. Robertson, « Jean-Henri Lambert », dans *MacTutor History of Mathematics archive,* Université de St Andrews, en ligne.

Lambert, Michel (1722-1787), Lettre 39

Imprimeur-libraire parisien qui publie de 1760 à 1773 *L'Avant-Coureur,* feuille hebdomadaire d'annonce sur les nouveautés scientifiques, techniques, artistiques et dans le domaine des spectacles. Sous l'œil de la police, surveillé par l'inspecteur d'Hémery, il est plusieurs fois embastillé. Il est l'éditeur attitré de Voltaire (il publie notamment *Micromégas,* en 1752). *Source :* Catalogue général de la Bibliothèque nationale de France (en ligne).

La Rochefoucauld, de, Lettres 36, 37n., 48, 48n., 49

Le nom de La Rochefoucauld est évoqué à propos de Madame d'Enville. La famille de La Rochefoucauld est l'une des plus anciennes familles de la noblesse française, originaire du Poitou, dont l'origine remonte au XIᵉ siècle. Le plus illustre est François VI duc de La Rochefoucauld (1613-1680), l'auteur des *Maximes.* Dernier descendant en ligne directe de ce dernier, Alexandre (1690-1762) n'a engendré que des filles. Afin de conserver le titre de duc, sa fille Marie Louise Elisabeth Nicole se marie avec son cousin Jean-Baptiste de la Rochefoucauld de Roye, issu de la branche cadette de la famille, qui obtient à la faveur de cette alliance le titre de duc d'Enville : Marie-Louise devient duchesse d'Enville, souvent nommée dans la correspondance de Jérôme Lalande. *Source : Grand Dictionnaire universel du XIXᵉ siècle.*

Lauraguais, Louis Léon Félicité, comte de, duc de Brancas (1733-1824) (Lauragais), Lettres 1, 2

Fils du duc de Villars Brancas, Louis Léon Félicité de Lauraguais est né le 3 juillet 1733 à Versailles. Après une enfance sévère, il fait une carrière militaire qu'il abandonne pour vivre à Paris. Très riche, il dépense des sommes importantes : les unes, remises aux comédiens du Théâtre-Français pour faire enlever de la scène les banquettes de spectateurs, et d'autres pour des expériences scientifiques (en 1771, il est associé à l'Académie des sciences Il a publié quelques Mémoires scientifiques, des brochures politiques et deux tragédies (non représentées). En 1814, le gouvernement de la Restauration l'a nommé pair de France. *Source :* O. Chardon, « Louis-Léon de Brancas, comte de Lauraguais et la porcelaine dure », *Revue de la Société des Amis du Musée National de Céramique,* 17, 2008, p. 66-79.

Lefrançois, Madame, née Marie Anne Gabrielle Monchinet (??-juin 1771), Lettre 68

Marie Anne Gabrielle Monchinet, née à Bourg en Bresse, épouse le 28 octobre 1730 Jérôme Lefrançois, directeur de la poste de cette ville. Leur unique enfant, baptisé Joseph Hyérosme (qui sera Jérôme) naît le 11 juillet 1732. Jérôme Lefrançois se rend célèbre sous le nom de Jérôme Lalande, à la correspondance duquel est consacrée la série *Lalandiana. Source :* S. Dumont, *Un astronome des Lumières, op. cit.*

Le Gentil, Guillaume Hyacinthe Joseph, Jean-Baptiste, de la Galaisière (1725-1792), Lettres 12, 62

Né le 11 septembre 1725, à Coutances, Guillaume Le Gentil vient à Paris en 1745 et entre dès 1750 à l'Observatoire où il fait beaucoup d'observations. En 1753, il est admis à l'Académie des sciences de Paris. Le 26 mars 1760, il part pour les Indes afin d'observer à Pondichéry le passage de Vénus devant le Soleil du 6 juin 1761. La prise de Pondichéry par les Anglais empêche cette observation. Il décide d'attendre jusqu'au passage de 1769 pendant lequel, à Pondichéry, un nuage empêchera son observation. Entre temps, il a voyagé de Madagascar à Manille, faisant beaucoup d'observations géographiques et astronomiques. À son retour, il doit se battre longtemps pour récupérer les droits dont il avait été exclu pendant ce périple. Il a publié ses notes de voyage. Erudit, il a rédigé des mémoires sur l'astronomie ancienne, celle des Grecs et celle des Indiens. *Source :* Guy de Saint-Denis, « En 1781, les observations de l'astronome Le Gentil sur le littoral coutançais », *Revue du département de la Manche,* n° 172, 2001.

Leibniz, Gottfried Wilhelm (1646-1716), Lettre 4

Philosophe et savant d'une considérable influence. Enfant précoce, il fait des études très complètes en plusieurs universités... Il obtient son baccalauréat en philosophie en 1663 et étudie à Iéna. Il entre ensuite à l'université de Leipzig et devient docteur en droit en 1666 à Nuremberg ; il semble qu'il est alors membre d'une société rattachée à la Rose-Croix. En 1669, il devient conseiller à la chancellerie de l'électorat de Mayence. Il réside dans cette ville où il rédige plusieurs ouvrages sur des questions juridiques. En 1672 il est envoyé en mission à Paris et il y reste jusqu'en 1676 ; c'est à ce moment-là qu'il se consacre aux mathématiques et au calcul mécanique. Il se rend ensuite à Londres pour étudier les écrits de Newton avec qui il pose les bases du calcul différentiel et intégral. Il passe par la Hollande où il rencontre Spinoza. En 1676 il entre au service de la maison de Hanovre où il restera pendant près de 40 ans, Il s'occupe alors de mathématiques, de physique, de religion et de diplomatie. Il voyage beaucoup et publie de nombreux ouvrages. En 1700, il fonde à Berlin une Académie qui sera inaugurée en 1711. Il est pensionné par plusieurs grandes cours (Pierre le Grand en Russie et Charles VI en Autriche) ; correspondant des souverains et des souveraines, il meurt le 14 novembre 1716. *Source : Encyclopaedia Universalis.*

Le Monnier, Pierre-Charles (1715-1799), Lettres 84, 85

Né à Paris, Pierre-Charles Le Monnier est fils d'un professeur de philosophie du collège d'Harcourt et membre de l'Académie des sciences, et frère du botaniste Louis-Guillaume. Très tôt, Pierre-Charles est initié à l'astronomie par son père et pratique l'observation chez Grandjean de Fouchy, à la rue des Postes à Paris. Après avoir présenté une nouvelle carte de la Lune à l'Académie des sciences, il y est admis en 1736 comme adjoint géomètre à la place de son père. En 1736-1737, il participe à la mesure d'un arc de méridien en Laponie, expédition dirigée par Maupertuis. En 1749, il est nommé au Collège royal (futur Collège de France) où il enseigne la physique mathématique. Il publie en 1746 les *Institutions astronomiques* d'après John Keil, premier manuel français d'astronomie générale. Il publie également *Théorie des comètes* d'après Halley et quatre volumes de ses observations de 1751 à 1773. Au Collège royal, son élève le plus célèbre est Jérôme Lalande, qui bénéficie d'une solide recommandation de Le Monnier lors de son séjour à Berlin à 1751. *Source :* Th. L. Hankins, *Dictionary of Scientific Biographies.*

Lepaute, Nicole-Reine née Etable-de-la Brière (1723-1788), Lettres 7n., 9, 22n., 32n., 33 n.
Nicole-Reine est née le 5 janvier 1723 au Palais du Luxembourg où son père avait une charge auprès d'Elisabeth d'Orléans. Elle épouse en 1748 Jean-André Lepaute, horloger, et participe à ses travaux. Avec Lalande, elle calcule pour Alexis Clairaut, les perturbations produites par Jupiter et Saturne sur l'orbite de la comète de 1682 qui, d'après Halley, devait revenir en 1758 ou 1759. Ce retour, dont la date du passage de la comète au périhélie est annoncée grâce à eux par Clairaut fut un succès de la théorie de la gravitation de Newton. En 1764, Mme Lepaute calcule et publie une carte de la marche de l'ombre de la Lune pendant l'éclipse annulaire de Soleil du 1er avril. Elle a beaucoup calculé à la demande de Lalande : pour les volumes de la *Connaissance des Temps* jusqu'en 1772 et pour les *Ephémérides des mouvements célestes pour le méridien de Paris* (t. VII et VIII : celui-ci publié en 1783). Elle a aussi donné des mémoires à l'académie de Béziers, dont elle était membre associé. Sa vue étant affaiblie, elle doit abandonner les calculs et elle se consacre alors à son mari malade. *Source :* Lalande, *Bibliographie astronomique avec l'Histoire de l'astronomie depuis 1781 jusqu'à 1802,* Paris, Imprimerie de la République, 1803.

Lepaute, Jean-André (1709-1788), Lettres 9, 24, 32n., 57, 59
Jean-André Lepaute est né à Montmédy. Il se rend jeune à Paris où il y devient un horloger célèbre. En 1753, il réalise une horloge horizontale pour le Palais du Luxembourg, ce qui lui vaut un logement dans ce palais où Lalande y a son observatoire. Le mémoire que présente Lepaute à l'Académie des science la même année est examiné favorablement par Lalande. Son épouse (Nicole-Reine Etable de Labrière, 1723-1788), férue de science et d'astronomie, se lie d'amitiés pour Lalande et Clairaut auxquels elle communique ses travaux et ses calculs. Il publie en 1755 un traité d'horlogerie qui sera réédité à plusieurs reprises avec, en supplément, des tables calculées par sa femme. *Source :* L. G. Michaud, *Biographie universelle, ancienne et moderne,* t. 24, 1843.

Le Roy (ou Leroy), Pierre (1717-1785), Lettre 31
Fils aîné de l'horloger du roi, Julien Le Roy (1686-1759), Pierre est aussi horloger et a fabriqué des montres marines qui sont éprouvées dans le voyage en Amérique de Cassini IV en 1768. Pierre Leroy reçoit à cette occasion un prix de

l'Académie royale des sciences. Il a aussi découvert l'isochronisme induit par l'utilisation du ressort spiral. il est ainsi considéré comme l'inventeur du chronomètre. Il est mort à Vitry, près de Paris, le 25 août 1785. *Source : Grand dictionnaire universel du XIXᵉ siècle*, t. 10.

Le Royer, Robert (1728-1804), Lettre 70
Né à Genève, il est banquier à Paris où il est associé à Robert Dufour et Jacques Mallet à partir de 1762. *Source :* S. Stelling-Michaud (éd.), *Livre du recteur de l'Académie de Genève. 1559-1878*, vol. IV, Genève, Droz, 1975, p. 321.

Le Sage (ou Lesage)
Voir l'article qui lui est consacré p. 27-28.

Löwenstein (Lovenstein), sans doute Johann Karl, Prince of Löwenstein-Wertheim-Freudenberg, prince de, Lettre 64
« Surnuméraire » de l'Académie des sciences.

Lowitz, Georg Moritz (1722-1774), Lettre 58
Astronome et physicien né à Fürth en Bavière, il est professeur de mathématique à l'université de Göttingen et directeur de l'observatoire de cette ville en 1762. En 1767, il est nommé professeur d'astronomie à Pétersbourg et dirige une expédition en mer Caspienne à l'occasion du passage de Vénus devant le Soleil en 1769. Il est tué lors de l'insurrection des paysans russes de Pugatchev en 1774. *Source :* S. Günther, « Lowitz, Georg Moritz », *Allgemeine Deutsche Biographie*, Bd. 19, Leipzig, Duncker et Humblot, 1884, p. 319.

Luynes, Paul d'Albert, cardinal de (1703-1788), Lettre 12
D'une noble et vieille famille, Paul d'Albert de Luynes se destine d'abord au métier des armes, mais une querelle l'amène à entrer dans les ordres. Il devient évêque de Bayeux de 1729 à 1753, puis archevêque de Sens de 1753 à sa mort. Constatant les progrès de l'irréligion dans ses visites pastorales, il cherche à combattre l'incrédulité. De Luynes s'intéresse de près à l'astronomie et à la physique. Il réalise même quelques observations astronomiques importantes avec son secrétaire, l'abbé Outhier (qui participa au voyage en Laponie pour la mesure d'un arc de méridien, avec Maupertuis et Clairaut). De Luynes publie aussi un mémoire sur les propriétés du mercure dans les baromètres. Il est membre de l'Académie française en 1743 et membre honoraire de l'Académie des sciences en 1755. *Source :* Jean de Viguerie, *Histoire et dictionnaire du temps des Lumières*, Paris, Robert Laffont, 1995, p. 1141.

Machin, John (1660-1751), Lettre 42
Machin est connu pour avoir calculé avec 100 chiffres significatifs la valeur de la constante universelle *pi.* Il enseigne les mathématiques d'abord à Cambridge puis à Londres, au greffe d'un collège. Il fut secrétaire de la *Royal Society* de 1718 à 1747. *Source :* J. O'Connor et E. F. Robertson, « John Machin », dans *MacTutor History of Mathematics archive*, Université de St Andrews, en ligne.

Macquer, Pierre Joseph (1718-1784) (orthographié Maquer par Lalande), Lettres 1, 86

Né à Paris, médecin de formation, Pierre Joseph Macquer publie en 1766 le premier des dictionnaires de chimie. Membre de l'Académie des sciences dès 1745, il enseigne la pharmacie à la Faculté de médecine de Paris, donne des cours privés de chimie dès 1757, puis, remarqué par Buffon, enseigne la chimie au Jardin des plantes dont il obtient la chaire en 1777. Partisan de la chimie de Stahl, il s'oppose à Lavoisier. Chimiste à la manufacture de Sèvres depuis 1759, il contribue à modifier et à améliorer la production de la porcelaine en France. Ses ouvrages de chimie ont été longtemps tenus pour des ouvrages de référence. *Source :* C. Viel, « *Le Dictionnaire de chimie* de Pierre-Joseph Macquer, premier en date des dictionnaires de chimie. Importance et éditions successives », *Revue d'histoire de la pharmacie*, 342, 92e année, 2004, p. 261-276.

Mairan, Jean Jacque Dortous de (1678-1771), Lettres 15, 31, 36

De Mairan est né à Béziers le 26 novembre 1678 dans une famille de petite noblesse ; à sa sortie du collège de Toulouse, il se rend à Paris et durant un séjour de quatre années (1698-1702), il s'applique à la physique, et aux mathématiques. De retour à Béziers, il continue ses recherches et envoie quelques mémoires à l'académie de Bordeaux, qui le couronne trois fois de suite. De Mairan revient à Paris, rendu célèbre dans les milieux scientifiques par ses publications sur différents sujets d'histoire naturelle. En 1718, il est reçu à l'Académie royale des sciences en qualité d'associé géomètre. Six mois plus tard il remplace Michel Rolle (qui avait pris sa retraite le 8 juillet 1719). Très régulier aux séances de l'Académie, il y fait des communications nombreuses ; c'est à cette époque qu'il commence à élaborer sa théorie de la chaleur. Puis il travaille sur le problème de la réflexivité des corps ; en ces travaux il est particulièrement novateur. Après un voyage en Méditerranée, afin de de corriger les erreurs de jaugeage des navires, compte tenu des plaintes relatives aux fraudes commerciales, il est de retour en 1723 et, sous la protection du cardinal de Fleury, il fonde l'académie de Béziers. En 1740 il remplace Fontenelle comme secrétaire perpétuel de l'Académie des sciences, puis entre à l'Académie française en 1743. Membre de la plupart des sociétés savantes européennes, il est l'ami des philosophes, dont il fréquente les salons, et dirige un temps *Le Journal des savants*. *Source :* Académie française ; Ferdinand Hoefer, *Nouvelle Biographie Générale*, Firmin-Didot, Paris, vol. 42, 1863.

Malche, Lettre 85

Personnage qui n'a pu être identifié.

Malesherbes, Guillaume-Chrétien de Lamoignon de (1721-1794), Lettres 3n., 4n., 11, 12, 19, 21, 25

Malesherbes est né à Paris. Fils du chancelier Guillaume de Lamoignon, formé par les jésuites, il est nommé en 1741 substitut du procureur général du Parlement de Paris, conseiller d'État à 24 ans, et succède à son père en tant que premier président de la Cour des aides de Paris en 1750. Il est alors directeur de la Librairie, ce qui fait de lui le responsable de la censure royale sur les textes imprimés. À ce poste, il protège officieusement l'*Encyclopédie* de Diderot et d'Alembert qu'il est censé interdire. Opposé à une censure stricte, il multiplie les permissions tacites d'imprimer et défend les principes de la liberté de la presse. Prenant parti aux côtés des parlementaires contre l'absolutisme royal, il appelle de ses vœux dès 1771 la convocation des États généraux. Dépassé par la tournure des événements révolutionnaires, il se porte volontaire pour défendre Louis XVI à son procès. Arrêté comme suspect en décembre 1793, il est accusé de trahison en avril 1794 et guillotiné avec sa fille et sa petite-fille. *Source : Encyclopaedia Universalis*; *Grand Dictionnaire universel du XIXᵉ siècle*, t. 10.

Malet, Lettre 53
Intermédiaire utilisé par Lalande.

Mallet
Passim, voir notice plus complète p. 26-27.

Mantelier M. et Mme, Lettres 42, 44
Jeune magistrat de Bourg-en-Bresse, très apprécié de Lalande, ainsi que son épouse.

Marron, de, Mme, Lettre 68
Auteur dramatique à Bourg-en-Bresse. *Source :* S. Dumont, *Un astronome des Lumières, op. cit.*, p. 151.

Mason, Charles (1728-1786), Lettre 62
Astronome et mathématicien anglais, il débute sa carrière à l'Observatoire Royal de Greenwich. Il commence par perfectionner les tables de la Lune de Tobias Mayer. En 1761, il est chargé d'observer le transit de Vénus devant le Soleil à l'île de Sumatra; dans cette expédition, il est assisté par Jérémiah Dixon. En revenant de cette expédition, les deux astronomes procédèrent à d'autres observations à partir du Cap de Bonne-Espérance, puis de Sainte-Hélène. Mason contribue à la rédaction du *Nautical Almanac*, sous la direction de Maskelyne. En 1786, il émigre en Amérique, dans l'intention de travailler avec Franklin à un nouvel équipement astronomique; mais il décède peu après. Un cratère de la Lune est nommé à sa mémoire. *Source :* D. Howse, «Charles Mason», *Oxford Dictionary of National Biography*, Oxford, OUP, 2004.

Maurice, Frédéric-Guillaume (1750-1826) et Jean-Frédéric (1775-1851), Lettres 93, 94, 96
Originaire de Provence, issue du refuge huguenot, la famille Maurice obtient la bourgeoisie de Genève à la fin du XVIIᵉ siècle. Frédéric-Guillaume, après des études de droit à l'Académie de Genève, occupe diverses fonctions dans la magistrature dès 1783. Il participe en 1796 à la création de la *Bibliothèque britannique* dont il prend en charge la partie météorologique. Nommé maire de Genève (1801-1814) par Bonaparte, il est créé baron d'Empire en 1813. Son fils, Jean-Frédéric se forme aux mathématiques, à la physique et à l'astronomie auprès de Marc-Auguste Pictet.

En 1794, il part suivre les cours de Jérôme Lalande à Paris, puis séjourne en Angleterre. De retour à Genève, il est nommé professeur de mécanique analytique (1798-1802), puis de mathématiques appliquées et d'astronomie (1802-1835). Sous l'Empire, il mène également une carrière politique (préfet de la Creuse, 1807-1810, puis préfet de la Dordogne, 1810-1813). Il est fait baron d'Empire en 1810. *Source* : R. Sigrist et B. Roth, *Dictionnaire historique de la Suisse, op. cit.*

Mayer, Tobias (1723-1762), Lettre 42
      Tobias Mayer est un autodidacte, devenu un mathématicien reconnu, également cartographe et astronome allemand. Il publie d'abord de beaux travaux de géométrie et de cartographie, et, sur sa réputation, il devient professeur d'économie et de mathématiques à Göttingen. Parmi ses publications majeures, on peut noter une étude fine de la libration lunaire ; par ailleurs il est l'inventeur du « cercle de réflexion » (ou « disque de Mayer ») permettant des mesures de position des étoiles avec une grande précision ; von Zach a décrit ensuite le disque de Mayer comme « la plus importante découverte astronomique du XVIIIe siècle ». On doit aussi à Tobias Mayer un catalogue de 998 étoiles zodiacales. *Source :* M. Folkerts, « Mayer, Tobias », *Neue Deutsche Biographie,* 16, 1990, p. 528-530.

Méchain, Pierre (1744-1804), Lettres 76, 79, 82n., 88
      Né le 16 août 1744 à Laon, Méchain est le fils d'un architecte qui le destinait à lui succéder, mais les capacités du jeune homme lui permettent d'être admis à l'Ecole des Ponts et Chaussées. Faute d'aide pécuniaire, il doit renoncer à cette école et entre comme précepteur dans une famille près de Sens. S'initiant alors aux mathématiques, il est remarqué par Lalande qui lui donne à relire les épreuves de la deuxième édition de son *Astronomie.* Satisfait de ce travail, Lalande lui obtient un poste d'hydrographe du Dépôt des cartes de la marine alors à Versailles. La nuit, il fait des observations astronomiques que Lalande présente à l'Académie où il est nommé adjoint astronome en 1782. Chercheur de comètes, il en découvre onze en dix-huit ans. Il calcule aussi les orbites des comètes et celle de la nouvelle planète Uranus. En 1784, il succède à Jaurat dans la rédaction de la *Connaissance des Temps* et en donnera sept volumes (années 1788-1794). En 1787, il participe à la liaison Paris-Greenwich avec Cassini IV et Legendre. En 1792, il est chargé, avec Delambre, de la mesure du méridien de Paris : Méchain de Rodez à Barcelone et Delambre de Dunkerque à Rodez. Par suite des événements de la période révolutionnaire, cette mission, commencée en 1792, s'achèvera en 1798. La longueur du mètre, base du Système métrique, est alors fixée, malgré une incertitude de trois secondes d'arc dans le calcul de Méchain, qui trouble ce dernier et que Delambre ne découvrira que plus tard. À son retour à Paris, Méchain est nommé administrateur de l'Observatoire par le Bureau des longitudes et remplace Lalande dans cette fonction. Le Bureau souhaite prolonger la mesure du méridien de Paris jusqu'aux Baléares, pour avoir un arc dont le milieu serait sur le 45e parallèle. Peu satisfait de ses premières mesures, Méchain réclame cette mission et retourne en Espagne où il meurt de la fièvre jaune le 20 septembre 1804. *Source :* Grand Dictionnaire universel du XIXe siècle, t. 10.

Méniers, Lettre 77
Personnage qui n'a pu être identifié.

Mesmer, Franz-Anton, (1734-1815), Lettre 87
Né sur les bords du lac de Constance, Mesmer fait ses études de médecine
à Vienne en 1759 où il commence d'exercer. Inspiré des idées de Paracelse, il
s'intéresse très tôt à l'influence des corps célestes sur le corps humain. Cette
influence, selon lui, s'exercerait par un « fluide magnétique » emplissant tout
l'univers. Marié à une riche veuve, Mesmer fréquente la haute société viennoise, où
il recrute ses patients, et se lie d'amitié avec la famille de Mozart. Il commence de
traiter ses patients à l'aide de plaques aimantées inventées par le père Hell (dont on
connaît par ailleurs les démêlés avec Lalande). Renonçant par la suite aux aimants,
il cherche à rétablir, selon lui, les circuits du « fluide magnétique » à la base du
« magnétisme animal ». Grâce à une baguette ou à un récipient, le thérapeute serait
capable d'assurer la bonne circulation du fluide au sein du système nerveux des
patients. Alors que cette nouvelle thérapie suscite la controverse à Vienne, il se rend
à Paris au début de 1778. Sa clientèle, aisée et notamment issue de la cour, devient
vite si importante qu'il procède à des séances de guérison collective. Critiqué par la
Faculté de médecine, mais soutenu par le gouvernement grâce à l'appui de la reine,
Mesmer crée en 1783 la loge de la *Société de l'Harmonie universelle* qui assure la
diffusion de ses théories. Face aux polémiques, médicales, sociales et politiques
que suscitent Mesmer et ses traitements, deux commissions (Faculté de médecine
et Société royale de médecine) composées de médecins et de savants arrivent à la
conclusion que le magnétisme animal est un produit de l'imagination. Malgré la
disgrâce de Mesmer, la théorie du magnétisme animal continue de se diffuser à
Paris et en Europe durant plusieurs années. *Source :* B. Belhoste, « Mesmer ou la
chute du magnétiseur », *Pour la science,* 455, 2015.

Messier, Charles (1730-1817), Lettres 68n., 71, 76, 80n., 88
Messier naît au sein d'une famille modeste de Badonviller (aujourd'hui en
Meurthe-et-Moselle). Dixième d'une fratrie de douze enfants, il perd son père à
onze ans et tente sa chance à Paris en 1751. Engagé par Joseph Nicolas Delisle au
Collège de France, il suit ce dernier lorsqu'il est nommé astronome de la marine à
l'Hôtel de Cluny. Dès 1757, Messier commence à chercher la comète de Halley,
inaugurant une quête obstinée qui lui assure une place remarquable dans l'histoire
de l'astronomie. D'après Lalande, Messier étudie 41 comètes dont 21 qu'il
découvre, ses découvertes se faisant parfois conjointement avec d'autres astronomes, notamment Méchain et Bouvard. Louis XV le surnommait « le furet des
comètes ». Membre de la *Royal Society* en 1764, de l'Académie des sciences en
1770 et astronome de la Marine en 1771, il publie en 1774 un célèbre catalogue
toujours utilisé de 110 objets du ciel profond d'aspect diffus. Il s'agit au sens de
l'époque de nébuleuses, c'est-à-dire en grande partie de galaxies. Un astéroïde ainsi
qu'un cratère lunaire ont été nommés en son honneur. *Source : Observatoire de
Paris.*

Milton, John (1608-1674), Lettre 48

Poète, pamphlétaire et historien, Milton est un auteur anglais majeur, célèbre pour son *Paradise Lost* (1667). Né à Londres, il y fréquente l'école de Saint-Paul avant d'entrer dans un collège à Cambridge. En 1638, il entreprend un «grand tour» en Europe qui dure 15 mois. La victoire puritaine de Cromwell, et l'avènement de la République d'Angleterre, voient son ascension politique; il est nommé secrétaire d'État aux langues étrangères et est chargé d'ouvrages de propagandes en faveur du régime. Souffrant de cécité, bientôt complète, Milton doit faire appel à des secrétaires pour écrire. À la restauration de la royauté anglaise, il est arrêté et emprisonné à la tour de Londres, mais rapidement libéré, probablement grâce à l'intercession de personnes influentes, parmi lesquelles sont propre frère, Christoph Milton, partisan de la royauté. Sans renoncer à ses opinions politiques, Milton consacre par la suite l'essentiel de son temps à son œuvre littéraire, ouvrages historiques et poétiques. *Source :* A. C. Labriola, *Encyclopaedia Britannica.*

Mirabaud, Jean-Baptiste de (1675-1760), Lettres 78, 78n.

Homme de lettres, traducteur, Mirabaud entre à l'Académie française en 1726 (reçu par Fontenelle) et en devient le secrétaire perpétuel de 1742 à 1755. Le baron d'Holbach utilise le pseudonyme de l'académicien, décédé depuis 10 ans en 1770, lorsqu'il publie le *Système de la nature. Source :* Académie française.

Moïse, Lettre 2

Patriarche biblique cité par Bonnet comme le symbole de l'histoire telle qu'elle est décrite par la Bible. On connaît sa vie légendaire : enfant trouvé par la fille du Pharaon dans un panier flottant sur le Nil, chef reconnu de la minorité juive d'Égypte, auteur des plaies envoyées par le ciel pour punir l'Égypte de ne pas laisser les juifs retourner sur leur terre «promise», faire traverser à pied sec la mer Rouge par les juifs, preuve de son pouvoir divin par l'épisode du buisson ardent, condamnation des excès de ceux des juifs qui dansent autour du veau d'or, enfin ascension du mont Sinaï où Dieu lui donne les Tables de la Loi qu'il rapporte à ses coreligionnaires. Il meurt alors, et c'est Aaron qui poursuivra la mission confiée par Dieu à Moïse.

Montgolfier, Joseph-Michel (1740-1810), et Jacques-Étienne (1745-1799), Lettre 8

Les frères Montgolfier sont issus d'une famille de papetiers dont l'activité, située à Vidalon-lès-Annonay (Ardèche), est florissante. En 1782, pour stimuler des mouvements ascendants, les deux frères tentent d'utiliser l'hydrogène (découvert par Cavendish quelques années plus tôt) qu'ils enferment dans du papier, mais sans succès. Les tentatives avec de l'air chaud sont plus satisfaisantes, Joseph arrivant à faire monter au plafond de sa maison d'Avignon une boîte de taffetas. Les essais se succèdent avec des boîtes, globes, cubes de volume toujours plus important. Ayant fait construire un grand globe à Paris, chez Réveillon, fabricant de papier peint, Etienne Montgolfier fait voler sous les yeux de Louis XVI, à Versailles, en septembre 1783, un coq, un canard et un mouton placés dans une nacelle. Quelques semaines plus tard ont lieu les premiers vols d'humains (avec Jean-François Pilâtre de Rozier), d'abord en captif (une corde reliant l'aérostat au sol), puis en vol libre. Étienne Montgolfier entre comme membre associé à l'Académie des sciences en 1796; son frère, Joseph, est nommé membre de l'Académie des sciences en 1807. *Source : Encyclopaedia Universalis.*

Montigny, Etienne Mignot de (1714-1782), Lettre 18

Ingénieur, géomètre et géographe, Montigny devient membre de l'Académie des sciences en 1758 après en avoir été un adjoint depuis 1740. Cousin de Marie Louise Mignot, devenue Madame Denis, nièce et compagne de Voltaire, il rend visite à ce dernier lorsque celui-ci s'installe à Ferney. *Source :* Condorcet, *Eloge de Montigni, op. cit.*

Morellet, Jean-François, Lettre 49

Il s'agit du frère de l'abbé André Morellet (1727–1819) qui fait le voyage d'Italie avec le duc de la Rochefoucauld. Avec l'abbé, il aurait été témoin du mariage de Marmontel en octobre 1777. *Source :* G. Bertrand, *Le grand tour revisité. Pour une archéologie du tourisme : le voyage des Français en Italie, milieu du XVIIIᵉ siècle-début du XIXᵉ siècle,* « Annexes », Rome, École française de Rome, 2008, p. 128.

Morton, Jacques Douglas, Milord (1702-1768), Lettres 56, 64

Morton, Jacques Douglas, Comte de Morton et d'Aberdour, naît à Édimbourg en 1702 au sein d'une des plus anciennes familles écossaises. Après ses études en Écosse, il fait le tour de l'Europe et passe notamment en France. Il forme à Édimbourg une société de philosophie dont il devient président. Sa grande réputation, son zèle pour l'avancement des sciences, l'amènent à devenir président de la *Royal Society* en 1763; il est associé étranger de l'Académie des sciences de France en 1764. Il participe à la préparation des opérations d'observation du passage de Vénus devant le Soleil. *Source :* A. Guerrini, *Oxford Dictionary of National Biography,* Oxford, OUP, 2004.

Necker, Louis, dit de Germany (1730-1804), Lettres 1, 2, 3, 5, 9, 10, 19, 19n., 20, 33, 33n., 34, 39, 39n.

Louis Necker est le fils de Charles-Frédéric, avocat et professeur de droit public à l'académie de Genève et de Jeanne Marie Gauthier. Il est frère de Jacques Necker, le ministre bien connu de Louis XVI. Après des études de philosophie et de droit à l'Académie de Genève, il devient docteur en droit, puis précepteur de jeunes Anglais à Genève En 1752 il devient propriétaire du cabinet de physique de Jallabert. Membre correspondant de l'Académie des sciences de Paris (1756-1767), professeur de mathématiques et de physique expérimentale à l'Académie de Genève en 1757 il démissionne à la suite d'un scandale privé (1760-1761), l'affaire Vernes-Necker. Indésirable à Genève il s'établit à Marseille, puis à Paris dans la maison de son frère Jacques. Ami de d'Alembert dès 1756, Louis Necker est l'auteur de l'article « *Frottement* » de l'*Encyclopédie.* Dès 1776, il devient ministre de Genève en France. Il est franc-maçon et membre de la loge « La vraie concorde ». *Source :* R. Sigrist, « Necker, Louis (de Germany) », dans *Dictionnaire historique de la Suisse.*

Necker, Suzanne, née Curchod (1737-1794), Lettres 64, 65, 65n., 68
Fille d'un pasteur du Pays de Vaud, elle épouse en 1764 Jacques Necker, financier genevois, qu'elle rencontre à Paris. Elle tient un salon réputé dès 1765 où se croisent gens de cours et hommes de lettres. Elle fonde à Paris en 1778 un hospice de charité, aujourd'hui Hôpital Necker. Elle éduque sa fille, Germaine (1766-1817, Germaine De Staël dès son mariage en 1786), laquelle est très tôt associée à la sociabilité salonnière de ses parents. En 1790, elle se retire avec son mari en Suisse, à Coppet. *Source :* V. Cossy, *Dictionnaire historique de la Suisse.*

Newton, Isaac (1643*-1627) (*23 décembre 1642 avant l'adoption du calendrier grégorien c'est-à-dire 4 janvier 1643), Lettre 7
Elevé par sa grand-mère et son oncle, Isaac Newton fréquente l'école primaire avant que sa mère ne le rappelle pour devenir fermier. Il retourne cependant à l'école afin de pouvoir un jour entrer à l'université. À 17 ans il tombe amoureux d'une camarade de classe, mais le mariage suffit pas et il resta célibataire. Toute sa carrière s'est déroulée à l'université de Cambridge et à la *Royal Society.* Son œuvre et son influence sont considérables. Newton a d'abord fondé la mécanique classique sur des bases mathématiques rigoureuses, ce qui l'a amené à formuler la théorie de la gravitation universelle. Il a créé le calcul infinitésimal (en concurrence avec Leibnitz). En optique, il a développé une théorie de la couleur et utilisé le prisme pour la décomposition de la lumière. Il a imaginé la nature corpusculaire de la lumière. Il a aussi inventé un télescope à réflexion (appelé encore aujourd'hui « télescope Newton »). Curieusement Newton a également effectué des recherches dans le domaine de la théologie et de l'alchimie. *Source : Encyclopaedia Universalis* ; *Grand Dictionnaire Larousse du XIXᵉ siècle,* vol. 11.

Niventil, Lettre 45
Personnage qui n'a pu être identifié.

Nivernais, Mancini-Mazarini, Louis-Jules, duc de Nevers, dit (1716-1798), Lettre 48
Petit-neveu de Mazarin, Mancini-Mazarini, duc de Nevers, devenu en 1768 duc du Nivernais, est né le 16 décembre 1716 à Paris. À 27 ans, alors qu'il poursuit une carrière militaire, il est élu à l'Académie française en 1742, puis entre peu après à l'Académie des inscriptions et belles-lettres. Il est ambassadeur à Rome en 1748, à Berlin en 1756, à Londres en 1762. Il est emprisonné sous la Terreur ; il meurt à Paris le 25 février 1798. *Source : Encyclopédie des gens du monde,* t. 18, 1848.

Nollet, abbé, Jean-Antoine (1700-1770), Lettres 8, 9, 51, 68

Nollet est né à Pimprez (près de Noyon, dans l'Oise) et il est mort à Paris en 1770. Issu d'une famille modeste d'agriculteurs, il est élève au collège de Beauvais, puis, poursuit ses études de théologie à Paris, tout en étant précepteur des enfants du greffier de l'Hôtel de ville. Ses compétences scientifiques sont vite remarquées. En 1734, il accompagne en Angleterre Dufay, un des spécialistes de l'électricité naissante, où il se perfectionne dans la physique expérimentale. Vivement apprécié par ses pairs, on lui confie en France la direction du laboratoire de Réaumur, où il perfectionne un certain nombre de méthodes expérimentales. En 1739, il est élu comme adjoint mécanicien à l'Académie royale des sciences, puis élu associé mécanicien en 1742. Il publie en 1743, en deux volumes, ses huit *Leçons de physique expérimentale.* Son enseignement de physique expérimentale au collège de Navarre est suivi, on peut dire passionnément, par de très nombreux auditeurs. On doit notamment à l'abbé Nollet la découverte de l'osmose mais surtout celle de l'origine électrique de la foudre et sa réputation de physicien est internationale. Il a non seulement attiré l'attention de l'opinion publique sur l'électricité, mais en fait aussi un important sujet de débat scientifique au XVIIIᵉ siècle. *Source : Encyclopaedia Universalis*; Françoise Khantine-Langlois, « Jean Antoine Nollet (1700-1770) : l'expérience au service de la diffusion des sciences », Bibliothèque Diderot de Lyon.

Overbeke, pour : *Overbeek, Bonaventura van, (1660-1705),* Lettre 45

Dessinateur, graveur, peintre, il étudie l'antique à Rome et revient en Hollande avec une riche collection de dessins. Il publie en 1709 à Amsterdam les *Reliquiæ antiquæ urbis Romæ,* recueil de 150 planches. *Source :* Bouillet, Chassaing, *Dictionnaire universel d'histoire et de géographie,* 1878.

Patron, Lettres 59, 60

Horloger genevois. Plusieurs maîtres horlogers dans la seconde moitié du XVIIIᵉ siècle portent ce patronyme à Genève, notamment Jean-Louis et Pierre. Associé avec Arnaud, ils forment la société Patron, Arnaud et compagnie. *Source : Almanach général des marchands, négociants et commerçants de la France et de l'Europe,* Paris, 1772.

Pecquet, Jean (1622-1674), Lettre 5, 6, 7, 8

Médecin et anatomiste né à Dieppe, Jean Pecquet s'est attaché à la description du canal thoracique (évoqué dans la correspondance de Lalande à Bonnet) ainsi que la « citerne de Pecquet », soit citerne ou réservoir du chyle. Il entre à l'Académie des sciences en 1666. *Source : Grand Dictionnaire Larousse du XIXᵉ siècle,* vol. 12.

Perret, Lettre 52

Ami de Lalande en visite à Genève

Philibert, Claude (1709-1784), Lettres 71,76

Imprimeur libraire issu d'une famille d'origine lyonnaise, citoyen de Genève, Claude Philibert se lance dès les années 1730 dans le commerce du livre avec son frère Antoine (1710-1764), en association avec le libraire Perrachon d'abord, puis avec les frères Cramer. En 1754, Claude Philibert part fonder un établissement à Copenhague. Au décès de son frère Antoine en 1764, il confie la direction de l'imprimerie à son principal commis, Barthélémy Chirol, avant de s'associer avec ce dernier en 1769 (raison sociale Claude Philibert et Barthélémy Chirol) et de lui céder sa part de fonds en 1775. *Source* : J. R. Kleinschmidt, *Les imprimeurs et libraires de la République de Genève. 1700-1798,* Genève, 1948.

Picot Pierre (1746-1822), Lettres 89, 95

Picot est membre d'une famille de pasteurs. Il épouse en 1775 Marie-Elisabeth Trembley, fille de Jean-Daniel, négociant, et de Jeanne-Pernette Patron. Après des études de philosophie, puis de théologie, Picot s'installe à Genève où il est consacré pasteur en 1768. Il séjourne en Angleterre, en France, en Hollande, avant de s'établir à Satigny puis à Genève. Il est professeur honoraire d'histoire ecclésiastique et de théologie puis recteur de l'Académie de Genève, député à l'Assemblée nationale genevoise en 1793. Astronome amateur, il collabore avec Jacques-André Mallet et surtout Auguste Pictet. *Source :* T. Cetta, *Dictionnaire historique de la Suisse.*

Pictet, Jean-Louis (1739-1781), Lettres 42n., 57n., 63

Intégrant la bourgeoisie de Genève en 1474, la famille Pictet accède aux plus hautes fonctions de la magistrature de la cité-État dès la seconde moitié du XVIe siècle. Sous l'Ancien Régime, ses membres s'illustrent dans la théologie, dans le service étranger ou dans les sciences, puis, au XIXe siècle, dans la banque. La famille se divise en trois branches : de la banche cadette est issu Jean-Louis. Bien qu'il parachève des études de droit et qu'il fasse carrière dans la magistrature genevoise (il accède au syndicat en 1775), Jean-Louis Pictet s'intéresse aussi aux sciences naturelles, à l'astronomie et suit les cours de mathématiques de Louis Necker. Au printemps 1768, avec son beau-frère l'astronome Jacques-André Mallet, il se rend en Russie à l'invitation de l'Académie des sciences de Saint-Pétersbourg pour observer le transit de Vénus l'année suivante. Séjournant près de 18 mois à Oumba sur la presqu'île de Kola en Laponie, Pictet multiplie les relevés et les observations naturalistes, météorologiques et astronomiques qu'il consigne dans un journal. Celui-ci, avec le journal que Mallet a tenu de son côté à Ponoï, a été édité en 2005. *Source* : M. Golay, *Dictionnaire historique de la Suisse*; J.-L. Pictet, J.-A. Mallet, *Deux astronomes genevois dans la Russie de Catherine II,* éd. J.-D. Candaux *et al.,* Ferney-Voltaire, Centre international d'étude du XVIIIe siècle, 2005.

Pictet, Marc-Auguste (1752-1825), Lettres 42n., 57 n.,76, 77, 79, 88, 89, 90, 93, 94, 96 n.

Marc-Auguste est issu de la branche puinée des Pictet et n'est qu'un lointain parent de Jean-Louis (leur aïeul commun décède en 1629). Après des études de droit (brevet d'avocat en 1774), Marc-Auguste Pictet se tourne vers l'astronomie en se formant auprès de Jacques-André Mallet, dont il est l'instrumentiste dans son observatoire. Il se forme aussi aux sciences naturelles auprès d'Horace-Bénédict de Saussure qu'il accompagne dans son troisième voyage au Mont-Blanc en 1778. En 1786, il succède à de Saussure à la chaire de philosophie naturelle de l'Académie de Genève et, en 1790, prend la tête de l'Observatoire fondé par Mallet. Ses voyages en Angleterre (1775-1776, puis 1787 en compagnie de son frère Charles Pictet de Rochemont) le convainquent des répercussions sociales et économiques des savoirs scientifiques et techniques. Membre de la Société des Arts qu'il préside de 1799 à 1825, il cofonde en 1790 la Société de physique et d'histoire naturelle. Il crée en 1796, avec son frère Charles et Frédéric-Guillaume Maurice, la *Bibliothèque britannique* qui traduit et diffuse sur le continent les travaux scientifiques et techniques anglo-écossais. Figure scientifique de premier plan à Genève, après l'annexion de celle-ci à la France, il est nommé au Tribunat en 1802 puis inspecteur général de l'Université impériale en 1808. *Source :* R. Sigrist, *Dictionnaire historique de la Suisse ;* René Sigrist, *La nature à l'épreuve. Les débuts de l'expérimentation à Genève (1670-1790),* Paris, Classiques Garnier, 2011.

Pilâtre de Rozier, Jean-François (1754-1785), Lettre 83
Physicien et chimiste, il se consacre avec enthousiasme aux expériences aérostatiques stimulées par l'invention des frères Montgolfier. Il est, avec François Laurent d'Arlandes, l'un des deux premiers aéronautes de l'histoire (en ballon libre), montant dans les airs durant vingt minutes le 21 novembre 1783. Il meurt à 31 ans en tentant de traverser la Manche par les airs depuis la France. *Source : Grand Dictionnaire Larousse du XIXᵉ siècle,* vol. 12.

Pingré, Alexandre-Gui (1711-1796), Lettres 12, 59, 62
Pingré est né à Paris. C'est d'abord un prêtre, mais aussi un astronome, et un géographe de grande réputation; il avait avec Jérôme Lalande des relations amicales. Après des études à Senlis chez les Génovéfains, il entre dans l'ordre de ses maîtres en 1827. En 1735, il est nommé professeur de théologie à Senlis, mais ses opinions jansénistes conduisent à sa destitution en 1745 et se consacre à l'étude de l'astronomie. Grâce à Le Cat, chirurgien en chef de l'hospice de Rouen, Pingré entre à l'Académie de Rouen comme astronome et calcule avec précision l'éclipse lunaire du 23 décembre 1749. En 1753, il observe le passage de Mercure devant le Soleil. Il devient membre correspondant (1753) puis associé libre (1756) de l'Académie des sciences. Il est rappelé par son ordre à l'abbaye Sainte-Geneviève de Paris, il en devient le bibliothécaire, puis chancelier de l'université. Il y fait construire un petit observatoire où il y travaille durant 40 ans. En 1760, il se joint à l'expédition à l'île de Rodriguez pour l'observation du passage de

Vénus devant le Soleil à la date du 6 juin 1761, mais la mission astronomique est un échec. En 1768-1769, il embarque pour près d'une année en direction de Saint-Domingue pour observer le passage suivant, cette fois-ci avec succès. Il devient membre associé de l'Académie royale de marine en 1769. En 1789, il offre à l'État la bibliothèque de l'abbaye Sainte-Geneviève dont il a enrichi les collections. Il prête serment à la Constitution et fait partie en 1793 de la commission chargée d'établir le calendrier révolutionnaire. Franc-maçon, il est vénérable de la loge «Les cœurs simples de l'Étoile polaire», et l'ami des francs-maçons influents, tels que Benjamin Franklin et Jérôme Lalande. Un cirque lunaire porte son nom. *Source : Grand Dictionnaire Larousse du XIXᵉ siècle*, vol. 12; Académie de marine.

Piranesi, Giovanni Battista (dit Le Piranèse), (1720-1778), Lettre 48

Piranesi est né près de Venise le 4 octobre 1720 et mort à Rome le 9 novembre 1778. Il se forme à Venise dans l'architecture et la gravure. Établi à Rome dès 1740, il se perfectionne dans la gravure, tout en réalisant ses premières œuvres de gravures fantastiques visant à magnifier l'art antique. Son intérêt pour l'archéologie romaine s'accroit avec la visite d'Herculanum. Inspiré par l'art baroque tardif, il réalise, entre Venise et Rome, des compositions dramatiques grâces à des effets de perspective et de clair-obscur. Sa célébrité est accrue par la présence en Italie, et à Rome en particulier, des élites européennes réalisant leur « Grand tour ». Sous le pontificat de Clément XIII, il est chargé, comme architecte, de la restauration de plusieurs édifices religieux importants. *Source :* M. Bevilacqua, *Dizionario Biografico degli Italiani*, vol. 84, 2015.

Pringle, John (1707-1782), Lettre 81

Après des études en Écosse puis à Leyde (médecine) où il étudie avec Boerhaave et Albinus, Pringle s'installe à Edimbourg en 1734 où il est nommé professeur de philosophie morale. Durant la Guerre de succession d'Autriche, il est promu médecin général des forces britanniques au Pays-Bas. C'est dans le domaine de la médecine militaire – dont il est considéré comme un pionnier – et du traitement des «fièvres» que Pringle se fait connaître. Il est élu président de la *Royal Society* en 1772 et intègre l'Académie des sciences de Paris comme associé étranger en 1778, jusqu'à son décès. *Source :* F. Vicq d'Azyr, «Éloge de M. Pringle», *Histoire de l'Académie royale des sciences*, année 1782, Paris, 1785, p. 57-68; *Encyclopaedia Britannica*.

Pluche, Antoine, dit l'abbé (1688-1761), Lettre 45

Originaire de Reims, issu d'un milieu modeste, Antoine Pluche est ordonné prêtre en 1712 et professeur au séminaire de Reims en 1717. Proche des jansénistes, il quitte son poste et se réfugie à Rouen, où il devient précepteur. Il commence la rédaction de son ouvrage majeur, *Le spectacle de la nature*, qui paraît en sept volume dès 1732. C'est une œuvre de vulgarisation sur les connaissances scientifiques de l'époque qui reste attachée à une lecture littérale du texte biblique de la Genèse. Le succès de cet ouvrage est immédiat. Malgré les critiques, notamment de Réaumur ou de Voltaire, c'est un succès de librairie important, véritable *best-seller* dont on dénombre plus de 50 éditions. Inscrit dans le courant de la théologie naturelle, l'abbé Pluche contribue par son ouvrage à susciter un intérêt public pour les sciences. *Source : Encyclopaedia Universalis.*

Pontbriant (Pontbriand), Guillaume-Marie du Breuil de (1698-1767), Lettre 64

Né à Dinan, issu d'une très ancienne famille de Bretagne, Guillaume-Marie du Breuil de Pontbriand est prêtre et docteur en théologie de l'Université de Toulouse, lauréat des Jeux floraux (1722), chanoine théologal de Rennes en 1728, grand chantre et vicaire de Rennes en 1732, puis abbé commendataire de Lanvaux en 1735. Les *Nouvelles vues sur le système de l'univers* (1751) sont une production isolée parmi des travaux sur les États de Bretagne et un essai de grammaire française. *Source :* R. Kerviler, *Répertoire général de bio-bibliographie bretonne,* vol. 6, Rennes, 1893, p. 221-223.

Prosperin, Erik (1739-1803), Lettre 89

Formé à l'Université d'Uppsala, en Suède, il y est enseignant de mathématique et de physique en 1767, puis professeur d'observation astronomique en 1773 et titulaire de la chaire d'astronomie en 1796. Il est membre de l'Académie royale des sciences de Stockholm en 1771, puis membre de la Société royale des sciences d'Uppsala. Il excelle dans le calcul des orbites de comètes : il calcule un total de 84 comètes, en particulier celles de 1769, 1770, 1771, 1779 et 1795. *Source : Biographiskt Lexicon,* vol. 11, 1845, p. 369-371.

Prevost, ou Prévost

Voir p. 29-30 la notice consacrée à Pierre Prevost.

Priestley, Joseph (1733-1804), Lettres 82, 84

Pasteur, théoricien de la politique et physicien, Priestley est surtout un philosophe de la nature. Il a publié de très nombreux ouvrages, mais sa contribution majeure porte sur la chimie des gaz. Issu d'une famille dissidente, il est formé à l'Académie de Daventry, étant exclu de l'accès à l'université. En 1765, il rencontre Benjamin Franklin qui l'encourage à publier ses travaux sur l'électricité. En 1766, il est élu membre de la *Royal Society* de Londres, puis, l'année suivante, il commence à se consacrer pleinement à la chimie des gaz. Le premier, en 1774, il isole l'oxygène dans son état gazeux. Partisan cependant de la théorie phlogistique, il nomme ce nouveau gaz « air déphlogistiqué » que le chimiste allemand Scheele découvre peu avant de manière indépendante. C'est à Lavoisier, que Priestley rencontre à Paris peu après sa découverte, qu'il revient d'écarter pour toujours la théorie du phlogistique et de donner son nom actuel à l'oxygène. Priestley avait sans doute pour ses contemporains beaucoup plus d'importance comme philosophe dans ses tentations de rendre compatibles le déterminisme scientifique et le théisme religieux. Partisan des révolutions américaines et françaises, victime des émeutes de Birmingham qui incendient sa maison (parfois appelées *Priestley Riots*) en juillet 1791, il finit par se réfugier aux États-Unis où il meurt en Pennsylvanie à l'âge de 71 ans. *Source : Encyclopaedia Britannica.*

Privat, Pierre (1689-1777) et fils, Lettre 59
Négociants et commissionnaires de Genève.

Ptolémée, Claude (vers 90-vers 168), Lettre 88
Ptolémée donne son nom au système astronomique plaçant la terre immobile au centre du monde, système réfuté avec la révolution scientifique du XVIIᵉ siècle. La vie de Claude Ptolémée est cependant mal connue. Astrologue, astronome, géographe, sans doute d'origine gréco-égyptienne, il a vécu essentiellement à Alexandrie. Son œuvre marque les siècles de son empreinte, de la science byzantine jusqu'au Moyen Âge et même au-delà. Elle a également profondément influencé la science arabe. Parmi de nombreux autres traités scientifiques qu'il a écrit et notamment sa *Géographie*, l'*Almageste* a eu une influence considérable : il décrit l'univers observable en proposant un système de trajectoires géocentriques de la Lune, des planètes et – ce qui a constitué un dogme imparable pendant des siècles – du Soleil. C'est le seul ouvrage de l'Antiquité portant sur l'astronomie qui nous soit parvenu. *Source : Encyclopaedia Universalis.*

Racine, Jean (1639-1699), Lettre 68
L'œuvre de Racine atteint un point culminant dans l'histoire de la tragédie classique. Né dans une famille de petits notables à la Ferté-Millon, orphelin dans son enfance, Racine reçoit une solide éducation de la part des jansénistes de Port-Royal. Établi à Paris, il se consacre à la littérature et connaît le succès en 1765 avec *Alexandre le Grand*. Son ascension comme auteur et courtisan survient dans la décennie qui suit, où il écrit ses chefs-d'œuvre, notamment *Andromaque* (1667), *Britannicus* (1669), *Bérénice* (1670), *Iphigénie* (1674), *Phèdre* (1677). Avec le succès, et le soutien de Mme de Montespan, il obtient une charge royale d'historiographe du roi qui le détourne presque complètement de l'écriture dramatique. *Source : Encyclopaedia Universalis.*

Réaumur, René-Antoine Ferchault de (1683-1757), Lettres 2, 8, 9, 10,11, 12, 12n., 14, 19, 39, 39n., 40, 41, 45
Réaumur est né à la Rochelle, où son père exerce d'importantes fonctions judiciaires. Il est mort le 17 octobre 1757 dans le château de la Bermondière, dans ce qui est aujourd'hui la Mayenne. Le jeune homme fait ses études chez les jésuites à Poitier, puis à Bourges où il étudie en particulier les mathématiques et le droit. En 1703 il arrive à Paris ; il y continue ses études de mathématiques et s'adonne à la physique. Il présente plusieurs mémoires à l'Académie des sciences, notamment sur la croissance des coquilles de mollusques, qui le font connaître. Nommé pensionnaire de l'Académie des sciences en 1711, il devient un physicien et naturaliste français de grand renom. Il dirige pour l'Académie, dont il est directeur pendant plusieurs termes annuels (entre 1714 et 1753), la *Description générale des arts et métiers*. Réaumur est un des fondateurs de la sidérurgie scientifique et de la métallographie, ainsi que de l'art du verrier, domaines pour lesquels il produit de nombreux mémoires académiques. La nécessité dans ses recherches de connaître la température l'amène à proposer un modèle de

thermomètre et à fixer un nouveau point fixe, qui est le point de congélation. Il entretient une correspondance fournie avec les savants français et étrangers, notamment avec les naturalises Bonnet et Trembley. Il intègre les plus grandes sociétés savantes d'Europe : *Royal Society*, Académie royale des sciences de Berlin, Académie de Bologne et de Saint-Pétersbourg. *Source* : J. de Viguerie, *Histoire et dictionnaire du temps des Lumières*, Paris, Robert Laffont, 1995, p. 1323-1324.

Renou, *Monsieur et Madame*, Lettre 68
Cf. Rousseau.

Rey, *Marc-Michel (1720-1780)*, Lettre 3
Né à Genève où il effectue son apprentissage de libraire, Rey s'installe à Amsterdam vers 1746. Il est le principal éditeur des œuvres de Rousseau, mais édite également Diderot, Voltaire, d'Holbach. *Source :* G. Bonnant, *Le livre genevois sous l'Ancien Régime*, Genève, Droz, 1999.

Robert, *Anne-Jean (1758-1820) et Nicolas-Louis (1761-1828), frères*, Lettre 85
Les frères Robert, aérostiers et ingénieurs, construisent avec Jacques Charles le premier ballon à hydrogène. Au départ du jardin des Tuileries, leur ballon vole vide au-dessus de Paris le 27 août 1783. *Source : Larousse*

Rochon, *Alexis-Marie de (1741-1817), dit l'abbé Rochon*, Lettre 62
Bien que destiné à la carrière ecclésiastique, il se passionne pour les voyages et les sciences. Il est nommé astronome de la Marine en 1766, membre adjoint de l'Académie des sciences en 1771, puis succède à Boscovitch à l'Académie de Saint-Pétersbourg comme directeur d'optique de la marine en 1774. *Source* : D. Fauque, « Alexis-Marie Rochon (1741-1817), savant astronome et opticien », *Revue d'histoire des sciences*, 38/1, 1985. p. 3-36.

Rollin, *Charles (1661-1741)*, Lettre 45
Né dans une famille modeste, fils d'un maître coutelier parisien, il fait une carrière universitaire précoce et brillante. Il obtient en 1688 la chaire d'éloquence au Collège Royal puis est élu recteur de l'université de Paris en 1694. Il a une œuvre importante d'historien, matérialisée par des ouvrages monumentaux, l'*Histoire ancienne* (14 volumes, 1730-38) et l'*Histoire romaine* (inachevé, 5 volumes avant sa mort). Sa réputation posthume est grande : un lycée de Paris porte son nom. *Source :* J. de Viguerie, *Histoire et dictionnaire du temps des Lumières*, Paris, Robert Laffont, 1995, p. 1342.

Rousseau, Jean-Jacques (1712-1778), Lettres 1, 2, 2n, 22n, 23n, 34, 36n, 38, 52n, 68n, 74, 75
Jean-Jacques Rousseau est trop connu pour que nous lui consacrions une trop longue notice, qu'il mériterait. Son père, citoyen de Genève, est horloger et sa mère est elle-même fille d'horloger. Rousseau perd sa mère à sa naissance ; il est élevé un temps par son père, mis en pension à Bossey et commence un apprentissage de graveur à Genève. En 1728, à l'âge de 16 ans, il quitte sa ville natale et se rend à Annecy, chez Madame de Warens, son aînée de 12 ans, avec laquelle il vit plusieurs années. Il se forme en autodidacte. Parti pour Paris, il y devient précepteur. Il développe un système original de notation musicale qu'il cherche à faire reconnaître, sans succès. Engagé comme secrétaire de l'ambassadeur de France à Venise, il séjourne un temps dans la cité des doges. De retour à Paris, il commence à fréquenter les philosophes et se lie d'amitié avec Diderot. Il connaît la célébrité en 1750 avec le *Discours sur les sciences et les arts* primé par l'Académie de Dijon. Il est chargé de la rédaction des articles de musique pour l'*Encyclopédie* et compose un opéra, *Le Devin du village*, joué devant Louis XV en 1752. Il connaît un immense succès avec la publication du roman épistolaire *Julie ou la nouvelle Héloïse* en 1761. En 1762, sont publiés l'*Emile*, traité d'éducation, et *Le Contrat social* dans lequel il développe sa philosophie politique : pour Rousseau, l'homme est naturellement « bon », c'est la société qui le corrompt. Alors que le Parlement de Paris condamne l'*Emile* uniquement, le Petit Conseil de Genève condamne également le *Contrat social* : ces démêlés judiciaires conduisent l'auteur à une vie d'exil et d'errance, alimentant son sentiment de persécution. Se cachant un temps sous le nom de M. Renou (1767-1770), Jean-Jacques se marie en secret avec Marie-Thérèse Levasseur, dont il reconnaît avoir eu cinq enfants confiés aux Enfants trouvés. Il se tourne vers l'écriture autobiographique avec *Les Confessions*, rédigées entre 1765 et 1769, *Rousseau juge de Jean-Jacques* (1772-1776) et *Les rêveries du promeneur solitaire* (rédigées 1776-1778, publiées en 1782). Il passe les dernières années de sa vie à Paris (1770-1778) avant de profiter brièvement de l'hospitalité du marquis de Girardin à Ermenonville, où il décède subitement. Il bénéficie d'une célébrité hors-norme de son vivant qui se transforme en véritable culte après sa mort, en particulier durant la Révolution. *Source :* F. Jacob, *Dictionnaire historique de la Suisse.*

Rumovsky, Stepan (1734-1812), Lettre 62
« Célèbre » astronome russe, selon Lalande. Grâce à ses talents manifestés très jeunes, Rumovsky est sélectionné pour faire des études auprès de l'Académie des sciences de Saint-Pétersbourg. Après s'être spécialisé en mathématiques et avoir été nommé adjoint de l'Académie en 1753, il part se perfectionner à Berlin auprès d'Euler. Après son retour en Russie, il occupe différents postes à l'Académie de Pétersbourg, prend part à l'observation du transit de Venus en 1761, coordonne les observations sur territoire russe pour le transit de 1769 (lui-même l'observe sur la péninsule de Kola). Il est professeur extraordinaire (dès 1763) puis ordinaire (1767) d'astronomie. *Source :* P. G. Kulikovsky, *Dictionary of Scientific Biography.*

Saillant, Charles (1716-1786), Lettres 67, 69, 70

En 1735, il entre en apprentissage chez le libraire parisien Jean Desaint, dont il devient l'associé dès qu'il accède à la maîtrise en 1740, jusqu'en 1764. *Source :* Catalogue de la Bibliothèque nationale de France.

Saint Florentin, Louis Phélypeaux, duc de La Vrillière, comte de (1705-1777), Lettres 12, 13, 14, 65

Homme d'État, il succède à son père, en 1725, comme secrétaire d'État de la « Religion prétendue réformée », puis ministre d'État de 1751 à 1775. Il est reçu à l'Académie des sciences en 1740. Il est fait duc de La Vrillière en 1770. *Source :* *Dictionnaire* J. de Viguerie, *Histoire et dictionnaire du temps des Lumières,* Paris, Robert Laffont, 1995, p. 1101 ; *Grand Dictionnaire Larousse du XIXᵉ siècle,* vol. 14.

Saussure, Horace-Benedict de (1740-1799), Lettres 73n., 76, 77, 78, 82, 83, 84, 85, 85n., 86, 87n., 90, 94

Membre parmi les plus éminents de la famille de Saussure, il naît à Conches, aux portes de Genève et termine ses études par une thèse sur la chaleur (1759) présentée à l'Académie de Genève, où il est nommé professeur de philosophie naturelle en 1762, à 22 ans. Sous l'influence de son oncle, Charles Bonnet, et du bernois Albrecht von Haller, sa vocation de géographe et de naturaliste s'affirme. Il entreprend dès les années 1760 des voyages scientifiques réguliers dans les Alpes qu'il complète avec des voyages en Angleterre, en France (l'Auvergne et ses volcans), en Italie (Etna). Il fait l'ascension du Mont-Blanc en août 1787, qu'il étudie sous tous les aspects géologiques, minéralogiques et naturalistes. Le premier tome de ses *Voyages dans les Alpes* (1779) est considéré comme un acte de naissance de la géologie alpine. Le deuxième tome (1786) démontre de l'existence de l'orogenèse alpine (naissance des montagnes). Il est membre étranger de la Société royale de Londres (1788) et de l'Académie des sciences de Paris (1790). En marge de ses recherches scientifiques, de Saussure participe à la vie de la cité. Il fonde en 1776 la Société des arts et est membre du Conseil des Deux Cents (1782-1792). Victime d'attaques de paralysie à partir de 1794, il se retire à Conches où il meurt en 1799. Un cratère lunaire porte son nom. *Source :* R. Sigrist, *H.-B. De Saussure : un regard sur la Terre,* Genève, Georg, 2001 ; *Dictionnaire historique de la Suisse.*

Saussure, Judith de (1745-1809), Lettre 73

Sœur de Horace-Bénédict, Judith de Saussure, restée célibataire, quitte Genève pour Montpellier en 1777 pour y soigner une santé fragile et apaiser les rumeurs d'une liaison avec Voltaire. *Source :* J. Proust, « Une victime de Voltaire en exil à Montpellier à la fin du XVIIIᵉ siècle : Judith de Saussure », *Studies on Voltaire and the eighteenth Century,* 196, 1992, p. 17-32.

Saussure, Albertine Adrienne (née Necker), de (1766-1841), Lettres 72, 76n. Albertine de Saussure est la fille d'Horace Bénédict, le fameux géologue et alpiniste. Elle est élevée par ce dernier à domicile. À 19 ans, elle épouse le neveu (et homonyme) du ministre des finances de Louis XVI, Jacques Necker. Installée à Cologny après son mariage, elle y tient un salon tout en fréquentant celui de sa cousine, Germaine de Staël, à Coppet. Sur la fin de sa vie, elle écrit *L'éducation progressive ou étude du cours de la vie* (3 vol., 1828-1838) où elle promeut une éducation complète des femmes, au-delà d'une simple préparation au futur rôle d'épouse. *Source :* H.-U. Grunder, *Dictionnaire historique de la Suisse.*

de Sauvigny, Lettres 35, 36, 37
L'identité de ce personnage visiblement établi au moins temporairement à Genève en 1762, ami commun de Georges-Louis Le Sage et de Lalande, n'a pu être fixée avec certitude.

Scheele, Carl Wilhelm (1742-1786), Lettre 82
Pharmacien et chimiste suédois, Scheele est bien connu pour avoir découvert un très grand nombre d'éléments chimiques notamment le chlore et l'oxygène. On dit qu'il avait la particularité d'utiliser des instruments rudimentaires. Septième enfant d'une fratrie de onze, après un apprentissage de pharmacien à Göteborg, il voyage en Suède, s'installe un temps à Malmö, travaille à Stockholm puis, en 1770, s'établit à Uppsala. C'est là qu'indépendamment de Priestley, il découvre l'oxygène. Membre en 1775 de l'Académie royale de Suède, il s'installe dans la modeste ville de Köping, qu'il ne quittera plus jusqu'à son décès, pour accéder à la direction d'une pharmacie, tout en continuant ses recherches. C'est alors qu'il découvre le molybdène (1778), le tungstène (1781), et divers composés chimiques, notamment la glycérine. Il décède en 1786 à l'âge de 43 ans. *Source :* U. Bocklund, *Dictionary of Scientific Biography.*

Senebier, Jean (1742-1809), Lettre 84
Après des études de théologie et une brève carrière de pasteur, Jean Senebier, citoyen de Genève, est nommé bibliothécaire de cette ville. Membre de plusieurs académies savantes européennes, il publie de nombreux travaux de météorologie, de physique et de physiologie végétale, un ouvrage de méthode en 1775 (*L'art d'observer*), plusieurs traductions (dont Spallanzani) et participe à l'*Encyclopédie méthodique* de Panckoucke (pour la physiologie végétale). *Source :* T. Cetta, « Jean Senebier », *Dictionnaire historique de la Suisse.*

Sigogne, abbé, Lettre 68
Personnage critique à l'égard de la philosophie de Bonnet, il n'a pas pu être identifié.

Solier Jacques, Lettre 53
Intermédiaire inconnu de Lalande ; plusieurs personnes à Genève se nomment Jacques Solier autour de 1767.

Soubeyran, Pierre (1709-1775), Lettre 18

Le dénommé Soubeyran mentionné par Lalande est certainement Pierre, graveur, natif de Genève. Parti faire carrière à Paris où il rencontre un certain succès, il est attaché de 1742 à 1749 à l'Académie royale des sciences. De retour dans sa ville natale, il dirige à partir de 1751 l'école publique de dessin. *Source :* Danièle Buyssens, *Dictionnaire historique de la Suisse*

Spallanzani, Lazzaro (1729-1799), Lettres 70, 81

Né en Émilie, à Scandiano, fils de notaire, Spallanzani reçoit la première tonsure à 12 ans, avant de poursuivre ses études au collège jésuite de Reggio d'Émilie, puis à l'université de Bologne. Inscrit en droit, il se tourne vers les sciences, influencé par sa cousine Laura Bassi, enseignante de physique expérimentale. À 25 ans, il devient professeur de physique à l'université de Reggio, où il enseigne également le grec et le français. Dans ses travaux de sciences naturelles, il croit pouvoir démontrer la génération spontanée. Alors qu'il gravit les échelons de la hiérarchie ecclésiastique, il est nommé en 1763 professeur de philosophe à l'Université de Modène. Il intègre diverses académies scientifiques italiennes, de même que la *Royal Society* en 1768. Il entretient une correspondance nourrie avec Charles Bonnet qu'il considère comme son principal mentor et interlocuteur scientifique. En 1769, il obtient la chaire d'histoire naturelle de l'université de Pavie et est nommé, dans cette ville, directeur du Musée d'histoire naturelle en 1771, au moment de sa création. Recteur de l'université de Pavie en 1777 et 1778, il voyage l'année suivante en Suisse et à Genève où il rencontre Bonnet et Sénebier. En 1785, il entreprend un long voyage en Méditerranée et en Turquie ; puis en 1788, il visite le sud de la péninsule italienne pour y recueillir de nombreux objets appelés à enrichir la collection du musée de Pavie. *Source :* P. Mazzarello, *Dizionario biografico italiano,* vol. 93, 2018.

Staël, Germaine de (Mme de) (1766-1817), Lettre 95.

Anne Louise Germaine Necker, Baronne de Staël-Holstein, connue sous le nom de Madame de Staël est née et morte à Paris (24 avril 1766-14 juillet 1817). Issue d'une famille richissime de protestants genevois, elle est la fille du banquier Jacques Necker qui fut plus tard le ministre des finances de Louis XVI. Elle est élevée dans un milieu très littéraire, car de nombreux gens de lettres fréquentent le salon de sa mère. Germaine épouse en 1786 le baron de Staël-Holstein, ambassadeur de Suède en France. Le couple se sépare en 1800. La vie sentimentale de Germaine est agitée : on connaît surtout sa relation avec Benjamin Constant, rencontré en 1794 à Lausanne. Elle quitte la France en 1792 pour se réfugier en Suisse auprès de son père. Peu appréciée de Napoléon Bonaparte, elle s'installe dans le château familial à Coppet dont elle fait un haut lieu de la vie intellectuelle. Elle se remarie en 1816 avec Albert de Rocca, jeune officier genevois. L'œuvre de Germaine de Staël est considérable, comporte des ouvrages critiques, des romans, et aussi des textes politiques *(De la littérature considérée dans ses rapports avec les institutions sociales*, 1800, *Delphine*, 1802, *Corinne ou l'Italie*, 1807, *Sapho*, 1811, etc.). Elle a marqué la vie politique et intellectuelle française de son époque. *Source :* Etienne Hofmann, *Dictionnaire historique de la Suisse.*

Stanhope, Philip (1714-1786) et Charles (1753-1816), Lettres 42, 64
Philip Stanhope, second comte Stanhope et pair d'Angleterre, est membre de la Société royale et grand amateur de mathématiques. Au début des années 1760, il s'installe à Genève avec sa famille. Auprès du médecin Théodore Tronchin, il espère faire soigner son fils aîné atteint de tuberculose, Philip Stanhope, vicomte Mahon, issu de son mariage avec Grisel Hamilton. Malgré le décès de cet enfant, les Stanhope prolongent leur séjour genevois jusqu'en 1774, le temps que leur deuxième fils, Charles, poursuive sa formation à l'Académie où il étudie les mathématiques auprès de Georges-Louis Le Sage. À l'âge de 18 ans, Charles Stanhope concourt pour un prix offert par la société des sciences de Stockholm, et remporte le prix par un traité sur le pendule ; 4 ans après il fait paraître à Genève une dissertation sur les moyens de découvrir les fausses monnaies d'or. On lui doit des machines arithmétiques très ingénieuses inventées en 1788 ; il a publié notamment un traité sur la musique. De retour en Angleterre, en particulier à l'occasion de la Révolution française, il fait preuve, comme son oncle William Pitt, d'une activité politique intense. L'invention de la loupe de Stanhope lui est attribuée. *Source :* A. Bennett, *The Stanhopes in Geneva. A Study of an English Noble Family in Genevan Politics and Society, 1764-1774,* Canterbury, 1992.

Stählin, Jacob von (1709-1785), Lettres 56, 62
Secrétaire de l'Académie Impériale de Saint-Pétersbourg, organisateur de l'expédition de Mallet et Pictet en vue de l'observation du passage de Vénus devant le soleil en 1769. *Source :* F.-D. Liechtenhan, « Jacob von Stählin, académicien et courtisan », *Cahiers du monde russe*, 43, 2002/2, p. 321-332.

Stewart, Matthew (1717-1785), Lettre 38
Mathématicien écossais, formé à Glasgow puis à Edimbourg, il obtient la chaire de mathématique dans cette dernière ville en 1747. En 1763, il publie un mémoire sur la distance de la terre au soleil déterminé par la théorie de la gravitation. Il est élu membre de la Royal Society en 1764. Il est le père du philosophe Dugald Stewart. *Source :* Encyclopaedia Britannica.

Tillet, Mathieu (1714-1791), Lettre 34
Agronome et chimiste, Mathieu Tillet naît à Bordeaux où il passe ses jeunes années. Fils et petit-fils d'orfèvre, il est nommé directeur de la Monnaie à Troyes en 1739 et rédige une première dissertation sur la ductilité des métaux en 1750. En 1752, il participe au concours de l'Académie de Bordeaux avec une dissertation sur les maladies des céréales qui est primée et qui rencontre un grand succès (éditée en 1755, traduction allemande en 1757). Ses expériences en plein champ sur les maladies des blés suscitent l'intérêt de la monarchie. En 1756, il part s'installer à Paris pour y poursuivre sa carrière scientifique. Admis à l'Académie royale des sciences en 1758 en tant comme adjoint botaniste, puis associé botaniste en 1759,

surnuméraire en 1772, il en devient directeur en 1779, trésorier perpétuel en 1788. Il est également membre associé de l'Académie de Bordeaux dès 1768. Louis XVI le charge de l'instruction agricole du dauphin. *Source :* S. Pierson, *Dictionary of scientific Biographies*; G. Denis, « Mathieu Tillet et les maladies des blés (1750-1760) : champ d'expérience et savoirs paysans », *Comptes rendus de l'Académie d'agriculture de France*, vol. 97, n°4, 2011, p. 10-19.

Titius, Johann Daniel (1729-1796), Lettre 50

Né en Poméranie, orphelin de père très jeune, Titius est élevé par son oncle maternel à Dantzig où il est encouragé à étudier les sciences naturelles. Après des études à Leipzig, il est nommé professeur de mathématiques à l'Université de Wittenberg en 1762. Ce savant énonce le premier, semble-t-il, en 1766, la relation numérique entre les termes de la suite des distances des planètes. Cette loi, qu'il formule sans avoir apparemment fait d'observations, est confirmée par Johann Elert Bode en 1772. La loi de Titus-Bode est corroborée en 1781 par la découverte de la planète Uranus. Mais elle n'a en réalité qu'une valeur heuristique. Une grande partie des publications de Titius concernent la biologie, la théologie et la philosophie. *Source :* M. Folkerts, *Dictionary of scientific Biographies*.

Tornatori, Lettres 5, 6, 7

Médecin d'Aix dont l'identité n'a pu être établie.

Trembley, Abraham (1710-1784), Lettres 1, 2, 3, 9, 10, 81n.

Abraham Trembley fait des études de mathématiques à l'Académie de Genève, avant de séjourner longuement en Hollande. Après de nombreux voyages, il est de retour à Genève en 1756 où il entre au Conseil des Deux-Cents et est nommé co-directeur de la Bibliothèque publique. Il réalise des travaux de zoologie dès 1736 (notamment sur les polypes d'eau douce). Il est membre de la *Royal Society* dès 1743 et correspondant de l'Académie des sciences de Paris (1749). *Source :* T. Cetta, *Dictionnaire historique de la Suisse*.

Trembley, Jean (1749-1811), Lettres 74, 75, 76, 77, 79, 83, 86, 87n., 88, 89, 90, 95, 96, 96n.

Fils de Jacques-André, neveu d'Abraham Trembley, Jean fait d'abord des études de droit, avant de s'orienter vers les sciences. Au goût pour les mathématiques – il est formé par Jacques-André Mallet auquel il collabore pour ses recherches dans le domaine de l'astronomie – il joint un intérêt certain pour les sciences naturelles, la philosophie et la « psychologie », se formant également auprès de Charles Bonnet et d'Horace-Bénédict de Saussure. Il publie en 1783 un *Essai de trigonométrie sphérique* dont Lalande prend connaissance par l'entremise de Charles Bonnet. Correspondant pour l'Académie des sciences de Paris dès 1784, il entreprend un voyage en Europe du Nord en 1786, rentre à Genève pour finalement s'établir à Berlin où il fait une carrière de mathématicien. Ses principaux travaux, publiés par les académies de Paris, Berlin, Göttingen ou Saint-Pétersbourg, portent sur les équations différentielles, le calcul des probabilités et les différences finies. *Source :* F. Vidal, *Dictionnaire historique de la Suisse*.

Tronchin, Jean-Robert (1710-1793), Lettres 36n., 37

Désigné dans la correspondance par son titre de procureur général, Jean-Robert Tronchin fait à Genève, sa ville natale, des études de droit sous la direction de Jean-Jacques Burlamaqui. Avocat, il entre au Conseil des Deux-Cents en 1746 puis est élu procureur général en 1760, fonction qu'il exerce jusqu'en 1768. Inspiré par le libéralisme de Montesquieu, il produit pourtant un réquisitoire contre l'*Émile* et le *Contrat social* de Rousseau qui débouche sur les condamnations par le Petit Conseil de Genève. Il justifie la politique des autorités genevoises dans les *Lettres écrites de la campagnes* (1763), auxquelles Rousseau réplique avec les *Lettres écrites de la montagne* (1764). Après cette expérience dans la magistrature, il se retire sur son domaine de la Petite Boissière. Bien que favorable à l'égalité politique, il quitte Genève pour Rolle au moment de la Révolution genevoise (décembre 1792), où il décède. *Source :* M. Porret, *Dictionnaire historique de la Suisse*.

Tronchin, Théodore (1709-1781), Lettres 2, 3, 4, 8n., 36, 37, 48, 81

Théodore Tronchin est issu de la branche aînée des Tronchin, famille originaire de Troyes en Champagne et réfugiée à Genève depuis 1579. Destiné d'abord à une carrière ecclésiastique de pasteur, le jeune homme ne s'intéresse guère à la théologie mais plutôt aux plaisirs de la jeunesse. Après la ruine de son père (due à la déconfiture du système de Law), il fait un séjour en Angleterre, auprès de lord Bolingbroke. Il y suit les cours de l'université de Cambridge. Puis, il achève sa formation à Leyde avant de s'installer à Amsterdam où il acquiert rapidement une réputation internationale. Revenu à Genève en 1754, Tronchin se consacre à combattre les préjugés concernant l'inoculation qu'il pratique avec succès et à développer des méthodes médicales soucieuses de l'hygiène. Consulté par l'Europe entière, il s'installe définitivement à Paris en 1766 et devient le premier médecin du duc d'Orléans. Il compte parmi ses amis de nombreux personnages illustres, tels Voltaire, Rousseau Diderot ou encore Madame d'Épinay et Madame Necker, qui le consultent directement ou par échange épistolaire. *Source :* H. Tronchin, *Un médecin du xviii e siècle, Théodore Tronchin, 1709-1781*, Paris, Plon/Nourrit, 1906; V. Barras, *Dictionnaire historique de la Suisse*.

Trudaine, Daniel-Charles (1703-1769), Lettres 12, 45, 47, 50

Fils d'un important magistrat parisien (prévôt des marchands), Trudaine est conseiller au Parlement de Paris en 1721, maître des requêtes en 1727 et nommé intendant des Finances en 1734. Il crée un bureau de dessinateurs chargés de compiler les plans des routes de France, qui devient, en 1747 l'Ecole des Ponts et Chaussées. Il donne ainsi l'impulsion décisive au développement du réseau routier français. Il devient en 1743 membre honoraire de l'Académie royale des sciences. *Source : La Grande Encyclopédie*, Paris, vol. 31.

Vasi, Giuseppe (1710-1782), Lettre 48

Né en Sicile, Vasi s'installe à Rome où il fait une carrière de graveur et d'architecte. Ses *Magnificenze di Roma antica e moderna* (1747-1761), en dix volumes, contiennent plus de 200 gravures romaines qui le rendent célèbre. Piranèse compte parmi ses élèves. *Source : Enciclopedia Treccani.*

Vernes, Mme (épouse de Pierre Vernes), née Dorothée Goy (1732-1816), Lettres 19n., 33n., 37, 37n., 39

Née à Genève, Dorothée Goy se marie en 1753 avec Pierre Vernes (1724-1788), frère du célèbre pasteur Jacob Vernes, ami de Rousseau et de Voltaire. De l'union du couple naissent trois enfants. En octobre 1760, la liaison adultère que Mme Vernes entretient avec le professeur de mathématique Louis Necker éclate au grand jour, notamment à la suite du coup de feu tiré sur l'amant par le mari trompé. Le couple divorce en février 1761, l'ancienne Mme Vernes s'étant exilée à Lyon. *Source :* M. Porret, «Les liaisons invisibles : les circonstances occultes de la clandestinité amoureuse au temps des Lumières», dans S. Aprile, E. Retaillaud-Bajac (dir.), *Les clandestinités urbaines : les citadins et les territoires du secret (XVIᵉ-XXᵉ siècle),* Rennes, 2008, p. 123-134.

Vignier, Lettre 23

Commissionnaire entre Genève et Lepaute, pour Lalande.

Voltaire François-Marie Arouet, dit (1694-1778), Lettres 2, 3, 3n., 4, 6, 36, 53n., 61n., 64, 65

Voltaire est trop connu pour que l'on puisse résumer sa vie par cette courte notice. Mentionnons-en simplement les points essentiels. Fils de notaire, François-Marie Arouet, dit Voltaire, naît le 21 novembre 1694 à Paris où il meurt le 30 mai 1778. Il marque son époque par ses écrits, par sa correspondance (plus de 20 000 lettres), par sa philosophie et par ses combats politiques. On notera en particulier dans le domaine de la philosophie, le *Dictionnaire philosophique*, dans lequel il manifeste son anticléricalisme (lui-même étant déiste), dans le domaine historique, *Le siècle de Louis XIV*, dans le théâtre la tragédie *Zaïre*, dans les lettres le conte *Candide*, dans son combat contre l'intolérance religieuse la défense des victimes que furent Jean Calas, Pierre Sirven, le chevalier de la Barre, etc. Il entretient avec Émilie du Châtelet une liaison fructueuse pendant une quinzaine d'années (1733-1749). Il reste ensuite deux ans et demi à la cour de Frédéric II, à Berlin, avant de se brouiller avec le prince. Indésirable à Paris, il emménage en 1755 aux Délices, à Genève, où il donne régulièrement des pièces de théâtre auxquelles assistent les élites de la ville. C'est à son instigation que d'Alembert, en 1757, dans son article «Genève» de l'*Encyclopédie*, déplore l'absence de théâtre dans la cité lémanique. Voltaire achète en 1758 le château de Ferney, situé aux portes de Genève, où il s'installe deux ans plus tard jusqu'à la fin de ses jours. Surnommé le «patriarche de Ferney», il reçoit chez lui les grands esprits de son temps attirés par son aura et son œuvre. Il meurt à Paris le 30 mai 1778, après avoir connu deux mois plus tôt un accueil triomphal pour son retour dans la capitale. *Source :* R. Francillon, *Dictionnaire historique de la Suisse; Encyclopaedia Universalis.*

Wargentin, Pehr Wilhelm (1717–1783), Lettres 82, 84, 85

Né à Sunne en Suède, Wargentin observe très jeune avec son père une éclipse de Lune qui éveille son intérêt pour l'astronomie. Il suit les cours de l'université d'Uppsala, sous la houlette de Anders Celsius. Nommé à l'Académie royale des sciences de Suède en 1749, il déménage à Stockholm où il devient le premier directeur de l'observatoire en 1753 après en avoir supervisé la construction. Il publie des articles sur les satellites de Jupiter et sur les comètes. Durant les années du transit de Venus (1761 et 1769), il coordonne les efforts suédois dans le domaine astronomique. Intéressé par les mathématiques, il élabore pour l'état civil suédois des tables de mortalité d'une grande fiabilité, avant de fonder le premier institut de statistique au monde, le bureau des tables (Tabelverket), en 1749. Durant toute sa carrière, il est cœur d'un intense réseau de correspondance avec les savants étrangers, et membre de plusieurs académies européennes, dont l'Académie des sciences de Paris. *Source :* S. Lindroth, *Dictionary of scientific Biographies.*

TABLE DES MATIÈRES

Achevé d'imprimer en décembre 2020
sur les presses de
La Manufacture - Imprimeur – 52200 Langres
Tél. : (33) 325 845 892

N° imprimeur 201230 - Dépôt légal : décembre 2020
Imprimé en France